外军通信概论

于大鹏　曲　晶　主编

国防工业出版社

·北京·

内容简介

军事通信是构成网络信息体系的“聚合剂”和提高联合作战效能的“倍增器”，只有深入研究外军通信基本情况，才能知己知彼，百战不殆。本书系统阐述了外军通信的军事需求牵引、技术体系支撑、设施设备参照和实际战例检验等。

本书共10讲，首先介绍了现代战争对信息系统的需求和军事通信绪论，然后分别介绍了战略通信、区域机动通信、战术通信、单兵通信与移动通信、数据链、卫星通信系统以及战场指挥与作战自动化，最后介绍了通信系统应用战例。

本书是突出外军通信设施设备，集中阐述外军通信概况的学术著作，可作为军队院校、科研院所信息学科教材，也可作为军队中高级领导干部和相关专业工程技术人员的参考书。

图书在版编目(CIP)数据

外军通信概论 / 于大鹏，曲晶主编. —北京：国防工业出版社，2025.3 重印
ISBN 978-7-118-11701-1

Ⅰ.①外… Ⅱ.①于… ②曲… Ⅲ.①军事通信-国外 Ⅳ.①E96

中国版本图书馆 CIP 数据核字(2018)第 217136 号

※

国防工业出版社出版发行
(北京市海淀区紫竹院南路 23 号 邮政编码 100048)
北京虎彩文化传播有限公司印刷
新华书店经售
*
开本 710×1000 1/16 **印张** 19¾ **字数** 372 千字
2025 年 3 月第 1 版第 3 次印刷 **定价** 69.00 元

国防书店：(010)88540777　　发行邮购：(010)88540776
发行传真：(010)88540755　　发行业务：(010)88540717

编　委　会

主　编：于大鹏　曲　晶

副主编：辛　刚　尹廷钧

编　委：张　剑　杨育红　崔维嘉　菅春晓

刘怀兴　刘国春　何中阳

前　言

党的十九大报告指出："提高基于网络信息体系的联合作战能力、全域作战能力，有效塑造态势、管控危机、遏制战争、打赢战争。"现代化的军事通信系统是构成网络信息体系的"聚合剂"和提高联合作战效能的"倍增器"。面对新形势、新要求，我们的指战员和学员应该认识到形势的紧迫性，加快更新知识、提高认识，以适应新的要求。本书正是在这种新形势下，为了培养指挥专业学员而编写的。主体思想是通过学习外军的（尤其是美军的）先进技术和实际作战经验，对照我军的差距快速完善和整改，以期能够从望其项背到并驾齐驱，使战争诸要素的整合能力发生质的变化。

本书在"现代电子信息技术丛书"各分册的基础上，结合《基于信息系统的体系化作战能力概论》和《由陆制权》等军事论著，参考最新的涉及外军军事通信的文章，进行内容整合、删减和编撰，形成了具有军事需求牵引、技术体系支撑、设施设备参照、实际战例检验的《外军通信概论》一书。

本书共分为10讲，第1讲阐述了现代战争对信息系统的需求，引出作为军事信息系统基础的军事通信的重要性。第2讲到第6讲分别按照军事通信保障范围分类介绍了外军的战略通信、区域通信、战术通信和单兵通信。重点介绍外军的装备情况，尤其是美军的装备情况，技术细节不做介绍。针对通信系统的集成单独在第7讲介绍战术数据链的相关背景和战术应用。重要军事通信基础设施——卫星通信在第8讲做了概要介绍，并重点介绍了美军的几种新型通信卫星和未来卫星发展计划。第9讲介绍数字化部队和数字化战场的建设，主要是军事信息系统集成的应用，以美军的全球栅格网为基础的网络中心战的建设为案例，涉及军事通信编制体制和军民融合购买服务等相关问题。第10讲为通信系统在近期局部战争中的应用案例介绍和分析。此后提出在授课过程中的一些问题和思考，供学员们参考。最后的附录是国家科技支撑课题成果中用《易经》建模方式提出的IT业模型，以期引发学员们对军队信息化的建模思考。

本书的编写过程中，研究生荣新驰绘制了书稿中部分图片。此外，本书还引用了其他同行的工作成果，在此一并表示诚挚的谢意。

由于编者水平有限，书中难免存在不足之处，希望广大读者批评指正。

编者

2018年6月

目　　录

第1讲　现代战争对信息系统的需求

机械化战争建立在工业革命的基础上，形成的是粗放的兵力、火力打击系统。而信息化战争建立在信息革命的基础上，形成的是精密的综合电子信息系统，以及在该系统支持下的精确打击能力。在综合电子信息系统的网络结构中，物质与能量资源在信息的调度下可以更灵活、更协调、更自如地配置和流动，综合电子信息系统可以从众多的武器平台、传感平台和指挥控制平台中汲取信息，而这些平台又可以在系统内通过共享战场态势信息进行协同性自我组织。这样，在综合电子信息系统的融合、链接作用下，将作战体系各组成部分结合成一个有机互动的整体，实现杀伤力、机动力、防护力、信息力、指挥控制力、保障力等优化组合，生成具有倍增效应的“体系”作战能力。

1.1　体系作战的兴起

综合电子信息系统在现代战争中的地位越来越重要，当前许多发达国家军队在发展精确制导弹药、灵巧武器等新式打击装备的同时，都在积极发展综合电子信息系统，目的是通过综合电子信息系统把目标侦察与监视、目标信息处理与传输、精确打击与毁伤评估实现一体化，进而形成“体系作战”能力，实现军队作战能力质的飞跃。科学认识和准确界定体系作战能力的概念，可以方便理解和掌握基于信息系统的体系作战能力的特殊性。

基于信息系统的体系作战能力是我军独创术语，目前外军的概念体系中并无此词。美军只有联合作战能力和一体化作战能力，所指的是在联合作战背景下，作战体系中各作战要素、各作战单元以 C^4ISR 系统为基础，系统集成后的整体大于部分之和的作战能力。可以看出，我军的基于信息系统的体系作战能力与美军的联合作战能力和一体化作战能力有许多本质上的相似之处，虽然概括的角度和表述方法不同，但都表述了一种作战体系的结构力。

1.1.1　与体系作战相关的概念

1. 体系

体系，在《现代汉语词典》中解释为：“若干有关事物或某些意识相互联系而构成的一个整体”；在《辞海》中解释为：“若干有关事物互相联系互相制约而构成的一个整体”，即体系是一个整体、是由若干事物组成的、各事物之间存在着相互联系和相互作用。

20世纪90年代初期，美军在实施新军事变革时提出“系统的系统”“系统集成”“横向技术一体化”等思想和理论。美军强调：现代军事作战体系应当“犹如一架完整、复杂、精密的机器”。而新军事变革的积极倡导者、美国参联会前副主席欧文斯于1996年2月在“方兴未艾的美国‘系统之系统’”一文中认为，随着现代科学技术特别是信息技术的迅速发展并广泛运用于军事领域，现代军队正发展成为由众多武器装备系统构成的复杂而庞大的系统，应该设计一个架构，将各个军事系统整合起来，以大幅度提高军事能力。在欧文斯的概念中，火炮、坦克、飞机等武器系统就是“系统”，而整合这些系统的“架构”则是“体系”，换句话说，“体系”就是各个不同系统融合而成的一个整体，是各个系统集成的一体化形式。目前，美军重点关注两个方面的应用：一是从宏观方面，提出运用体系思想加强各军种之间的联合，形成绝对优势的联合作战能力，以应对非对称战争和完成不明确的各种作战任务；二是从体系工程层面，为研制和开发各种先进军事技术的武器装备体系，提出运用体系思想，提高武器装备应对各种作战任务的能力和需求，如美军发展先进的C^4ISR系统、未来战斗系统（FCS）等。

综合对体系的上述认识，可以把“体系”看成是“系统”的更高阶段和形式，是由多个系统组成的大系统，是系统的系统。其具有以下几个基本特征。

（1）在体系结构上具有复合性。“结构是体系内部组成要素之间相对稳定的联系方式，组织秩序及其时空关系的内在表现形式的综合。”

（2）在体系性能上具有再生性。体系并不会因为某一要素的缺失或某一要害的损坏而一定遭到严重的破坏，体系的性能可以通过其他途径得到补充和修复。

（3）在体系要害上具有可变性。在复杂的、较高层次的体系中，各要素的地位和作用是有差别的，一旦某些要素遭到破坏，整个体系的性能就将发生较大的变化，甚至导致整个体系的瘫痪。这样的要素即“要害”。随着环境的变化，体系的要害也会随之发生变化。有的要素在这个环境里可能是要害，但在另一个环境里可能就不是要害；或者，在这个环境里不是要害的要素，在另一个环境里却成了要害。这就是要害可变性的特点。

2. 作战体系

作战体系是指由各种作战要素、作战单元、作战系统按照一定结构进行组织连接起来，并按照相应机理实施运作的整体系统。按照系统论，这个系统是在各种子系统的相互作用下形成的复杂自适应系统。根据结构决定功能的原理，构成作战体系的各单元、要素对体系整体效能的贡献不是它们各自能力的线性加和，而是具有放大或缩小功能的非线性作用，即结构合理，系统的整体功能大于各子系统的线性叠加之和；结构不合理，系统的整体功能小于各子系统的线性叠加之和。

作战体系是客观存在的，也是不断发展变化的。在冷兵器时代和热兵器时代，刀、枪、剑、炮等兵器作为主要的作战工具，军人主要借助这些简单的作战工具来释放自身的体能，仅仅是由简单的作战人员自身系统和简单的武器系统组成的体系还只是作战体系的最初雏形，其在战争中的地位和作用体现得不是很明显。进入机械化时代后，飞机、大炮、坦克等单项武器系统在战争中的作用显著，作战人员素质及指挥手段不断提高、人和武器系统的结合逐渐紧密、军队结构不断得到调整、体制编制不断得到优化、各种作战力量之间配合逐渐密切、战场空间逐渐扩大、作战样式和行动不断增多，这就使得由各种作战要素和系统构成的较为复杂的作战体系逐渐成型，并在机械化战争中逐渐进入主导地位，作用越发明显。信息化条件下，信息技术在军事领域的广泛应用，使得军事人员素质得到大幅度提高，人和武器的结合更加紧密。特别是信息技术在武器装备上的应用而引发的武器装备体系的信息化革命，使得作战力量的作战能力不断提升、作战空间不断扩大、作战领域不断拓展、作战手段不断增多，军队逐渐成为由庞大的人流、物流和信息流构成的多层次、多系统的开放系统。只有在信息的融合和牵动下，将各种作战力量、各种武器装备和各种作战行动有机地聚合成一个整体，才能形成合力，以实现体系与体系的对抗。而这种体系的对抗将更多地倚重于信息技术的支撑，突出利用信息技术改造的武器装备系统的整体效能，把产生军队作战能力的各个子系统整合成一个有机的整体，从而最大限度地发挥其整体效能。

3. 体系作战能力

体系作战能力是在先进的综合电子信息系统支持下，各种作战能力相互连接、相互作用而形成的整体作战能力，是作战体系功能和作用的直接体现。正如恩格斯在《反杜林论》中指出的："许多力量融合为一个总的力量，用马克思的话来说，就造成'新的力量'，这种力量和它的一个个力量的总和有本质的区别。"

随着信息技术在军事领域的广泛应用，各类军事信息系统和各种电子信息装备开始投入作战，在现代战争形态由机械化战争向信息化战争转型的过程中，发挥着举足轻重的作用。1982 年发生的英阿马岛战争，英军由于实施远程奔袭作战，没有空中预警机、侦察机参加指挥作战，指挥控制系统明显薄弱，严重地降低了作战体系的整体作战功能，结果被武器装备相对落后的阿根廷军队击沉了 4 艘军舰，损失较为惨重。而海湾战争中，多国部队凭借卫星、空中侦察、指挥系统和地面众多的情报侦察/指挥的立体多元化的系统，实时、准确地掌握着伊军的动向，包括一架飞机的起飞、一辆坦克的机动、一枚导弹的发射都被牢牢地监视和控制着，从而能够有条不紊地指挥、控制着多国部队的武器装备系统和支援保障系统，形成强大的整体打击合力。相反，由于伊军的军事信息系统十分落后，整个作战体系的质量不高，信息化作战能力十分薄弱，在与多国部队作战中，雷达被迷盲、通信被切断、指挥控制失灵，成了战场上的“瞎子”“聋子”，只能被动挨打，基本上没有还手之力，作战效益趋于零。

信息化条件下作战，主要表现为作战体系之间的对抗，是以信息感知和利用为主线，以综合电子信息系统为依托，将各军兵种的作战平台、武器系统、情报侦察和指挥控制系统以及保障系统等作战要素进一步融合。只有多种作战力量的综合使用、各军兵种的密切协同、各种武器系统的优势互补，才能发挥作战体系各要素紧密融合而形成的整体威力。

1.1.2 体系作战形成阶段划分

基于信息系统的体系作战能力的形成阶段划分，按照能够链接作战要素的 C^3 系统的出现为起点，以联合作战实践为背景，大体区分为孕育、萌芽、初步成型和大力发展 4 个阶段。

1. 孕育阶段

孕育阶段发生在 20 世纪 60 年代至 70 年代中期，是由美军 C^2 系统发展而来的。C^2 系统只是实现信息采集、处理、传输和指挥决策过程中部分作业的自动化指挥控制系统，还没有与通信、武器等实现有效连接。在 1962 年古巴导弹危机中，美军的 C^2 系统在掌控对手战略动向中立下大功，但也暴露出效率不高、可靠性差、各系统之间因互不兼容而造成信息传输低速、低效等严重缺陷。美军随后在 C^2 的基础上增加了通信，变成 C^3 系统，从而使作战体系的局部实现了集成，基于信息系统的体系作战能力开始孕育。20 世纪 60 年代初 E－2“鹰眼”舰载预警机在美军服役，信息化武器在越南战场上初显威力；1971 年美军首次使用 EA－6 型电子战飞机，使战机损失率由战争初期的 14% 降到 1.4%；1972 年 3 月，美军使用 15 枚激光制导炸弹，炸毁了以前出动 700 余架飞机、投弹 1.2 万 t 均未炸毁的越南清化大桥，其作战效果引起国际军事界的关注。

总地来看，这一时期是以美苏为主的世界军事强国综合电子信息系统建设的起步阶段，联合作战重在消除军种间冲突。但是，由于综合电子信息系统仍处于分系统建设时期，种类、数量居于主导地位，且主要停留于战略层次，对整个作战体系的融合、链接作用十分有限。同时，武器装备的信息化未全面铺开，军事理论也没有出现重大创新，因而这一阶段基于信息系统的体系作战能力并未真正形成，只在战略层次和作战的局部领域有所体现，如指挥控制与信息处理的融合，对其作用重要性的认识远未成为主流。

2. 萌芽阶段

萌芽阶段发生在20世纪70年代后期到90年代初，随着美苏“核均势”的形成，慑于核战争的毁灭性，美军便以“灵活反应”战略为指导，将常规力量建设重新摆上重要位置。在这一时期，军事工程革命、军事传感革命、军事通信革命的兴起，使以信息技术为核心的高新技术得以快速发展，为军队信息化提供了重要的物质基础。1977年，美军首次把情报作为不可缺少的要素融入C^3系统，形成C^3I系统。以此为起点，美军信息化建设步伐明显加快，并取得了较大进展。军事技术上，侦察卫星可搜集全球信息，各种传感器提高了战场感知能力；武器装备上，“哈姆”反辐射导弹、F-117A型隐身战斗机相继投入使用，特别是联合监视与目标攻击雷达指挥飞机（JSTARS联合星）的运用，为空地一体战提供了指挥手段。在这些成果的基础上，美军军种间的缝隙日益得到缝合，作战体系的整体性不断加强，基于信息系统的体系作战能力开始出现萌芽，联合作战发生了质的飞跃。

在美军信息化建设快速发展的同时，世界其他军事强国积极跟进。例如，苏联建成了卫星通信系统、对潜通信系统、战略预警系统和侦察探测系统；英国建立了战略信息系统及其数据库、舰载战术C^3I系统、计算机辅助作战情报系统、计算机辅助作战指挥系统、第三代综合通信系统、陆军战术C^3I系统、C^3I电子对抗系统等。这些建设成果都在这一期间得到了充分展示。1973年10月的第四次中东战争，埃及军队一举突破以色列“巴列夫防线”，以反坦克导弹为主全歼以军王牌190装甲旅，并用萨姆防空导弹体系重创以色列空军，打破了其不可战胜的神话。1982年6月的贝卡谷地之战，以军采用无人机诱骗、电子干扰压制、空中精确打击的新战法，仅仅用了6min就摧毁叙军用20亿美元构建的19个萨姆导弹阵地，并在空战中创造了0∶87的纪录。同年的英阿马岛战争，交战双方展开了空前激烈的电子战、导弹战，其中阿军“超级军旗”战斗机超低空攻击，在40km外以一发“飞鱼”导弹击沉英国价值2亿美元的“谢菲尔德”号驱逐舰，更是让人印象深刻。1991年的海湾战争中，美军C^3I系统初步将各种作战行动聚为一体，开创了多维空间力量联合作战的成功先例，形成了巨大的联合能力。在这场战争中，传统的机械化作战模式依然存在，如重装部队突击、地毯式轰炸、规模粗放型后勤保障等，造成较大规模伤亡，但更重要的是以己方严密的作战体系破坏敌作战体系的完整性，进而瘫痪直至击溃对手。在上述联合作战中，各国军队得益于信息化建设的快速发展，特别是综合电子信息系统的巨大进步，使作战体系中的部分作战要素、作战单元实现了融合，产生了局部的体系作战能力，取得了许多辉煌战果。

这一时期是外军综合电子信息系统建设的快速发展阶段,美军联合作战全面过渡到缝合军种间缝隙的时代。随着作战体系的日趋紧密,由此带来的体系作战能力迅速增强,并开始在作战中显现出威力。具体说来,以综合电子信息系统为基础,各种兵力兵器之间在探测、情报、跟踪、火控、指挥等各个方面逐步实现了信息的顺畅流动,使得协调一致的陆、海、空、天、电一体作战成为可能,产生了"总体综合力量的概念"。发展到这一阶段,外军特别是美军已经认识到了基于信息系统的体系作战能力的重要性,构建这一能力逐步由自发演变为一种自觉行动,如美军力推"空地一体战"理论即是例证。当然,由于历史和现实的各种原因,这一阶段的外军综合电子信息系统建设仍以各军种竖"烟囱"为主,因而其作战体系的紧密度不高,体系作战能力也就存在着较大局限性,在军种和兵种范围内表现较强,而在联合作战整体层面则明显不足。

3. 初步成型阶段

初步成型阶段是在20世纪90年代中期至21世纪初,发生在海湾战争以后,以美国为首的西方国家军队利用信息化建设的最新成果,连续实施了科索沃战争、阿富汗战争、伊拉克战争,并取得了惊人的战绩。特别是伊拉克战争,美英联军仅用海湾战争时一半的兵力、一半的部署时间、1/7的弹药,就达成了比前者大得多的战略企图。回顾这三次局部战争实践,可以清晰地看出基于信息系统的体系作战能力在战争中所发挥出的主导作用。

1999年的科索沃战争是"以空中打击为主"的战争,美军首次运用"联合空战中心""海上指挥控制"和"综合数据传输"三大系统,使北约盟军从侦察监视、导航定位、指挥控制到目标摧毁基本实现了实时化和一体化,形成的体系作战能力让以美国为首的北约军队取得了战场上的绝对主导权。其中,双方战机的对抗非常典型,当时,南联盟空军副司令亲自驾驶先进的第三代战机米格-29升空作战,虽然该机力学性能丝毫不逊于F-16,但升空即被F-16击落。问题在于,米格-29是在没有C4ISR系统的支持下孤军作战,而美军的F-16战机与监视、侦察、通信、控制等系统构成了一个完整的体系。在体系作战能力与个体作战能力的对抗中,米格-29只能甘拜下风。2001年的阿富汗战争,美军在信息系统与作战系统的一体化方面又前进了一步。通过信息网络和数据链将主要作战平台联系起来,实现了骑着骡马的特种部队与海空远程精确打击力量的高度一体化,形成强大的体系作战能力,迅速击溃了塔利班政权。2003年的伊拉克战争是作战体系对抗特征更加明显的局部战争。美军以"震慑"理论指导作战,从强调压倒性绝对优势转向以较小规模部队依靠强大的体系作战能力寻求快速突破,实施"斩首"行动寻歼萨达姆集团,直取敌首都巴格达。战中,美英联军通过网络化的综合电子信息系统，实现了侦察监视、情报搜集、通信联络和指挥控制的无缝链接，聚合了所有参战军兵种的作战能力，初步实现了作战效果的融合和集中，将联合作战推向了更高水平，也使体系作战能力的地位作用更加显赫。

分析美军屡屡取胜的原因，固然有国际战略环境有利、国家综合实力庞大等多种因素，但更主要得益于其自 20 世纪 50 年代以来长期进行的信息化建设成果，使其作战体系日益成为一个完整、有机的整体，可始终确保以强大的体系作战能力对抗对手松散、各自为政的体系。特别是海湾战争后，美军以综合电子信息系统融合作战体系的步伐进一步加快，体系作战能力更趋强大。1992 年，针对海湾战争暴露的系统不能相连等问题，将分立式、封闭式的独立系统集成为分布式、开放式的大系统，推出了一体化 C^4I 系统；1995 年，发展成包括监视与侦察在内的 C^4ISR 系统。与此相适应，"全谱优势论""快速决定论""网络中心战"等新型作战理论陆续出台。尤其是"9·11"事件后，美军出台了一系列战略规划，公布了三大军种转型路线图，通过军事转型加快建设 21 世纪新型部队所需的联合能力。

4. 大力发展阶段

海湾战争以后，越来越多的国家认识到了基于信息系统的体系作战能力的巨大作用，纷纷加入新军事变革的洪流中，基于信息系统的体系作战能力建设进入了大力发展阶段。目前，全球已有 40 多个国家（地区）在不同程度地进行军队信息化建设，全力推进军队一体化。其中，英国、日本军队信息化建设水平在某些领域与美军较为接近，在通信、情报、指挥等方面基本上可与美军互通，重点发展网络作战、海空作战和远程精确打击能力，体系作战能力初步形成。俄军重点发展指挥自动化系统、空天防御体系和高智能武器，印军开始构建较为完整的 C^4I 系统，两军的体系作战能力也在一定程度上得到了发展。

这一时期是美军综合电子信息系统建设趋于成熟的阶段，联合作战开始进入军种能力融合的全新时代。这一阶段的特征是，陆海空军及海军陆战队和特种部队已经构成了一个相对融合的整体，作战系统已经实现互联互通，在一些局部能够实施较高程度的联合作战。此时，基于信息系统的体系作战能力逐渐成为现代联合作战战场的主角，其强大与否直接决定着战争成败。但是，还没有以信息网络为中心，建立起基于能力融合的联合部队，还不能实施跨国界、跨部门、跨领域的内聚式联合作战，基于信息系统的体系作战能力仍未在作战体系的所有领域全面形成。当然，发展到这一阶段，外军已经将构建基于信息系统的体系作战能力作为军队建设的支柱，从军事理论创新、体制编制调整、军事训练、人才培养到武器装备发展等各个方面进行努力，力求实现军队作战能力质的飞跃。

1.1.3 体系作战能力的生成

1. 体系作战能力的基本构成

作战能力主要由杀伤力、机动力、防护力、信息力、指挥控制力和保障力构成。杀伤力、机动力、防护力、信息力、指挥控制力和保障力之间是互相联系、互相依存、缺一不可的。从战争实践来看,任何一种基本能力的弱化,都将直接影响军队整体作战功能。

1）杀伤力

杀伤力是指对对方有生力量和技术装备进行毁伤破坏的能力。它在作战能力基本构成中占有十分重要的位置,主要是随着武器装备的更新和战争的发展而不断提高。

信息化条件下作战,高精确、高效能打击武器与高素质军人的有机结合,使得杀伤力得到质的提高,杀伤力呈现出一种全新的表现形式。微电子技术、计算机技术、遥感技术、信息处理技术、精确制导技术、定向能技术、新型材料技术、航天技术和隐身技术等,应用于武器装备的研制和生产,为军队提供了许多高效能的先进武器装备,使得武器装备的远程精确打击能力、软硬杀伤能力有了质的跃升。由于精确制导技术的广泛应用和精确制导武器的迅速发展,精确制导武器向自主探测、优化攻击目标、防区外打击、多用途等方向发展,打击精度越来越高,附带损伤越来越小,毁伤能力越来越强,远程精确打击能力越来越高。而信息战装备不仅可以通过硬摧毁,而且可以通过软杀伤等手段,干扰、压制和破坏对方侦察、通信、指挥系统以及先进的武器系统,使之降低或丧失作战效能。近几场信息化条件下局部战争,美军都曾首先派出多架电子干扰飞机,对预定空袭区域进行定向强电子干扰,“战斧”巡航导弹携带高功率微波弹,以非核爆炸方式产生类似于高空核电磁脉冲的强电磁辐射,直接摧毁或损伤对手的各种敏感电子部件,使对手的雷达、计算机系统等电子装备和互联网失去工作能力,既剪除了对手的“耳目”,又挑断了对手的“神经”,为随后的军事打击铺平了道路。

2）机动力

机动力是指兵力或兵器所具有的进行空间位移的能力。在战争中,机动力具有极其重要的作用。自有战争以来,机动力就作为军队作战能力的基本构成为人们所重视,并不断采取措施提高军队的机动能力,最主要的是武器装备的机动性能。

信息化条件下作战,机动力呈现出新的特点。作战双方为了能够聚集最优力量对敌实施最有效的打击,需要将己方打击力量从多个方向向统一地点、目标机动,使得机动力使用呈现出了多向性;而随着作战空间的扩大、作战力量结构的复杂和机动方式的增多，既可从空中机动，又可从海上、陆上机动，未来还可从临近空间甚至太空机动，军队机动呈现出多维性；机动中既使用军事运输力量，又征用民用运输力量，机动距离进一步加大，机动力量和手段呈现出多样性；随着情报保障、指挥控制、机动工具的不断改善，空中机动能力从战术级跃升到了战役级，目前，一些发达国家军队主力部队的直升机数量与坦克大致相等，平均每 100 名士兵就有一架直升机，机动力正在向“空中化”转移。海湾战争爆发前，远离中东地区的美国和其他多国部队使用各种运输工具，仅用 3 个月的海、空运输，就将 70 万兵力部署到了海湾地区。而在 2008 年 8 月的俄格武装冲突中，俄军利用其强大的空中投送力量，将第 76 伞兵师和第 98 伞兵师空投于阿布哈兹方向，配合地面部队行动，致使格军两面受敌。同时，俄空降部队还在格鲁吉亚腹地大规模快速伞降，形成了对格鲁吉亚的东西割裂，对转变局势和逼迫格政府就范发挥了重要作用。

3）防护力

防护力是指有生力量武器装备、技术器材等所具有的抵御对方杀伤、破坏和恶劣自然条件侵害，有效保存力量的能力。军队防护能力的高低，取决于军队人员素质、武器装备的技术防护性能、作战中所利用的防护工程、地形情况以及采取的作战方法等多方面的因素。

事实上，军队的防护力既是杀伤力的抵消手段，又是杀伤力的辅助手段。一般说来，防护力是伴随着杀伤力的发展而发展的。军队防护力与杀伤力在竞相发展中交替，有时杀伤力占上风，有时防护力略高一筹，但总的来看，杀伤力通常高于或略高于防护力。

信息化条件下作战，随着先进技术兵器的问世和发展，一些新的技术防护手段开始运用于战场，兵器的装甲防护不再向着无限度地增加钢铁厚度发展，而是采用新型复合材料和隐形材料，提高对高性能杀伤兵器攻击的抗毁性。例如，隐身技术的发展改善了武器装备的反侦察能力；电子干扰技术在战场上的应用促进了抗干扰技术的发展，提高了武器装备的防干扰能力；抗摧毁技术的发展增强了武器装备的抗摧毁能力；而先进防空反导系统的出现，使对付精确制导武器攻击有了新的“克星”。同时，部队配置更加疏散化，动态防护、示假隐真成为防敌火力杀伤的重要措施等，军队的防护能力提高到一个新的水平。

4）信息力

信息力是获取、传递、处理、利用和控制信息情报的能力。军队的信息力，主要表现为获取己方作战所需要的敌方信息的能力、控制己方信息不为对方所捕捉的能力、传递各种信息的能力和处理利用信息的能力。军队信息力的高低，主要取决于军事信息技术水平和指挥方式、手段等因素。

随着科学技术的进步，军队获取、传输、处理和利用信息的手段大大增多，能力大大增强。有线电报和电话的发明，使军队即时性超视距信息传输得以实现，信息力成为军队作战能力基本构成中越来越重要的因素，在战争中的作用也日益增大。第一次世界大战中，各主要参战国家的军队普遍装备使用了电话、有线和无线电报，并在电报中使用了密码，这就为各国军队远距离互递情报、下达命令提供了及时、有效的信息传输手段。在20世纪30年代末，雷达的诞生使人类第一次拥有了超出自身感官能力以外的信息获取能力，一开始投入使用就在第二次世界大战的空战和海战中发挥了巨大的作用。在第二次世界大战中，导弹的发明标志着信息制导武器的诞生，这也是人类利用信息技术第一次实现了武器的自动控制与遥控。电子计算机的出现使人类分析、处理信息有了能干的“帮手”，大大提高了军队处理、利用信息的能力。20世纪中叶，人造地球卫星的成功发射使信息探测的“触角”和信息传输的“桥梁”，从地面、空中扩展到了太空，并覆盖了整个地球。激光器的诞生和广泛运用于武器制导、目标探测和通信等方面，使信息的传输、控制有了更快的速度。

信息化条件下作战，随着通信、雷达、电子计算机、卫星、激光等信息技术装备在军事领域的广泛应用，使军队获取、处理、利用信息的能力大大增强，同时也导致了作战双方围绕信息展开的对抗日益广泛而激烈。因此，发展信息技术、提高军队的信息力越来越为人们所重视，现代各发达国家军队都竞相采用高技术来提高信息获取、处理、利用和控制的能力。

5）指挥控制力

指挥控制力是指依靠一定的指挥工具，指导和调动所属部队达成作战目的的能力。军队指挥控制力的高低与发展是由指挥主体、指挥手段和武器装备的状况所决定的，并随着指挥主体、指挥手段、指挥方式和武器装备的发展而发展的。

随着科学技术的进一步发展，特别是近代以来，军队的杀伤力和机动力空前提高，司令部成为直属统率管辖的重要指挥机关，于是，军队指挥进入了统率、司令部时代。20世纪以来，火炮、坦克、飞机、军舰、化学武器和核武器等新式武器出现后，战争由平面发展为立体，作战指挥更趋复杂化，在专司作战指挥的司令部的辅助下，指挥人员对部队的指挥控制力得到加强，指挥控制效能得到明显提升。

随着第一台电子计算机的问世和集成电路、超大规模集成电路的出现，以C^3I为基础的“人—机”指挥方式开始登上作战指挥的舞台，军队的作战指挥能力空前提高，从而进入了自动化指挥时代。依托C^3I系统，指挥员可以运用以电子计算机为主的自动化设备，进行情报搜集处理、情况分析判断、行动方案拟制评估以及定下决心等工作，工作效率显著提高，失误明显减少，指挥控制效能是以往任何一个时代所无法比拟的。

信息化条件下作战，随着先进的综合电子信息系统在军事领域的广泛运用，军队的指挥控制力再次得到质的飞跃。例如，在1991年海湾战争中，以美国为首的多国部队平均每天出动2000余架次飞机轰炸伊拉克，飞机型号多达26种，出动时机、飞行高度、航程、任务和使用方式等均不相同。为周密组织空袭，设在海湾地区的美军中央总部前指每天要下达几十万条行动指令，由上千名参谋人员，配备1650台计算机，每隔24h通过卫星、微波和保密电话线路，向各级指挥官发送密码信息，使作战飞机有条不紊地执行各自的作战任务，为多国部队形成整体作战能力创造了良好的条件。2008年8月，俄格武装冲突爆发后，俄军立即成立了由陆军总司令博尔德列夫大将为总指挥的作战指挥部，依靠其较为先进的指挥控制系统，除使用部署在格鲁吉亚的3000名维和人员外，迅速调动包括第58集团军装甲部队、第76和第98两个空降师、第45独立侦察团在内的陆军部队以及数十艘舰艇和多架飞机，在较短的时间内就对格鲁吉亚形成了重兵压境之势，通过快速有力的军事行动，有效遏阻了格军的进攻，并通过迅速扩大战果迫使格鲁吉亚接受停火协议，既争取了战略主动，又赢得了战场主动。

6）保障力

保障力是指为保证军队有效遂行作战任务而实施的战时政治工作和作战、后勤、装备保障的能力。军队作战能力能否发挥到最佳状态，在很大程度上取决于各项保障是否到位，保障力直接影响到整体作战能力的发挥。

（1）思想政治保障。任何一支军队，不论其使用的称谓如何不同，但激励战斗精神、鼓舞己方士气、打击敌方士气的实践活动，都是客观存在的。

（2）作战保障能力。信息化条件下作战，先进信息技术大量应用于作战保障，在作战保障能力得到大幅度提高的同时，作战行动又对作战保障能力提出了新的更高要求。总地来说，作战保障能力是随着战争的发展和科学技术水平的提高而不断得到提升和发展的，作战保障能力的高低在信息化条件下作战中具有重要的地位。

（3）后勤保障能力。信息化条件下作战，使得现代战争规模更加庞大复杂，对后勤的依赖越来越大，对保障力的要求越来越高，后勤保障呈现出后勤组织扁平化、后勤指挥信息化、后勤信息实时化、后勤保障联勤化、后勤管理立体化和保障区域延伸化等明显特征。保障手段更加灵活，保障范围空前扩大，高技术含量的保障物资种类骤增，物资的高技术含量日益增大，保障能力和保障效益空前提高。信息技术的飞速发展及在后勤保障领域日益广泛的应用，使军队的后勤保障力呈现较大幅度的提升，而战略战役战术多级一体，陆、海、空联合实施的综合保障体系，有力地支持作战行动高效运转，保证了作战能力的形成与持续发挥。

（4）装备保障能力。进入20世纪后至今，由各种现代武器装备支撑的现代战争，无论从气势和规模看，还是从强度和深度看，同以往战争相比，都不可同日而语，现代战争规模更加庞大复杂，对装备保障的依赖越来越大，对武器装备保障力的要求越来越高。此时，先进的装备保障手段、充足的装备物资等，都为现代化条件下军队武器装备保障能力的提高提供了各种有利条件。

2. 体系作战能力生成的一般途径

从作战能力生成的规律来看，作战能力生成一般需要经由以下途径。

1）发展武器装备

在其他条件相同的情况下，军队作战能力的强弱将更加取决于武器装备的先进程度。不同的武器装备，由于技术性能不同，其作战功能各有差异，从而造成了军队作战能力的高低。一般说来，武器装备的技术、战术性能好，其作战能力就高，拥有先进武器装备的一方将具有较强的作战能力。武器装备发展史表明，从冷兵器时代到热兵器时代，再到机械化时代乃至当前的信息化条件下，武器装备的每一次重大发展，都带来了作战能力的巨大飞跃。特别是现代化条件下，武器装备所具有的射程远、精度高、威力大、速度快、智能化、隐身化等特点，使军队作战能力达到了前所未有的新水平。同时，武器装备对构成作战能力的其他要素，如军人素质、体制编制等具有重要的影响和制约作用。武器装备的发展，需要能够熟练操作和使用的军事人员以及与之相适应的体制编制；否则，其将会成为作战能力生成和发展的桎梏。古今中外任何一支军队，无不把发展武器装备作为加强军队建设、提高作战能力的重要措施，作为生成和提高军队作战能力的重要途径。

2）建立信息化集成系统

信息集成是新形势下形成体系化作战能力的必要条件。比如，第一次海湾战争以后，美军发现虽然单信道地面与机载无线电系统（SINCGARS）、增强型定位报告系统（EPLRS）和移动用户系统（MSE）各自都发挥了很好的作用，但是出现了系统各自独立，不能有效、及时交互信息、传输图像、实现多媒体通信等问题。对此，美军陆军提出了两个解决方案：一是研制新型的战场信息传输系统；二是采用系统集成方案将3个系统连成一个战术数据网。美军先行启动了第二方案，进行了系统集成，研制了特殊的互联网控制器、路由器和战术多网网关，建设了战术互联网。在第二次海湾战争中，战术互联网发挥了倍增作用，产生了$1+1>2$的效果。

每一件信息化装备都优秀，并不代表着整个系统是优化的。尤其是随着信息化的发展、新的装备出现，战士需要掌握的设备操作越来越多，就必须进行系统集成，做到“傻瓜化”“一键化”。

3）调整体制编制

体制编制是军队的组织形式，它不仅是一个国家政治、经济、科学技术水平、文化素养的综合反映，同时也是军队作战能力强弱的重要标志。在作战能力构成三要素中，人和武器装备是相对稳定的要素，体制编制则是充满活力、不断发展的要素。人和武器装备，只有通过科学合理的体制编制才能有机地组合起来，才能充分体现作为作战能力要素存在的意义。在人和武器装备既定的条件下，体制编制对军队作战能力的高低有着决定性的影响。同样数量、质量的人员和武器装备，由于体制编制、编组形式不同，发挥的作用就不同。

1.1.4 体系作战对信息系统的需求

基于信息系统的体系作战能力是信息化条件下作战能力的基本形态。因此，深刻认识其内涵、特征及发展趋势，对于进一步加强基于信息系统的体系作战能力建设具有积极意义。

1. 体系作战下信息系统建设的内涵

基于信息系统的体系作战能力的实质，就是充分利用现代信息技术的渗透性、连通性、融合性，通过对诸军兵种力量单元、作战体系诸要素的综合集成和信息的实时互联、互通与共享，对作战能力基本能力构成进行结构优化和系统集成，进而使军队作战能力产生质的飞跃，以实现作战行动的高度协调和作战效果的精确高效。与以往作战能力的生成相比，基于信息系统的体系作战能力生成的机理，不仅仅是依靠平台数量的累加，也不是消极等待各兵军种形成自身整体作战能力以后，再通过科学编组和战场聚优生成联合作战能力，而是以信息化武器装备为物质依托，通过发挥信息技术和信息力的主导作用，形成网络化的体系结构，最大限度地凝聚所有作战能量，并根据作战需要做到精确、高效、协调、有序地释放于战场。

2. 体系作战下信息系统的基本特征

体系作战下信息系统是现代信息技术在作战能力生成上最直接、最深刻的体现，使军队作战能力产生质的飞跃。因此，它具有鲜明的时代特征。

1）信息系统集成的水平决定作战能力水平

随着战争形态由机械化向信息化的转变，军队的数量、质量、能量之间的关系发生了深刻的变化，人员和武器装备数量规模并不等于质量优势，更不等于能量优势，战争制胜的核心要素发生了质变，战争的制胜机理也由夺取和建立数量规模优势，演变为通过有效的质量优势，利用一定的手段和方式来夺取和建立信息优势，并将信息优势转化为决策优势、行动优势和战争胜势。海湾战争中，从作战双方物质、能量方面的力量对比来看，交战双方的差距并不是太大，然而，由于美军在战争发起前通过对伊军采取一系列信息作战行动而拥有了绝对的信息优势，从而在很短的时间内赢得了战争的胜利。海湾战争的实践使人们开始认识到，以物质、能量为作用机理的军舰、坦克、飞机等机械化作战平台和以信息、信息技术为核心的信息系统、信息化武器系统在实战中的结合，使得作战能力形态发生了根本性变化，信息、信息系统和信息化武器装备呈现出巨大的作用。2003 年的伊拉克战争更充分说明了这一点。在这场战争中，美英联军出动地面部队约 11 万人，其中，担负作战任务的美军第三机步师、第 101 空中突击师、第一陆战远征部队以及英军第七装甲旅、第 16 空中突击旅和第三突击旅，加在一起也就 6.5 万人左右。这 6.5 万人同伊拉克陆军的 35 万人相比，兵力数量对比为 1∶5.4；而且，前者是进攻，后者是防御。然而，仍处于机械化时代、具有数量优势的伊拉克大军却惨败在已初步实现信息化、拥有较高质量的美英精兵手下。这充分证明，信息化条件下，战争的胜负已不再取决于谁在战场上投入的资源、人力和装备数量的多少，集中作战能力不再等同于集中兵力，而是在于谁能够通过网络化的信息系统将分散部署的各个作战单元，在决定性的时间、决定性的地点和决定性的目标上集中信息力和打击力，交战双方对战场信息的支配能力，决定了作战能量的释放和兵力行动的自由，谁掌握了信息优势，谁就具有质量优势，谁就能够掌握战场主动权，乃至夺取战争胜利。

2）信息系统的集成使诸军兵种力量紧密融合

这是基于信息系统的体系作战能力与以往整体作战能力的根本区别。在信息技术的作用下，各军兵种力量得到“重新建构”，形成全新打造的新型力量。由于综合电子信息系统的支撑，各军兵种间实现了信息共享，作战力量无须形式上的重组和空间上的集中，各种标准化、数字化、模块化的作战单元，能够按照“部署分散、效能聚焦”的原则，实现不同空间的行动衔接与效能聚合，达成对目标协调一致的打击，形成了“神联力融”的力量结构。基于信息系统的体系作战能力，是整体作战能力发展的高级阶段，是诸军兵种作战能力的高度融合。诸军兵种作战力量高度融合主要体现在以下几个方面：一是武器系统融合，诸军兵种各类武器装备系统经过信息化改造，相互之间能够进行信息传输，实现信息共享，从而提高了整个武器装备系统的反应速度和作战效能；二是作战单元融合，各作战单元，通过综合电子信息系统紧密相联，能够实现互联、互通、互操作，在物理结构上表现出松散的特征，在组织结构上有较大的灵活性和自由度，而在信息结构上高度融合，可以随机调整组合形式，以提高整体作战能力；三是作战要素融合，将情报侦察、指挥控制、信息对抗、火力打击、全维防护、综合保障等作战要素实现了高度融合，软杀伤与硬摧毁由分离转为聚能，各要素作战能力聚合成整体合力,以实现效果聚优。

3）信息系统将主导作战能力发挥

信息主导就是指信息化条件下作为基础资源的信息资源,将主导作战体系中各种要素和作战行动,从而主导着整个作战能力的发挥。

在信息化条件下,信息资源成为作战能力的新源泉,其无所不在地融入了作战的各要素之中,实现对作战能力各要素的结构优化和系统集成,物质性、能量性作战能力因信息化而得到合理配置与运用,信息流主导物质流和能量流日趋明显,作战能力与信息质量的关系远比与部队数量的关系更为紧密,信息力的高低逐渐成为战争胜负的决定性因素。主要体现在:全面利用各种信息技术实现各作战单元、各作战要素之间的信息共享;利用高效率的信息技术手段实现战场透明直观;依托综合电子信息系统,通过自适应协同达到行动实时调控;把火力硬摧毁与信息软攻击有机结合,实现多空间、多手段的精打要害能力和一体化攻击能力;通过信息网络的连接和聚合作用,实现作战物资的精确保障能力。因此,信息的主导性改变了军队作战能力的结构,使得联合作战体系中各能力要素结构优化和系统集成,作战体系潜在的效能得以有效发挥,起到了扩大作战能力系统整体效能的杠杆作用。

4）信息系统与火力系统将集成一体化

信息化条件下的信息火力融合作战,是将信息融入火力,通过网络化整体联动,将不同空间力量的火力以及信息作战力量有机结合起来,在综合电子信息系统的作用下,于同一时间对同一目标实施集中打击。这样网络化的联动,有利于形成整体合力,成倍提高火力打击效能。伊拉克战争中,美军电子战与火力战融合,利用电子战飞机、空间侦察卫星等电子战装备,及时、准确地获取战场情报,经过信息处理中心分析处理后传送到战场前沿,提高了空袭和防区外远程精确打击的时效性和准确性,利用电子战飞机的伴随护航,为作战飞机突防提供电子掩护,提高了作战飞机的生存能力。而美军构建的一个水下、海面、陆地、空中、太空一体化的,多维一体、精确联动的信息火力综合网,使各种火力紧密结合,最大限度地发挥了火力打击的整体威力,更是向世人展示了网络化支撑下的信息火力融合的整体优势。

1.2 体系作战下的军事信息系统的组成

体系作战下的军事信息系统是由通信系统、侦察与监视系统、导航定位系统、综合电子战系统等组成。这些系统以往是独立运作、互相支撑,但是实际情况是“烟囱”林立,信息交互不畅通。只有对所有信息系统加以集成才能够发挥出最大效益。

1.2.1 服务于体系作战信息系统的构成

作战能力总结为6种能力的合成,即杀伤力、机动力、防护力、信息力、指挥控制力和保障力。将这6种能力有机地融合就是体系化作战的核心要义,即图1.1的第二个层面所示。支持体系化作战的能力融合将依靠用现代信息化技术武装起来的数字化部队和数字化战场,即图1.1的第三个层面所示。支撑数字化部队和数字化战场的是整个军事信息系统的集成,其运用的基本手段是互联网和物联网技术,以及由此而衍生出来的融合技术“全球栅格网(Globe Information Grid,GIG)”,支撑的战术体系在美军称为“网络中心战”,我军称为“体系化作战”。

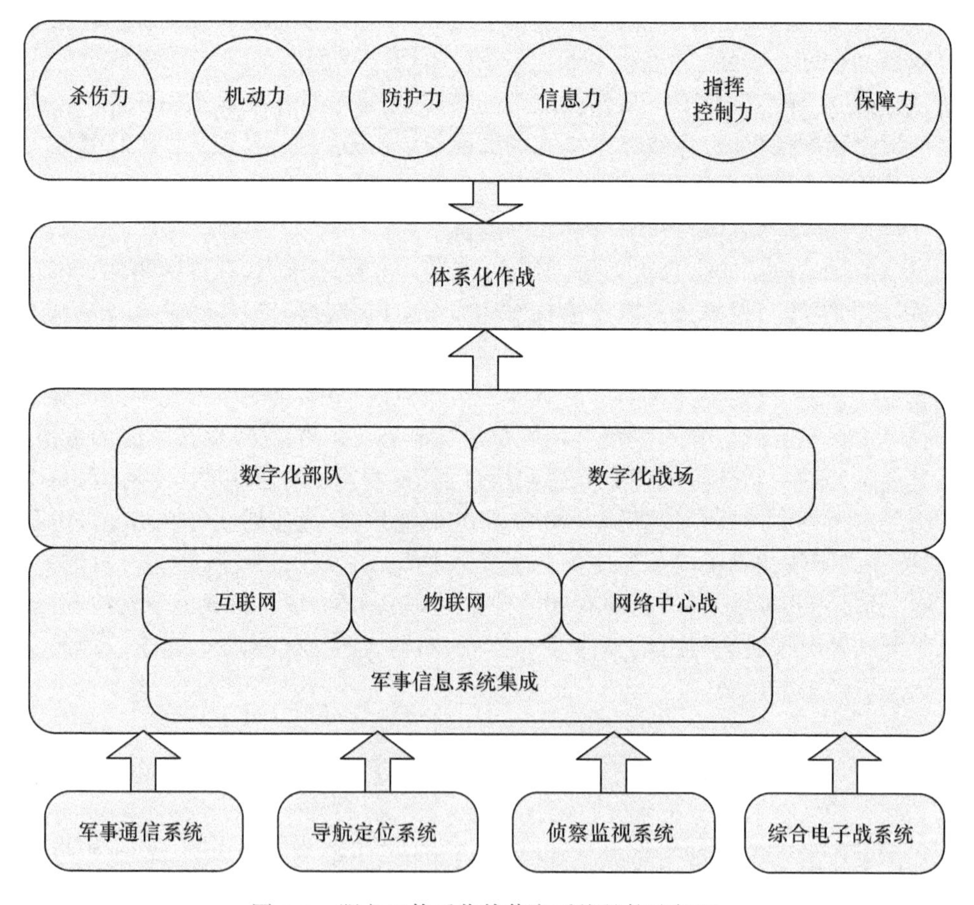

图1.1 服务于体系作战信息系统的构成框图

军事信息系统集成所要集成的系统是以军事通信系统为基础，集成了侦察监视系统、导航定位系统和综合电子战系统等，如图 1.1 所示的最下一层。本教材介绍的就是外军的军事通信系统。通过外军军事通信系统的学习，找自身差距、摸对方弱点，“知己知彼、百战不殆”。

1.2.2 服务于体系作战信息系统的融合

服务于体系作战的信息系统必将是一个融合的系统，如果“烟囱”林立则无法将 6 种作战能力加以整合，无法产生 1 +1 >2 的效果。

融合的信息系统依托的是军事通信系统。美军在此方面走在了世界的前列，为各国做出了表率。在近一二十年的局部战争中，融合的军事信息系统发挥的作用有目共睹。既是我们学习的榜样也是我们敌手的实力，不得不引起我们高度重视和认真研究。

在新的领土划分中，已经将传统的陆、海、空三大疆土拓展为陆、海、空、天、电五大疆土，而其中的“电”包括了电磁空间和网络空间。我国互联网经济发展的经验告诉我们，在新的空间领域有新的规则，只要认真学习和勇于创新，就可以在新的疆土领域实现弯道超车。

融合的军事信息系统是将侦察与监视、导航与定位、综合电子战等独立系统，在军事通信的支撑下实现信息共享，试图达成“先敌发现”“发现即打击”的效果。这种融合不但是这几个信息系统的融合，未来更是指挥控制系统与武器的高度融合、与保障系统的融合，减少指挥指令的生成环节、提高杀伤能力；减少保障的出错概率，提高保障的有效性，支持部队的快速机动能力。

1.3 基于信息系统的体系作战能力的运用

建设基于信息系统的体系作战能力，既是我军改革发展的基本方向和目标，也是做好军事斗争准备的核心要求。生成体系作战能力只是使我军遂行信息化条件下联合作战具备了可靠的能力基础，在未来作战中，还必须对基于信息系统的体系作战能力加以科学运用才能确保其高效释放，实现“打赢”的目标。

1.3.1 科学编组、优化体系作战能力结构

基于信息系统的体系作战能力，主要是从军队建设和军事斗争准备的角度来描述作战能力构成的。在信息化条件下局部战争中，必须根据作战的具体情况，着眼于充分满足完成作战任务的需要，优化体系作战能力结构。目前，西方发达国家军队普遍采取建设与作战分立、政令与军令并行的体制，对于优化与作

战任务相适应的体系作战能力提供了方便。例如,美军各军种领导机关主要负责部队的平时建设,而作战指挥则由各联合司令部负责;战时联合司令部根据作战需要,主要从本责任辖区内抽调相应的军兵种部队,必要时向上通过参联会申请战略力量支援,组建联合部队,并对联合部队实施统一指挥,从而形成与作战任务相适应的体系作战能力。我军目前的军改实行的是"军种主建、战区主战"的原则,改变了原来实行军政军令统一的体制。从我军着眼信息化条件下体系对抗的需要优化体系作战能力结构,应重点考虑以下两个方面。

1. 根据战场情况、优化体系作战能力结构

战场情况对体系作战能力结构的影响主要表现在以下 4 个方面:通过影响作战样式的选择;通过影响作战规模;通过影响作战指挥;通过影响后勤、装备保障。

根据战场情况的可能影响,优化体系作战能力结构应重点考虑以下两个方面:一是根据战场环境的特点,正确确定体系作战能力的构成重点;二是调集具有相应行动特点的力量参战,形成适应战场环境的体系作战能力结构。

2. 根据主要行动,优化体系作战能力结构

信息化条件下局部战争,由于作战目的等方面的不同,将要求体系作战能力具有不同的结构,必须着眼于适应作战行动的需要。

作战类型不同,体系作战能力结构也不同。作战类型包括进攻和防御作为作战行动。在进攻作战行动中,要求体系作战能力在结构上必须优先考虑对敌形成综合优势。防御作战行动,要求体系作战能力在结构上必须优先考虑"抗"的需要。

作战样式不同,对优化体系作战能力结构有着不同的要求。作战样式是指作战所采取的具体式样和方式,是按敌情、地形、气候等不同情况对作战类型的具体划分。不同的作战样式,要求投入不同的作战力量,建立不同的作战体系,从而影响和制约体系作战能力的结构。

作战行动的持续时间不同,对体系作战能力的结构要求也有所不同。作战行动持续时间长,要求体系作战能力在结构上必须着眼于连续性和耐消耗性,强化相关的能力要素,包括:战场感知能力,必须能实施连续的侦察监视;指挥控制能力,必须充分考虑可能的损失,留有必要的能力备份;火力打击能力,必须充分预计战况的可能发展,保持强大的持续毁伤能力;综合保障能力,必须着眼于可能的作战损耗,加大储备,提高持续保障能力等。

1.3.2 实施一体化联合作战、实现体系化作战能力的最大化释放

一体化联合作战是诸军兵种联合部队依托无缝链接的网络化的综合电子信

息系统，在陆、海、空、天、电等全维战场实施的整体联动作战。其实质是以信息为主导的体系与体系的对抗；其目的是变能力叠加为能力融合，实现作战效能的最大化和作战进程的最短化。只有实施一体化联合作战，才能最大限度地释放基于信息系统的体系作战能力，发挥一体化联合作战体系的最大威力，确保打赢信息化条件下的局部战争。

1. 在作战指挥上坚持集中统一

为提高作战指挥效能，应当对参加一体化联合作战的诸军兵种作战力量实施集中统一指挥，必须着力解决集中指挥权限、实施信息共享和联合编组指挥机构 3 个关键问题。

以理顺各军兵种间的指挥关系为重点，解决集中统一指挥的权限问题。未来一体化联合作战是由多个军兵种共同参加的作战。解决指挥权限的集中统一问题，实质上也就是要解决好军兵种间的指挥关系问题。实践表明，影响"联合"的主要障碍之一是军兵种之间指挥关系"纸上明确的多、落到实处的少"，"统一指挥"往往被"个别协商"所取代，指挥权限没有真正集中统一起来。要解决这一问题，一方面，应加快军队指挥体制改革，尽快建立联合作战指挥体制；另一方面，在现有体制下应采取强力措施，真正赋予战时联合指挥机构的统一指挥权限，抓住军兵种间的指挥关系这个实质性问题，合理赋予权限，强令遵照执行。

以实现信息共享为重点，解决集中统一指挥的保障问题。集中统一指挥，一方面依赖于正确的决策和指挥的权威；另一方面也依赖于各级对指挥指令和战场态势的共同理解与认识。因此，信息共享是集中统一指挥必需的前提和保障条件，最终达成在一体化联合作战中，联合作战指挥机构与各军兵种作战部队指挥机构所建立的作战数据库能够信息资源共享，在一定的保密规范之内，可以通过计算机网络，实现"互访""互查""互阅""互下载"。

以合理确定指挥机构的编组为纽带，解决指挥人员的联合问题。由于各军兵种在指挥的程序、方式等诸方面都有其自身的特点，相互之间存在着较大的差异性，这就决定了任何一个只懂得本军兵种而不懂得其他军兵种知识的指挥人员都不可能胜任一体化联合作战指挥。就连技术十分先进的美军也不得不承认："尽管技术上的互通是十分重要的，但这还不足以保证有效地进行作战。必须对组织和程序方面的因素予以必要的关注，而且各级决策者都必须了解他人的能力和局限性。"因此，要实现一体化联合作战的集中统一指挥，联合作战指挥机关就必须由参战诸军兵种的人员组成。在指挥机构人员编组上除应科学合理地确定各军兵种指挥人员比例外，更应重视配备专司联合作战指挥的通才，以更好地解决指挥人员的联合问题。

2. 在力量使用上坚持融合高效

着眼于信息化条件下作战力量运用的新特点，充分发挥诸军兵种作战优势，最大限度地聚合整体作战效能，必须对作战力量进行联合编组，构建各要素有机整合、精确配合、无缝衔接的作战力量系统，实现各种作战力量在多维战场空间的整体联动作战。

联合部队要充分考虑发挥体系作战能力的需要，调集"软""硬"两种力量，并按有利于互相支援配合的原则灵活编组。合理搭配"软""硬"两种手段，确定"软""硬"打击顺序，实现"软""硬"两种作战行动的有机融合、效果互用、效能互补。着眼于信息化条件下人民战争的新特点，加强军地力量整体协调，积极改进人民群众参战支前模式，周密组织经济、科技、信息和交通动员，把雄厚的综合国力和战争潜力迅速转化为强大的作战实力。

充分利用陆、海、空、天广阔的物理空间，尽可能分散地配置作战力量，建立战略战役纵深部署相结合、多维战场部署相协调的"大局势"，在信息网络的链接作用下，根据不同作战需要，在不同的时间将体系作战能力聚焦释放于不同的目标上，在局部时空范围内对敌形成作战效能优势。

综合运用一体化的指挥控制系统，根据不同时机、方向和空间的作战需求，快速地调动兵力、火力和信息力，形成局部优势。切实集中精兵利器，发挥新质作战力量和"撒手锏"武器装备的作用，充分利用其独特的杀伤机理和作战潜能，在敌意想不到的时间和空间对敌实施出其不意的杀伤和打击。

3. 在作战行动上坚持协作同步

协作同步是指分散配置在各个作战层面的多元作战力量，通过高效的自主协同，在时间和空间上协调一致地共同行动，同时依次地针对多个目标释放作战能量，以达到预期的作战效果。协作同步是诸军兵种多元力量之间联动的必然需求。

一体化联合作战的实质，就是诸军兵种作战行动的协作同步作战，作战协同的好坏不仅影响诸军兵种整体作战效能的发挥，而且对于联合作战进程乃至整个作战结局都将产生重大影响。因此，一体化联合作战要求通过密切的协同，使处于不同空间、层次、分散的作战力量共同行动，形成整体联动之势，以求作战能量在同一时间、不同地点的同步释放，取得对敌整体优势。

战争实践表明，没有协作同步就没有整体联动，就没有作战能量的同步释放，周密组织联合作战的协同，是形成整体合力、夺取胜利的基本条件。一是要突出整体协调的观念，就是要围绕总的作战任务，对参战的各种力量、各种作战样式、各战场、各方向上的行动，进行全程的宏观协调控制。二是要树立主动配合的意识，就是要充分发挥参战各军兵种部队的主观能动性，从全局出发，围绕统一的作战目的,积极配合,主动协同。三是要贯彻坚定灵活的思想,就是既要坚定不移地贯彻预定协同计划,又要根据战场情况的发展变化,灵敏地实施随机协同。

4. 在战法手段上坚持多能互补

采取正确的战法手段,是确保体系作战能力充分释放的重要条件。未来一体化联合作战,应采取慑战并举、重击夺势、破网瘫体、歼驱控局的基本战法。

(1) 慑战并举。就是军事行动与政治、外交、经济斗争密切配合,常备军威慑行动与后备力量行动相衔接,常规威慑手段与核威慑、太空威慑、信息威慑手段相结合,灵活运用快速投送、新型武器装备试验、设立禁飞和禁航区、联合军事演习以及有限信息攻击等行动,显示坚定的决心和强大的实力,最大限度地发挥军事威慑的综合效应,对敌施加决定性影响和压力,使敌确信并屈从我军事威慑,达成不战而屈人之兵的目的。

(2) 重击夺势。就是首战即重打要害,打击力量要强、力度要狠、震慑要大,力求首战夺势、首战定局,打掉敌作战体系最核心的部分,确保对预定目标达成既定毁伤指标。通常首先从信息领域发起作战。

(3) 破网瘫体。就是着眼于增大体系破击效果和加快作战进程,持续对敌信息目标、制空制海力量和远程火力平台等重要节点实施打击,破坏敌信息网络、肢解敌作战体系、瘫痪敌作战能力。在打‘击目标上,根据敌作战体系的受损情况,对战场范围内的敌信息基础设施、指挥所、机场、军港、兵力集团等实施补充打击,制造连续毁瘫效应;同时,根据破坏敌战略支撑的需要,精心选择与敌作战体系密切关联的电信、交通、电力、石油等战争潜力目标,施以适度打击,加速敌作战体系的垮塌。在打击手段上,以中远程火力与地面、海上、空中抵近火力结合,重点实施精确打击,提高毁伤精度,控制毁伤规模,减少附带损伤。在打击节奏上,连续实施,持续加压,最大限度地促使战场态势快速转变,对敌认知形成快节奏强烈震撼。

(4) 歼驱控局。就是利用体系破击的效果,通过信息、兵力与火力的快速机动,实现对预定地域、海域、空域的有效控制。包括:纵深割裂,即以快速机动兵力,超越正面作战区域,实施纵深突击,形成纵深阻断,将预定目标区域从敌作战体系中割裂出来;限敌机动,即通过信息、火力、兵力等综合攻防行动,限制敌出入预定目标区域,信息攻防的重点是破坏敌兵力、火力机动的信息保障,火力打击的重点是压制敌对我超越部队的火力突击,兵力攻防的重点是阻敌增援和突围;歼驱并举,即对预定目标地区,迅速夺控核心要点,强化对敌作战体系的物理割裂,解除被围之敌的武装,实现占领。对预定海、空区域,加强巡逻警戒,歼驱敌方舰、机,保持绝对控制权。

5. 在综合保障上坚持集约精确

实施一体化联合作战,对综合保障提出了集约精确的要求。为此,必须实施多维立体保障,同时、同步在陆、空、海甚至太空等多个战场领域运用多种方法和手段,为联合作战提供可靠的多维度、立体化、全时空的综合保障。必须进行实时快捷保障,在信息化网络系统的支撑下,透过战场迷雾,全日感知瞬息万变的战场情况,加快保障指挥各层次与各保障力量单元、各作战力量之间的信息流通,最大限度地缩短"作战部队提出需求—实施保障指挥决策—采取补给、支援行动"所需的时间,力求达到在多维空间战场上,即时提出要求、快速反应决策、快速展开保障,力求作战行动与保障行动高度融合。必须实施合力联动保障,统一协调各军兵种保障力量和地方民用保障力量,联合行动,确保物资、技术及装备设施的统一使用,对作战物资统一调配、技术服务统一安排、装备设施统一分配、交通运输统一调度、伤病员统一救治、后方行动统一指挥,确保各种保障力量协调一致,以形成合力,提高保障的效率和效益。必须实施精确高效保障,利用以信息技术为核心的高新技术手段,随时跟踪掌握战场情况变化给部队带来的保障需求,高效而准确地筹划和使用各种保障力量,采取以直达为主要手段的保障方式,按照适时、适地、适量、适配的要求,在保障源和保障对象之间构建人流、物流、信息流、技术流的直达通道,在准确的时间、准确的地点、为部队作战行动提供准确数量和高质量的作战物资、技术保障和作战支援,最大限度地节约资源,以最少保障资源换取最大保障效益,提高综合保障的效费比。

1.3.3 实施体系对抗、将效能集中作用于敌要害目标和薄弱环节

信息化条件下局部战争,体系与体系的对抗特征显著,只有坚持信息主导、体系对抗、联合制胜的作战指导,确保将己方的作战效能集中作用于敌要害目标和薄弱环节,才能以最低代价、最高效率赢得作战的胜利。

1. 多手并用、从源头上切断和迷惑敌战场感知

未来信息化条件下作战,侦察预警系统是对敌作战体系的"耳目",是其形成战场感知能力的主要依托。敌侦察预警系统的组成通常包括天基军事侦察卫星、导弹预警卫星和其他军民用遥感遥测卫星,空中侦察机、预警(指挥)机、无人机,地面侦察警戒雷达,技术侦察站,以及各种车载、机载、舰载侦察器材和水声站等。其中,侦察卫星、预警飞机、远程警戒雷达等,在维系其整个系统功能中起骨干支撑作用。盲敌侦察预警,主要是致盲敌侦察卫星、预警飞机、远程警戒雷达等,从源头上切断和迷惑敌战场感知。

由于信息化条件下侦察预警的绝大多数情报信息来自于太空,因而,破坏敌卫星侦察在盲敌侦察预警中起着至关重要的作用。一方面,可根据需要采取硬

摧毁手段，击毁对我军威胁大的敌低轨侦察卫星，保障我纵深内行动的隐蔽；另一方面，可干扰敌其他侦察卫星，破坏敌对战场情况的全面掌握。攻击敌方卫星有多种方法：一是使用定向能武器系统，从多方向实施攻击行动；二是使用航天飞机、载人飞船或空间站捕获敌卫星；三是运用动能武器系统攻击敌卫星；四是利用太空雷或反卫星实施攻击。

预警飞机和远程警戒雷达是敌侦察预警系统的重要情报来源，在破坏敌卫星侦察的同时，还应以强有力的措施最大限度地阻止敌预警飞机和远程警戒雷达获取情报信息。可干扰、驱离或者摧毁敌预警机，阻止敌获取我一定纵深的情况，破坏敌战场指挥控制；对敌警戒雷达采取干扰、假目标欺骗等行动，破坏敌获取我方空情，制造敌方的误识、误判、误动；在对敌主要辐射源进行精确定位的基础上，大规模使用反辐射弹药和无人攻击机等手段，从物质上彻底毁瘫敌雷达网；采取电子、火力等手段，制止敌其他侦察平台抵近，妨碍其获取情报。

2. 扰毁结合、切断敌信息传输渠道

信息传输系统是作战体系的"神经"和实现探测与发射之间无缝链接的主要途径。敌信息传输系统，主要包括卫星微波通信、战场互联网通信、数据链通信和短波超短波通信以及有线光缆通信。断敌信息传输的核心是以干扰加摧毁方式，实施数字信息交换链路的对抗。一是破坏卫星通信网；二是破坏微波通信网；三是破坏短波、超短波通信网，重点是数据链系统；四是破坏敌有线通信网。

3. 综合干扰、削弱敌导航定位能力

导航定位系统是信息化作战体系的基本支撑系统，作战能力的精确释放、作战行动的精确控制，特别是精确制导武器的有效使用都离不开精确的导航定位系统。美军精确打击能力和信息优势的获取，很大程度上依赖于美国的全球卫星定位系统，没有 GPS 系统的支持，其远程精确打击和信息优势就无从谈起。虽然干扰和破坏导航定位系统非常困难，但也不是不可能的。目前采用的导航定位系统接收机干扰和对传输信号的压制或欺骗式干扰方法，无论是从理论上还是实践上都是可能的。一是对敌各类卫星导航接收装置以及地面导航系统实施综合干扰，形成覆盖整个作战地区的导航定位信号干扰区，破坏敌武器平台和制导弹药的定位导航；二是对敌导航卫星实施干扰影响其定位精度，甚至致其在一定时间和范围内丧失定位能力；三是对导航卫星实施柔性破坏，或在必要时直接实施硬摧毁，彻底破坏敌天基导航平台。

4. 软硬并举、造成敌指挥控制系统混乱

指挥控制系统是综合电子信息系统中的关键系统，是敌作战体系的中枢，是敌形成体系作战能力的物质控制平台。乱敌指挥控制的核心是破坏敌指挥控制中心的信息融合及作战数据库，窃取敌决策和指挥情报。

（1）利用网络侦察，实施时间、对象、范围均受严格控制的网络攻击；利用网络“合法”身份和权限，编制假报告，发布假命令，施放假情报，篡改敌作战计划和有关数据；利用网络控制权，阻碍敌系统功能的恢复，延长网络瘫痪时间。在科索沃战争中，世界各地的黑客使用“梅莉莎”“疯牛”“幸福”宏病毒和 E－mail 等计算机病毒，攻击了北约的某些计算机系统，曾使盟军指挥系统陷入瘫痪，美海军陆战队所有作战单元的 E－mail 被病毒阻塞，造成美“尼米兹”号航母计算机系统瘫痪 3h。

（2）采取火力打击、特种破袭等手段，捣毁敌主要指挥所，瘫痪敌指挥控制节点。可运用各种侦察手段全面掌握其位置、形状、特征，特别是伪装后的变化情况，以常规导弹突击为先导，以空军航空兵突击为骨干，综合运用多种突击武器特别是精度高、穿甲能力强、破坏威力大的精确制导武器，专门用于攻击地下目标的特种杀伤破坏武器等，力争一举摧毁敌指挥所。

（3）延迟信息处理时间。使用各种干扰装备，干扰敌侦察卫星、高空无人侦察机、预警机、舰大功率雷达和卫星地面站，迟滞敌信息处理流程，造成敌对我作战行动特别是中远程火力打击行动发现、告警、监视、跟踪、锁定时间的延迟。

5. 重击要害、加速瘫痪敌作战体系

在信息化条件下局部战争中，兵力集团仍将是作战体系释放能量的基本物质力量。因此，精选敌作战力量中的要害目标予以重击，对于加速敌作战体系的瘫痪具有重要意义。由于敌高度重视对作战体系中的重要目标特别是高级指挥所的工程防护，我仅使用电磁攻击、网络攻击等软手段，不仅难以在较长时间内维持干扰破坏效果，而且不能给敌造成实质性的打击。因此，必须充分运用硬摧毁手段，给敌重大物质毁伤。可考虑的主要行动包括以下几项。

（1）果断行动、铲除敌首。在伊拉克战争中，美军以“斩首”行动拉开了战争的帷幕。尽管并没有达到所期望的效果，但美军始终集中火力对萨达姆及其高官们进行跟踪式精确打击，致使伊军因失去统一指挥而成为一盘散沙。未来作战，应以敌军政首脑机关为重点，在严密掌控敌首脑行踪的基础上，突然实施远程精确火力打击和特种袭击，摧毁或瘫痪敌首脑机构，从政治上、精神上给敌沉重打击。

（2）袭打敌重要信息平台基地。集中突击敌电子战飞机、预警飞机机场，封锁和破坏跑道、机场设施等，制止飞机起飞或转场，或直接摧毁敌空中巡航平台。对那些不便于攻击摧毁的信息平台目标，适时派出特种部（分）队，通过机（伞）降、蛙人、化装潜入等途径，采取穿插迂回、独立作战方式，深入敌纵深，进行各种袭扰、破坏活动。在伊拉克战争开始数周前，美军就利用“黑鹰”直升机把“三角洲”特种部队的精锐小组空降到巴格达附近的地点。3 月 19 日晚，美特种部队潜入巴格达和萨达姆的家乡提克里特，所做的第一件事就是借助手提计算机入侵并关闭伊拉克的通信系统和电力设施，切断萨达姆与其他高级指挥官的联系。

(3) 歼灭主要防空反导兵力。可首先施放海空假目标，实施电子欺骗，诱敌对空警戒和引导雷达开机；尔后，对敌防空反导阵地发动反辐射攻击和战役战术导弹突击，摧毁雷达和导弹发射装置，杀伤人员，剥夺敌地面防空能力。

(4) 封打敌制空和制海力量。使用远程火力，打击敌骨干机场、重要军港，压制敌地地导弹阵地和巡航导弹发射平台等。

(5) 精打敌战争潜力目标。根据需要，适度打击敌高技术产业基地、超高压变电所和电力输送系统、供油供汽设备等，诱发敌经济、社会混乱。

(6) 摧毁敌重要防御阵地。在夺取制空权的基础上，采取临空攻击的方式，发挥我整体作战能力强的优势，摧毁敌重要的防御阵地配系，削弱敌防御作战能力。

(7) 寻歼敌地面作战力量。以敌地面部队的装甲车辆、大口径火炮等为主要目标，采取多种手段侦察搜索，以使用空中火力和地面快速机动作战力量为主，坚决予以摧毁、歼灭，瘫痪敌防御作战力量，夺取作战的全面胜利。

所阐述的硬摧毁的 7 个方面也是我军需要加强守卫的，尤其是电力基础设施往往会成为打击的目标，而一旦电力系统出现问题，信息化作战就无从谈起。因此，下一节谈谈如何确保作战体系的安全稳定。

1.3.4 加强防卫、确保作战体系安全稳定

基于信息系统的体系作战能力的有效释放，有赖于作战体系的安全稳定。因此，在运用体系作战能力时应特别重视加强防卫。从信息化作战体系的基本运行规律看，加强防卫的重点是“四防”，即防信息攻击、防中远程精确打击、防特种袭击和防心理攻击。

1. 防信息攻击

基于信息系统的体系作战能力，是以信息网络为基本支撑的，防敌信息攻击是保障作战体系安全稳定运行的首要任务。防敌信息攻击主要包括信息系统防御和信息安全保密。

信息系统防御主要是针对联合作战信息系统的脆弱性，从电子防御、网络防御等方面采取相应的措施。信息系统防御的重点是作战指挥通信网，预警、探测、引导雷达网，指挥控制计算机网。主要目标是指挥控制中心、通信枢纽、雷达站等。以雷达反干扰、通信反干扰为主要内容，并综合采取技术与战术、电子进攻与电子防御行动相结合的措施，全面而有重点地进行。可通过各种有效的技术战术手段，减小己方电磁辐射的强度，改变辐射的规律，使敌人无法侦测己方

计算机设备辐射的电磁信号，从而保护我信息系统的安全。防敌利用计算机网络实施信息进攻，尤其以防御网络渗透和计算机病毒侵害为主要内容，综合采取技术、战术和行政措施。世界军事强国都极为重视研究计算机病毒攻击，近年来，投入大量经费发展无线注入病毒的手段，一旦在技术上取得突破，其对信息系统产生的威慑将不亚于核威慑。

防御中要以各级工作站和服务器为重点，建立一个综合性的计算机病毒防护体系，通常可采用6层防护法。第一层是访问控制层，主要是防止病毒入侵；第二层是病毒检测层，主要是用于病毒识别；第三层是病毒遏制层，主要是遏制病毒扩散；第四层是病毒清除层，主要用来清除病毒；第五层是系统恢复层，主要用来恢复被破坏的文件；第六层是应急计划层，主要用来提供系统被破坏情况下的行动预备方案。综合运用隐蔽伪装，设置假目标，尤其是电子欺骗等手段，减少电磁辐射，加强战场电磁频谱控制和管理，同时结合战场机动、疏散配置、火力掩护与兵力封锁等其他作战行动，防敌侦察和攻击。

加强来自新概念武器的防护。近年来，美军一直大力发展对信息网络具有大规模破坏作用的新概念武器，如电磁脉冲炸弹、石墨炸弹等。在海湾战争和科索沃战争中，美军就使用石墨炸弹对伊拉克和南联盟的电力设施实施攻击，造成对方大范围电力供应中断，信息网络运行受到巨大影响。

信息安全保密，应在采取一般组织措施的基础上，编组专门的网络防御力量，严格控制网络的访问，采取可重新组合的、健全的协议和控制算法，及时进行入侵探测并发出威胁告警，发现并有效制止内部和外部人员恶意攻击，严防网络泄密。

2. 防中远程精确打击

未来作战，由于精确火力的地位作用突出，防敌中远程精确打击的任务异常艰巨。同时，由于信息化作战体系，在表现出高效释放能量的同时，也表现出体系结构的联系脆弱，从而使得防敌精确打击成为确保作战体系稳定运行的关键环节。防敌中远程精确打击，重点是防敌空袭，必须充分发挥基于信息系统的体系作战能力的整体优势，综合采取多种手段。

（1）信息防空。就是积极利用信息手段，破坏敌对我重要目标的精确定位，使敌精确打击火力失去着力点；积极干扰敌空袭平台的侦察、通信、导航，使敌空袭行动发生紊乱；积极干扰敌精确制导弹药，广泛设置假目标，降低敌打击精度，分散敌精确火力。

（2）抗击防空。就是综合使用歼击航空兵、地面防空力量，积极拦截敌空袭平台和导弹、制导炸弹，使其丧失作战能力，或在其飞行中进行拦截，将其击毁于空中。

（3）反击防空。就是使用我方的中远程打击力量，在信息引导下，对敌空袭基地实施火力突击，歼敌空袭力量于地面；积极开展特种作战，获取敌空袭情报，破坏敌空袭基地，干扰敌空袭行动；采取空中进攻方式，突击敌重要目标，削弱敌整体作战能力及战争支撑能力，迫敌收敛或者停止空袭。

（4）隐蔽防空。就是广泛采取各种伪装手段，充分利用各种防护工事，使敌中远程火力看不见、打不着、毁不了。科索沃战争中，南联盟军队使用废旧装备、铁皮、炉火等设置假目标并组织频繁的机动，使南联盟军队基本没有遭到北约的空中精确打击，有效地保存了实力。在海湾战争中，伊军在其地下工事上面修建水池、放牧畜群，在机场跑道上用涂料涂制假弹坑，制作和设置许多假飞机、假坦克、假火炮、假导弹等，把机动的军事车辆和武器伪装成油罐车或冷藏车，取得了明显的伪装效果。

3. 防特种袭击

近期局部战争表明，特种作战已成为信息化条件下作战的重要样式，而且随着作战行动信息化水平的不断提高，对特种作战的需求日益增大，未来作战，我军面临的特种袭击威胁更加明显。

防敌特种袭击，首先是防敌特种侦察。美军在阿富汗战争、伊拉克战争中的特种作战，主要遂行的是特种侦察任务，包括及时搜集战场情报、精确定位打击目标并评估作战效果等。要加强一线部（分）队和各重要军事目标的值班值勤，情报侦察部门应积极主动地与武警、地方公安和安全部门取得联系，搞好情报报知，及时、有效地控制和掌握敌情动态；组织民兵及时报告各种可疑情况，对某一特定方向的可疑目标，应在地方部队和民兵的支援配合下进行有重点的搜剿。

其次是防敌特种分队破坏，包括防敌袭击我重要目标、防敌刺杀我军政要员、防敌制造恐怖事件等，保障我作战体系的完整和正常运行。一方面，要做好防卫目标的隐蔽伪装。利用各种防卫工事或利用地形隐蔽目标，降低敌发现概率；利用制式和就便器材对主要目标进行遮盖伪装，减少暴露的征候；设置假目标或散布假信息欺骗敌人，达到示假隐真的目的。另一方面，要能够对敌特种分队快速合围，速战速决。一旦发现敌情，迅速按作战方案，就近用兵，适时机动，综合运用火力打、兵力牵、障碍阻和电子干扰等手段，迅速对敌实施突击；对空降之敌应及时召唤空中兵力，并组织高导、高炮迎击，以火力封锁其进退通道，力求歼敌于空降之前；对于已上岸和已机降之敌，应充分发挥军、警、民整体作战力量，以部队、武警和民兵应急分队为骨干，在公安和安全部门的配合下，迅速对敌形成合围之势，围歼袭扰之敌。

4. 防心理攻击

基于信息系统的体系作战能力，最终是通过人的作用发挥出来的。防敌心理攻击,确保广大官兵以高昂的斗志投入作战,是保证作战体系高效运行的基本前提。防敌心理攻击,必须坚持充分发挥心理战专业力量、基层心理战骨干力量、预备役和民兵心理战力量及社会心理战力量的整体作用,重点加强以下5个方面的工作。

(1)教育广大官兵树立敢打必胜的信念,保持良好的心理状态。通过多种形式的宣传,坚定参战军人的理想信念和意志品质。教育官兵认清我们所进行的战争性质和目的,加强对战争正义性的解释,使官兵坚定对正义战争必胜的信念;要用作战指导方针统一官兵的思想,使部队始终具备坚定的立场,保持部队严格执行作战命令、坚决完成作战任务的决心和斗志;要进行军人责任的针对性宣传,增强部队的责任感和使命感,使参战官兵自觉服从命令、奋勇杀敌,不管遇到任何艰难险阻和多么复杂难测的情况,都决不放弃对既定作战目标的追求,始终保持最大的作战主动性。

(2)采取多种措施,制止敌人心理宣传活动,揭露敌人的欺骗行径,使广大官兵保持心理清洁。一方面要严格控制和干扰敌方各种宣传媒体,粉碎敌人的心理攻击;另一方面要控制己方参战官兵,防止偷听偷看外国广播电视,严禁传播外国谣言,以减少敌人对我方进行心理攻击的效果。

(3)加强心理调控,运用心理激励、心理疏导和心理治疗,缓解因战场环境和军事行动造成的心理压力。采取各种可能的手段,及时恢复和调整官兵的心理状态,树立敢打必胜信念。巧妙地利用作战间隙,进行身心休整,使官兵从紧张的作战状态中摆脱出来;应采取多种形式,组织一些小型的文体活动,缓解紧张情绪;应充分发挥各级指挥员的模范作用,注意用沉着、冷静、坚定而自信的言行和心态去影响部属,提高部队战胜敌人的信心,使官兵心理趋向稳定;应重视对官兵进行及时的心理激励,用英雄事迹激励官兵的作战勇气;还应注意引导官兵进行自我调节,提高自制能力,控制心理状态,保持心理稳定。

(4)增强教育的针对性,提高军人辨别是非真假的能力、心理承受能力和自觉抵御能力。要充分揭露敌人心理攻击可能采用的各种伪装手段、方法和途径,使官兵在遭敌心理攻击时能对敌心理欺诈准确识别,不为敌人所欺骗;要充分客观地报道战场的真实情况,并揭露敌人心理威慑的性质和原因,对敌方的威慑及时做出有力的反击,使官兵在敌人的心理攻击面前能不为之所动。要充分运用先进的战场感知方法、信息融合技术、情报处理网络化等方法,准确、及时地验证识别敌人的假信息,并通报给部队;要充分运用己方广播、电视、报刊、音像制品和网络站点等,通报有利于己方心理防护的战场情况,以稳固部队的心理防线。还应对作战的艰苦性、残酷性和敌人的狡诈凶狠进行必要的教育,使官兵在敌人高强度的攻击面前能抵御高强度的心理震撼,保持头脑清醒和情绪稳定。

（5）严格纪律约束，对参战人员进行政治审查，严格执行战场政治纪律，不听、不看、不信、不传敌心战信息，严肃处理违纪行为等。要强化法纪宣传，依靠法纪的约束力和威慑力规范参战官兵的行动。

1.4 国外军事信息融合理论与应用的研究进展

与体系作战相对应的信息通信集成，在美军称为 C^4ISR 系统，在国内一般称为军队指挥自动化系统，作为现代战争中对作战部队和武器系统实施高效指挥与控制的主要手段，已经成为现代国防威慑力量的重要组成部分。随着科学技术的发展和高技术条件下作战的要求，已从最初的 C^2（指挥与控制）系统，逐步发展成为 C^3（指挥、控制与通信）系统、C^3I（指挥、控制、通信与情报）系统、C^4I（指挥、控制、通信、计算机与情报）系统、C^3I/EW（指挥、控制、通信、情报与电子战）系统和 C^4ISR（指挥、控制、通信、计算机、情报、监视与侦察）统。最近美军又提出了 IC^4ISR（一体化 C^4ISR）系统的概念。C^4ISR 系统是兵力的倍增器，作为 C^4ISR 系统"大脑"的信息处理功能对 C^4ISR 系统效能的发挥起着决定性的作用。

现代战争威胁表现为多样化和复杂化，战争维数不断扩大，威胁数量日益增多，运动速度越来越快，使得单传感器无法满足作战系统的需要，必须运用多传感器来进行目标探测和定位。由于信息表现形式的多样性、信息数量的巨大性、信息关系的复杂性以及要求信息处理的及时性，为满足实时防御的要求，需要对来自多传感器的数据进行迅速而有效的处理，获取准确的目标状态和属性估计，进行完整而及时的态势评估和威胁估计，为火力控制、电子对抗、辅助决策提供依据。这使得多传感器信息融合渗透到几乎所有军事部门和各个作战领域，贯穿于战争的全过程，深刻影响着战争的进程和结局。

1.4.1 信息融合基本理论

1. 信息融合的定义

目前已给出的信息融合概念的定义都是功能性的。美国国防部（JDL）在1987 年从军事应用的角度将信息融合定义为："一个对来自多源的数据和信息进行互联、相关和组合，以获得精确的位置与身份估计，完整而及时的态势和威胁及其重要性估计的过程"。

随着信息融合理论和应用的发展，1999 年 JDL 将原有的定义进行修订，给出更具通用性的定义："信息融合是对数据进行综合处理以改善状态估计和预测的过程"。

2. 信息融合的功能模型

依据信息融合的分层处理概念，以及军事应用的主要处理功能，Franklin E. White 于 1988 年提出了信息融合的一般处理模型，如图 1.2 所示。

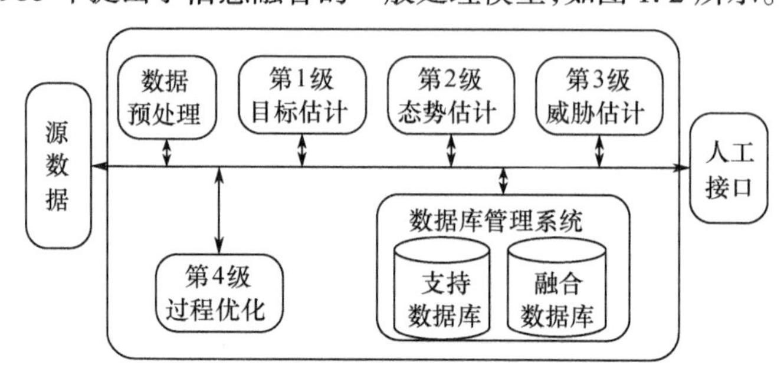

图 1.2　信息融合模型

各处理层次定义如下。

（1）第 0 级。目标数据的预处理：进行数据筛选并为后续融合阶段进行数据分配。这一过程的目的是使融合处理器避免被大量输入数据淹没，并为处理器及时提供尽可能多的相关信息。

（2）第一级。目标位置和身份估计：通过数据校准、数据互联、跟踪估计和识别估计获得目标实体的运动学信息以及类型和身份信息。目标密集、目标快速机动、强噪声背景以及无显著特征的复杂目标等情况下的融合处理，是本级的研究重点所在。

（3）第二级。态势估计：动态地描述目标实体之间以及它们与所处环境间的联系。这一级的关键问题是缺乏有效进行态势估计的认知模型。

（4）第三级。威胁估计：基于当前状态预测未来的敌方威胁，制订己方的作战行动计划。这一级处理不仅依赖于计算结果，还要依据敌方的策略、战略、战术及政治环境。

（5）第四级。过程优化：监控整个信息融合过程，评估和改进系统性能，按任务需要对传感器和资源进行分配管理。

（6）第五级。2000 年 Blasch 将用户优化模块加入原有模型。将其定义为自适应地确定谁需要查询信息、谁有权访问信息和自适应检索与显示以支持认知决策和行动。

3. 信息融合的体系结构

信息融合的体系结构，按信息处理机制主要可分为集中式和分布式，混合式是二者的结合。

（1）集中式多传感器信息融合。集中式多传感器系统如图 1.3(a)所示，它是在单传感器系统基础上发展起来的。所有传感器的地理配置位置相近,通过通信网络或其他机构将原始信息传输到融合中心,由中央处理设施统一处理。由于能保持尽可能多的现场数据,集中式融合从理论上讲是最精确的信息融合法。但由于传感器数据量太大,故处理代价高、时间长、实时性差。而且数据通信量大,对于图像数据可能需要一个超出实际能够达到的通信带宽。

(2) 分布式多传感器信息融合。如果多个传感器安放的位置比较分散,用一个融合中心进行信息处理容易产生信息传输错误,融合中心信息处理量增大等问题。为提高系统的检测能力和可靠性,防止干扰,采用分布式多传感器信息融合,见图 1.3(b)。融合中心依据各局部检测器的决策,并考虑各传感器的置信度,然后在一定准则下进行分析综合,做出最后的决策。这种分布式多传感器信息融合系统会得到比任一局部检测器更具体、更准确的估计和判断。它的优点在于实现了可观的信息压缩,有利于实时处理。但由于信息压缩会导致信息丢失,因而会影响融合精度。

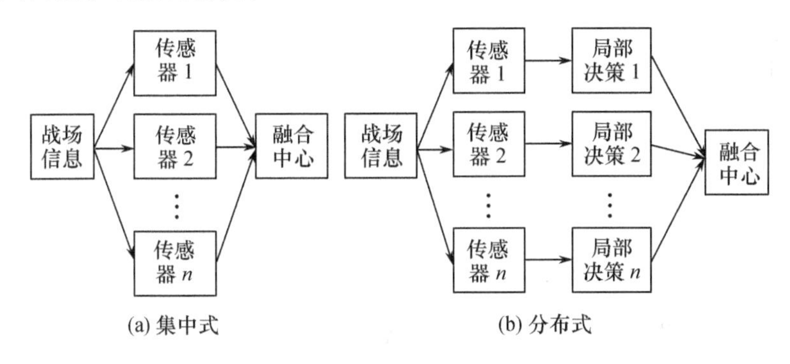

图 1.3　信息融合的体系结构

4. 信息融合的优势

多传感器信息融合的最终目标是为采取适当的行动提供精确的状态估计。应用多传感器系统的优势在于:①增强了系统的可靠性和鲁棒性;②扩展了覆盖空间;③增强了系统的置信度;④缩短了响应时间;⑤改善了系统的分辨率。

当然,与单传感器相比,多传感器系统的复杂性大大增加,由此也会产生一些不利因素,如增加了系统成本、因辐射而增大被敌方探测的概率等,因而在设计多传感器系统时必须综合考虑,以实现系统的最优性能。

1.4.2　国外信息融合研究现状

国外对信息融合技术的研究起步较早。简单的信息融合始于第二次世界大战末期，当时出现了一个使用雷达、光学和测距装置综合利用雷达和光学两种信息的系统。1964 年 Sittler 发表了数据互联的研究论文。而真正的信息融合技术研究工作始于 1973 年美国开展的多声呐信号融合系统的研究，该系统可以自动探测出敌方潜艇的位置。随后开发的战场管理和目标检测系统（BETA），进一步证实了信息融合的可行性和有效性。这些尝试的成功，使得信息融合作为一门独立的技术首先在军事应用中受到青睐。基于多传感器信息整合意义的融合一词最早出现在 20 世纪 70 年代末。从那以后，信息融合技术便迅速发展起来，不仅在各种军事 C^3I 系统中得到广泛应用，而且在工业控制、机器人、空中交通管制、海洋监视、综合导航和管理等领域也正在朝着多传感器信息融合的方向发展。

1. 在学术研究方面

美国国防部 1986 年成立了 JDL 信息融合分委会以协调信息融合研究，在美国国防部制订的“国防关键技术计划”中，信息融合被列为 20 项关键技术之一。从 1987 年起美国三军每年召开一次信息融合学术会议，并通过 SPIE 传感器融合年会、IEEE 的系列会议以及在 IEEE Trans. On AES、AC 等刊物上发表有关论著，报道信息融合领域的最新研究进展和应用开发成果。1998 年成立了国际信息融合学会（ISIF），总部设在美国，每年举行一次信息融合国际学术大会。作为对该领域研究成果的系统总结，在出版的专著中比较有影响的有 E. Waltz 的《多传感器信息融合》、D. L. Hall 的《多传感器信息融合中的数学方法》、Blackman 的《多目标跟踪及雷达应用》和《现代跟踪系统的分析与设计》、Barshalom 的《跟踪与数据互联》和连续出版物《多传感器多目标跟踪：应用与进展》等。

2. 在系统开发方面

美国 20 世纪 80 年代研制出应用于大型战略系统、海洋监视系统和小型战术系统的第一代信息融合系统，主要包括 TCAC（战术指挥控制）、TOD（海军战争状态分析显示）、AMSUI（自动多传感器部队识别）、TRWDS（目标获取和武器输送）等；20 世纪 90 年代美、英和加拿大等国开始研发第二代系统，美国主要有 ASAS（全源分析系统）、NCSS（海军指挥控制系统）、ENSCE（敌方态势估计）等，英国有 AIDD（炮兵情报信息融合系统）、ZKBS（舰载多传感器信息融合系统）以及加拿大海军开发的 AAWMS－DF（海军防空多传感器融合系统）等。此外，出现多模传感器武器系统，最具代表性的是法国汤姆逊无线电公司与澳大利亚的阿贝尔视觉系统公司合作研制的“猛禽”系统，美国集合成孔径雷达与光电摄像装置为一体的“全球鹰”无人机等。20 世纪 90 年代后期美国不断改进研制第三代信息融合系统，如 2001 年安装于沙特美军基地的“协同空战中心第 10 单元（TST）”，以及 BCIS（战场战斗识别系统）、$FBCB^2$（21 世纪旅及旅以下作战指挥系统)等。目前美军的信息融合系统正不断向功能综合化、三军系统集成化、网络化方向发展,计划由现有的143个典型的信息系统,经过逐步集成和完善,最终形成全球指挥控制系统、陆军“创业”系统、海军“哥白尼”系统、空军“地平线系统”等为代表的综合信息融合系统。

3. 在实际应用方面

在1991年海湾战争中,美国和多国部队使用的MCS(陆军机动控制系统)、NTDS(海军战术数据系统)等是机动平台上安装多类传感器信息融合系统并成功使用的实例。在1996年科索沃战争中,美军研制的“目标快速精确捕获”系统,从数据接收、信息融合到火力打击这一过程最快只需5min,使得识别目标和攻击目标几乎能同时完成。2002年的阿富汗战争中,“协同空战中心第10单元”成功地缩短信息处理时间,自动给出目标的精确坐标,使美军多年追求的缩短传感器到射手(Sensor to Shooter)的时间成为可能,可以说是美军凭借信息优势打网络中心战的一场演练。在2003年的伊拉克战争中,通过ICE 2002演习中进一步完善的“协同空战中心第10单元”再次证明了网络化信息融合的巨大优势。

美国国防部从1986—1990财年已投入2.1亿美元从事信息融合技术的开发研究,1991年在国防部确定的“七大推动力技术”的采办计划中,第一项就是强调“带有先进信息融合与处理能力的”全球监视与通信系统,并在1991—1996财年每年投入超过1亿美元的经费。

美国国防部1999—2002财年《国防报告》以及1997年和2001年版《四年防务评估》等权威文件,都把“信息优势(Information Superiority)”作为“军事革命的支柱”。美国陆军2001年《作战纲要》说,信息优势是“在使敌方无法不断地收集、处理和分发信息的同时,使己方有这种能力,并形成作战优势。”在美国国防部《2010联合设想》和《2020联合设想》中都提出了建立联合战场信息球(Joint Batt lespace Infosphere)或C^4ISR全球信息栅格网(Global Information Grid)的设想,以实现全球范围内的信息收集、处理、存储、分发能力的以网络为中心的联合作战,实现信息优势和决策优势。

1.4.3 信息融合具体理论研究现状及展望

信息融合作为一种信息综合和处理技术,实际上是许多传统学科和新技术的集成和应用,其中包括信号处理、估计理论、最优化技术、模式识别、不确定性理论、决策论、计算机科学、通信、人工智能和神经网络等。总地来说,信息融合理论的研究可以大致分为系统理论研究和具体理论研究两个层面。在此仅就C^4ISR系统信息融合的具体理论研究进行探讨。

L. Valet G 和 Ph. Bolon 对近两年的信息融合文献进行了回顾，按信息融合主要采用的数学工具划分如图 1.4 所示。

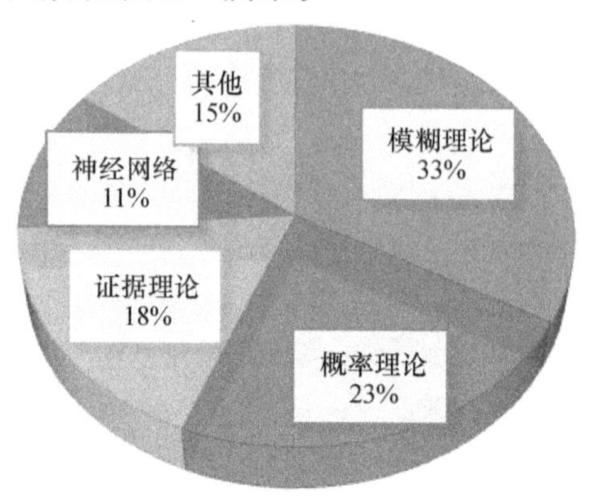

图 1.4　信息融合采用的数学工具

从图 1.4 中可以看出，模糊理论、概率论（主要是 Bayes 推理）、证据理论和神经网络是当前应用最多的数学工具，这里“其他”指遗传算法、最优控制等。David L. Hall 在“Dirty Secret in Multisensor Data Fusion”中对当前的数据融合研究现状进行了总结，这里按各融合级别将国外研究情况及所用技术概述如下。

1. 目标位置和身份估计（第 1 级处理）

第 1 级处理是当前信息融合理论研究最成熟的领域，但依然存在许多具有挑战性的研究课题。例如，密集的目标环境，杂波下的多目标跟踪，快速机动目标跟踪，复杂信号传播环境下的目标跟踪，自动目标识别，异类传感器融合，联合目标跟踪与分类等。

当前的第 1 级处理主要采用估计技术，如 Kalman 滤波、多假设跟踪（MHT）、联合概率数据互联（JPDA）、交互多模跟踪等。识别问题通常采用基于特征的模式识别方法，典型的技术包括有统计分类器、人工神经网络（ANN）或者聚类算法。这些方法在量测特征与目标类唯一匹配时效果较好，然而当训练数据缺乏或者在特征与目标类匹配存在模糊性时，这些方法就失去作用。

新出现的方法有基于模型的技术和基于句法的方法，用来描述目标的分类特征。Poore 提出的多维分配算法将互联、跟踪和识别作为一个多约束条件的最优化问题；Mahler 提出采用随机集理论解决联合数据互联和状态估计问题，这两种方法值得进一步深入研究。

目前要进一步加强理论研究，尤其是兼有准确性、实时性和稳健性融合算法的研究。同时要格外注重在开发新的算法和应用新的算法时，要尽量进行接近实际情况的仿真和实验验证研究。

2. 态势估计和威胁估计(第2、3级处理)

态势估计和威胁估计是信息融合的高级阶段,但这方面的研究却处于低级阶段。因为态势估计和威胁估计具有广泛的内容,是面向具体应用的,是十分主观的,不仅依赖于计算结果,还要依据敌方的策略、战略、战术以及政治环境,因此很难建立有效地进行态势估计和威胁估计的认知模型。

已开发了大量的原型系统,主要有基于知识的规则系统,模糊逻辑法,逻辑模板法,基于案例的推理,以及基于代理的方法和黑板结构等。但是到目前为止,几乎没有实际应用的鲁棒性系统。在理论研究中,描述性的内容多,构筑框架的多;给出的理论和方法、性能评估的少;有效地定量评估的内容更少。目前已开发的大量原型系统,离实际应用还有很大的距离,基于人工智能训练的自动推理系统将是一个比较有前景的研究方法。

3. 处理优化(第4级处理)

第4级处理是一个多目标最优化的问题,在使用大量传感器、相互依赖传感器、非匹配传感器和传感器地理位置分散等情况,这一问题变得困难。M. Nixon采用经济学理论进行资源管理和优化的方法很有研究前景。

1.5 基于体系作战的军事信息系统发展趋势

基于信息系统的体系作战能力的形成,主要是由于先进科学技术特别是信息技术通过人、武器装备、体制编制等多种因素综合作用的结果,其发展必然也随着科学技术的发展而不断发展。因此,从总的趋势来看,体系作战能力下的信息系统建设将是各国军队在作战能力建设上所共同追求的目标,其在先进科学技术的发展推动下,能力构成将不断得到完善,能力体系将更加严密,能量释放将更加精确、高效。

(1) 随着信息化武器装备的进一步发展,作战体系的融合程度将更高。伴随着信息技术的基础性、渗透性、智能性、联通性和融合性的进一步增强,信息化武器装备系统的一体化程度将不断提升,遂行军事行动能力将更加强大,将具体表现在陆、海、空、天一体化,军兵种一体化,从传感器到射手的一体化以及信息获取、处理、存储、分发和管理的一体化。这样,在信息主导和融合下,以信息化武器装备为核心的各作战要素、作战单元、作战力量的融合性更加明显,整体功能更加强大,从而实现体系作战能力整体水平质的提升。

(2) 随着综合电子信息系统的一体化,信息主导体系作战能力的特征将更加明显。世界军事强国在推进信息化建设和军队转型中,都十分重视加强综合电子信息系统建设，各发达国家军队在发展精确制导武器、灵巧武器等新式打击装备的同时，都在积极发展 C^4KISR 系统，目的是通过 C^4KISR 把侦察与监视、信息处理与传输、精确打击与毁伤评估实现一体化，实现从传感器到栅格到射手（传感器到射手）的无缝连接，进而形成更加强大的“体系作战能力”，大幅度提高作战效能。因此，未来支撑体系作战能力发展的物质基础，将随着一体化综合电子信息系统的发展而更加坚实。

（3）随着“网格技术”等信息基础设施的运用，体系作战能力的发挥将更加显著。信息基础设施，主要包括全军共用的信息获取、信息处理、信息传输、信息分发和信息安全等基础设施。信息基础设施对提高信息质量、增强信息共享、最优配置信息资源有重大意义。目前，美军正以建立“全球信息栅格”（GIG）作为进一步加强信息基础设施建设的新举措，全力推进 GIG 建设，力求通过建设 GIC 将各种战争信息资源联为有机的整体，为体系作战能力的提高提供新的平台。“网格技术”的使用，将使战场形成有机整体、作战指挥效能更加明显、侦察监视更加有效、信息系统的武器化以及作战力量结构的一体化，从而实现信息快速收集、快速处理、快速共享，并将这些转化为作战指挥协同的高效率、武器系统打击的高精度、作战效果评估的高速度。这样，构筑军事信息网格，就成为提升体系作战能力的重要手段，将使得基于信息系统的体系作战能力发挥更加有效。

基于信息系统的体系作战能力，作为一种新型的作战能力基本形态，其产生与发展是一个动态变化的过程，要经历能力标准不同的、若干发展阶段才能最终成熟起来，与其他作战能力基本形态的发展进程一样，都是由低级到高级、由起步到展开、由不完善到比较完善，一步一步地进步而来。由于基于信息系统的体系作战能力的基础和支撑是综合电子信息系统，因而，决定了综合电子信息系统的发展对于体系作战能力的形成具有基础性、关键性的作用，综合电子信息系统的先进程度对于体系作战能力的高低程度具有标志性的意义，这也为考察体系作战能力的形成，预测其发展趋势提供了可靠的方法和途径。

我军是在机械化半机械化的基础上开展信息化建设的，信息化建设的物质基础特别是信息技术基础比较薄弱，武器装备发展水平与信息化条件下作战需要的矛盾比较突出，构建基于信息系统的体系作战能力面临许多困难。但是，必须适应世界军事发展的趋势，从现在起就坚定不移地朝着这个方向努力，立足我军实际情况，扎扎实实地开好头、起好步，采取重点突破的方式，分阶段、有步骤地构建基于信息系统的体系作战能力。既要防止人为降低基于信息系统的体系作战能力的起点和“门槛”，忽视综合电子信息系统对作战体系高度融合所产生的结构质变，把需要经过长期艰苦努力才有可能实现的能力建设目标变成一蹴而就的模糊标准,致使基于信息系统的体系作战能力这一具有前瞻性的新概念失去应有的先导和牵引作用;又要防止过分强调我军信息技术水平和物质基础条件上的差距,从而导致产生某种程度上的消极等待行为,以至缺乏积极创造条件、自觉推进作战能力基本形态转变的主动性。

第2讲　军事通信绪论

军事通信是伴随着武装冲突的出现而产生的。在战争这个历史舞台上，军事通信经历了漫长的发展道路，日益展示出它是“军队的神经”“战斗诸因素的黏合剂”的重要角色。随着电子技术渗透到各武器系统并广泛地运用于战场的各个领域，军事通信在现代战争中的地位与作用越来越突出，成为敌对双方争斗的焦点。因此，可以断言，军事上没有通信联络，就没有战争的胜利。

人们对国防力量的认识随着战争形式的演变而加深和拓宽。早期，一提到国防实力，人们就会想到多少万军队、多少架飞机、多少艘舰艇、多少辆坦克和多少门大炮。以后，多少枚导弹和核弹成为炫耀武力的象征。然而在高新技术高速发展的今天，这种国防观念已经过时或是不完全了。当今，通信、雷达、计算机、电子战等电子技术和设施已成为现代化军队中每一个作战单位的基本装备，一旦这些电子装备不能正常工作，一支现代化军队就失去了战斗力。在这当中，军事通信不论在保障军事指挥还是在形成体系对抗的战斗力方面都扮演着十分重要的角色。

只要有战争就要有军队，就有指挥活动。战争史上，军队作战指挥已经经历了由统帅自己指挥、统帅和谋士共同指挥、统帅依靠司令部指挥这样 3 个时期，目前正在进入人机方式与机机方式结合的自动化指挥时期。军事指挥系统由指挥员、指挥机关、指挥对象和指挥手段 4 个要素构成。通信则是把这 4 个要素连接起来的纽带和桥梁。在冷兵器时代，战场范围有限，部队主要是徒步机动，指挥人员可以亲临现场用手势、语言直接指挥部队；到了热兵器时代，战场范围扩大，参战兵种增多，部队机动性增强，主要依靠有线电和无线电通信手段指挥作战；高技术信息化时代，部队高度机动，作战样式变化频繁，作战空间十分广阔，战机稍纵即逝。只有通过现代化的通信联络才能了解敌我情况，掌握战争全局，实时、准确地指挥部队的行动。

纵观中外战史，战争的胜负无不与通信联络息息相关，战例不胜枚举。

例如，1946 年 6 月 22 日拂晓，希特勒向苏联发动了大规模的突然袭击。由于德军飞机轰炸和敌特分子的破坏，在战争的第一天，苏军西部各军区部队的有线电通信就完全瘫痪，加上当时苏军的无线电台极少，从而使苏军战略通信中断。当天下午,苏军统帅部已了解不到战局的情况,成了聋子和瞎子。仅仅十几天时间,苏联的大片领土沦丧,德军长驱直入,兵临莫斯科城下。又如抗美援朝战争中第二次战役的胜利,则有赖于通信联络对作战指挥的有效保障。1950 年 11 月下旬,第二次战役打响。在西线战场,我志愿军第 39 军和第 40 军从正面进攻,第 38 军和第 42 军分别迂回敌后。当第 38 军 113 师发现敌军在我正面部队的压力下正由三所里向南溃退时,立即向志愿军司令部发无线电报请示命令。彭德怀司令员当即通过无线电信号命令 113 师坚决堵住三所里南逃之敌,保障了整个战役的胜利。

现代高技术条件下的战争是体系对体系的对抗,是武器装备体系总体作战能力的较量。武器系统之间、武器系统内各子系统之间以及单个装备之间,必须相互紧密配合才能形成一个有机的整体发挥作用。现代化的军事通信系统是形成这种整体合力的"聚合剂"和提高整体作战效能的"倍增器"。

第一次海湾战争中,"爱国者"导弹拦截"飞毛腿"导弹的战例显示出通信在体系对抗中的地位与作用。美军在伊拉克领土上空配有两颗预警卫星,实时监视伊拉克的军事行动,当预警卫星探测到伊拉克"飞毛腿"发射时的排气尾焰后,马上将信息传送给位于澳大利亚的美军计算中心,同时经过通信卫星传送到美国本土的北美航空司令部夏延山指挥中心。两地计算机把"飞毛腿"发射数据同已知的"飞毛腿"发射红外特性和可能的弹道数据进行比较,然后再利用来自预警卫星的数据确定弹着点,再经通信卫星将处理好的信息传送到利雅得的中央司令部前线指挥中心和"爱国者"防空导弹中心,这两个控制中心控制和引导"爱国者"对"飞毛腿"进行拦截。当"飞毛腿"导弹距目标 80km 左右时被雷达发现并跟踪,两枚"爱国者"导弹发射升空,在"飞毛腿"导弹落地前 5 ~ 8min 时将其拦截。同时,中央司令部前线指挥中心还把"飞毛腿"发射阵地的坐标通报给正在巡逻的作战飞机,命令作战飞机赶在发射架移开或隐蔽之前将其摧毁。

在 2003 年 3 月爆发的第二次海湾战争中,更加显示出军事通信的重要地位与巨大作用。美军的全球通信系统将预警探测、信息处理、指挥控制、武器平台有机地连为一体,提供实时、稳定的信息传输,使美军的作战体系发挥出优良的整体效能。这次海湾战争中美军应用了包括国防信息系统网、卫星通信系统、战术数据链和战术互联网在内的通信系统。这些系统支持的典型信息流程如下:首先,通过有人侦察机、无人侦察机、侦察卫星,甚至是深入敌人后方的特种部队人员,发现敌军的重要设施以及军事活动,通过卫星通信链路(DSCS、Milstar)将对敌方的探测信息(话音、数据、图像甚至视频信息)传送到美军中央司令部。美军的中央司令部情报处理中心对来自各种情报源的信息进行分析、融合,产生作战人员需要的情报，然后司令部指挥中心又通过内部网络以及与美军军营的光纤或卫星连接将情报信息、作战数据以及各种指令传达到整装待发的美军部队以及飞机和导弹，或将这些数据通过卫星通信传递到战区内的美军部队和各种作战平台，直接指挥他们投入战斗。投入战斗的各种作战平台（如飞机、舰船、坦克等）通过联合战术信息分发系统（JTIDS）互联成网络，实现信息共享。而投入战斗的陆军部队也通过战术互联网互联，共享各种作战信息并接受上级命令。根据战场的具体情况对各种情报信息进行更新，最大限度地协调使用战场上的各种可用资源，实现真正意义上的协同作战。战斗结束后，参战部队、各种侦察装备将作战效果评估数据通过卫星通信或陆军的地面机动通信网上报到作战指挥中心，进行战果评估，并据此决定下一步如何行动。

在漫长的历史长河中，军事通信经历了运动通信、简易信号通信、电通信等发展阶段。运动通信是由人员徒步或乘坐交通工具传递文书或口信的通信方式，如驿传通信。简易信号通信是使用简易工具、就便器材和简便方法，按照预先规定的信号或记号来传递信息，我国古代战争中使用的旗、鼓、角、金等就是目视和音响简易通信工具。电通信起源于 19 世纪。下面从通信技术和通信装备两方面简述电通信的发展概况。

2.1 军事通信技术发展概况

1854 年，有线电报开始用于军事，早期的电报通信采用直流信号传输，通信距离近，线路利用率低，1918 年，载波电报通信进入实用化。有线电话是 1876 年由美国人贝尔发明的，第二年有线电话就开始用于军事。

无线电通信通过无线电波来传输信息，它起源于 19 世纪末。1864 年，英国人麦克斯韦从理论上预言了电磁波的存在，并证明在真空中它是以光速传播的。德国人赫兹于 1887 年试验成功电磁波的产生和接收。1895 年，意大利人马可尼和俄国人波波夫分别进行了无线电通信试验，并研制成功无线电收发报机。此后，无线电通信就迅速发展起来，新频段的无线电接力通信、卫星通信、毫米波通信技术相继问世并迅速得到实用。

1931 年，在英国多佛尔与法国加来之间建立了世界上第一条超短波接力通信线路，20 世纪 50 年代，出现 1GHz 以下频段的小容量微波接力通信，70 年代，数字微波接力通信系统逐步完善，80 年代，毫米波波段开始用于接力通信。自从 1952 年美国贝尔实验室提出对流层散射超视距通信的设想后，散射通信逐步从实验走向应用，特别是在军事领域，显示出它的巨大潜力。

1945 年，英国人克拉克提出了利用地球静止轨道卫星进行通信的设想。

1957 年 10 月，苏联成功地发射了世界上第一颗人造地球卫星，1958 年美国发射了世界上第一颗通信卫星"斯科尔"，开始了卫星通信的试验阶段，20 世纪 90 年代以后，卫星通信进一步向各应用领域扩展。

光纤通信是 20 世纪 60 年代发展起来的一种新型通信方式。它利用光导纤维（简称光纤）作为传输介质。1970 年美国拉出第一根 20dB/km 的低损耗光纤，同年又研制出双异质结半导体激光器，为光纤通信的发展奠定了基础。从 1977 年第一代光纤通信系统到现在已进入到第四代。现在，光纤通信正向扩大通信容量、增大中继距离和全光化方向发展。光纤通信具有的极大带宽和无电磁泄漏等特点，使其成为现代国防信息基础设施的主干，而卫星通信因其灵活机动便于成网等特点，在战略通信和战术通信中担当了重要角色。光纤与卫星的运用已成为现代军事通信的一大特征。

多点之间通信的需求推动了交换技术和网络的发展。磁石电话交换机在第一次世界大战期间就得到广泛应用。供电电话交换在第二次世界大战期间用于师以上部队。自动电话交换经历了步进制、纵横制，而进入程控制。数字程控交换技术及计算机技术的发展，促进了非话业务如数据业务和图像业务通信的发展，产生了分组交换技术，20 世纪中叶开发出来的世界第一个分组交换网 ARPAnet 用于美国国防部。

20 世纪 80 年代之前，一种通信网主要承载一种业务，如电话网主要用于通话，数据网主要用于数据通信。如果一个用户需要多种业务，就需要多种终端接到不同网络上，不仅使用不便，而且很不经济。另外，由于存在众多的通信网络，使管理和维护运行一个单一的网络来提供各种不同类型业务的设想应运而生，直到 20 世纪 80 年代中期，各种设想才逐渐趋于一致，国际电报电话咨询委员会（CCITT）1972 年的 G702 文件中正式提出 ISDN 的概念，目的是试图在一个通信网络中为用户提供多种类型的通信业务，以解决多网并存的问题。为此，CCITT 成立了第 18 研究组，专门开展对 ISDN 的研究，提出了 I 系列、G 系列建议。对 ISDN 的一般概念、网络构成、业务原则、用户—网络接口以及编号方式等作了精确的描述，已成为当前研究 ISDN 的权威性指导文件。

B - ISDN 问世使军事通信技术发生了重大变革，进入 21 世纪以后，相继又出现了标志交换（MPLS）、软交换和其他一些新技术，正在使军事通信演进到海、陆、天、空一体化通信网络的新时代。

2.1.1 军事通信装备发展概况

1854 年，美国军队在克里米亚战争中建立了电报线路，有线电开始用于军事通信。1877 年，军用有线电话问世。1899 年，美国陆军在纽约附近建立舰—

岸的无线电通信线路,军事上开始使用无线电通信。1904—1905 年的日俄战争期间,在远东和英国之间建立了战略无线电通信。第一次世界大战前夕,世界各国的陆军和海军都广泛使用无线电台;海军中有了舰—舰、岸—舰无线电通信,空军于 1912 年实现了空—地通信。第一次世界大战时,参战大国使用埋地线缆与被覆线路传输电报、电话信号;有的参战国将无线电台配备到营级指挥所。无线电信号由于易被截获、保密性差,当时只作为通信的辅助手段。第二次世界大战前,出现了坦克车载和背负式调频电台。1941 年,出现了第一个军用陆地移动通信系统。第二次世界大战后,军事通信技术有了重大发展,军事通信装备也更加多样化,相继出现了散射通信装备、微波接力通信装备、卫星通信装备和光纤通信装备。20 世纪 60 年代后,数据网和计算机网用于军事,提高了通信保障的自动化水平与快速反应能力。20 世纪 70 年代,美国利用流星余迹通信传输军事数据;法国"里达"、英国"松鸡"、美国"移动用户设备"等新型战役地域网系统投入使用。20 世纪 80 年代,美国 ISDN 陆续装备部队使用。20 世纪 90 年代,美国构建战术互联网,大力发展和使用战术数据链,并研制软件无线电台,如图 2.1 所示。

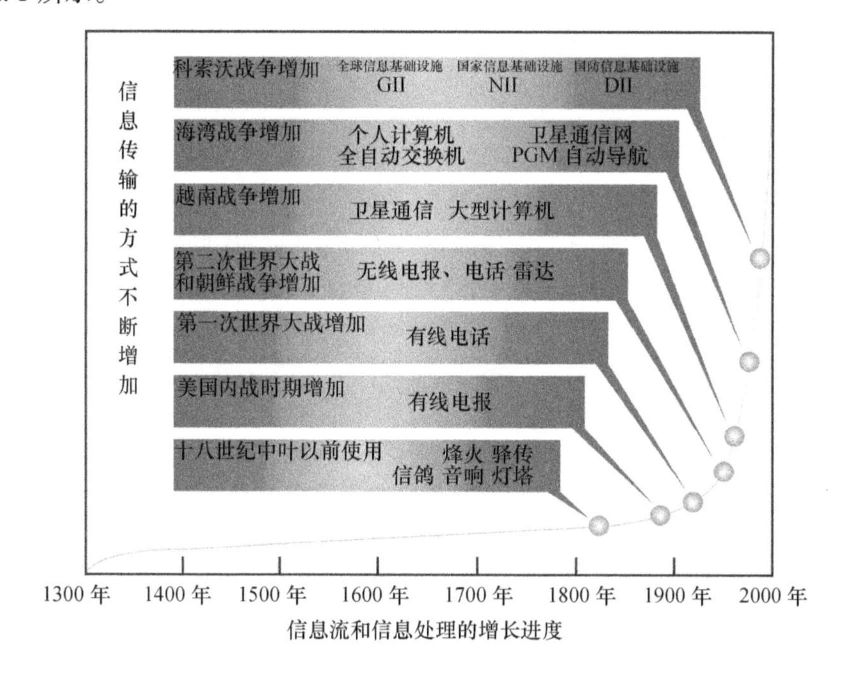

图 2.1 现代信息量迅速增加

中国早在 1877 年就在台湾高雄至基隆之间建立了军用有线电报线路。1879 年建立了天津至塘沽的架空明线军用电报线路。1900—1906 年先后在南京、武汉、广州、北京、上海等地兴办有线电话通信。1905 年,清政府的北洋新军购置了火花式无线电发信机,配置于保定、天津等地区以及四艘军舰上,建立起无线电通信线路,为中国军队使用无线电通信之始。

中国人民解放军的通信装备发展可追溯到建军伊始。1927 年 8 月 1 日南昌起义中,利用有线电通信、运动通信、简易信号通信等手段保障起义作战指挥。1931 年开始建立无线电台通信。抗日战争时期,师、旅以上指挥机关编配了无线电台分队。解放战争时期,特别是在 1948 年 9 月至 1949 年 1 月的辽沈、平津、淮海三大战役中,团以上各种指挥机关均配备无线电台,从纵队指挥所到前沿阵地的营、连可通有线电话。中华人民共和国成立后,我国军事通信装备走上了以自行研制为主的发展道路:有线电通信方面,相继配备了载波电话终端机和载波电报机,建成了长途地下电缆通信网,先后开通了连接主要驻军城市的长途电话;20 世纪 90 年代初,由于解放军信息工程学院研制成功了国产第一台数字程控交换机,我军大量更新了交换设备,安装了大容量的程控电话交换机;无线电通信方面,配备了单边带电台和微波接力、对流层散射、卫星通信设备,建立了移动电话通信系统。进入 20 世纪 90 年代,光纤通信成为我军事通信的重要手段。现在,全军已基本建成了平时和战时相结合,有线电通信、无线电通信和光纤通信等多种手段综合使用的军事通信系统。

2.1.2　军事通信的分类

从不同的角度军事通信有不同的分类。按通信手段的运用,可分为无线电通信、有线电通信、光通信、运动通信和简易信号通信;按通信任务,可分为指挥通信、协同通信、报知通信、后方通信;按通信保障的范围,可分为战略通信、战役通信和战术通信。此外,还有一种特殊的军事通信组织形态,叫做通信枢纽。

1. 按通信手段分类

1)无线电通信

利用无线电波,可传输电话、电报、数据、图像信息,它是军队作战指挥的主要通信手段;对飞机、舰艇、坦克等运动载体,无线电是唯一的通信手段。无线电通信具有建立迅速、机动灵活等优点。不足之处是传输的信号易被敌侦听截获、测向定位和干扰。无线电传播有不稳定性,严重时甚至会造成通信的中断。

2)有线电通信

有线电通信专指利用金属导线传输信息达成的通信,是保障军队平时和战时作战指挥的重要通信手段,可传输电话、电报、数据、图像等信息。由于信息是沿导线传输的，电磁辐射较少，不易被敌截获，不易受自然和人为的干扰，保密性及通信质量好。但机动性、抗毁性较差，特别是暴露在地面上的通信线路易遭敌火力的破坏。

按传输线路的种类，有线电通信通常分为野战线路（野战被覆线和野战电缆线路）通信、架空明线通信、地下（海底）电缆通信等。野战线路通信机动性较好，易于敷设、撤收，一般用于野战条件下近距离通信，但通信容量小。架空明线通信容量较大，可实施远距离通信，但抗毁性差，随着光缆的发展，明线通信日趋淘汰。

3）光通信

光通信指利用光传输信息的通信方式。光通信频带宽，保密性好，抗电磁干扰能力强。按所用的光传输介质可分为光纤通信和无线光通信（含自由空间光通信、大气光通信和对潜光通信）。

光纤通信利用光导纤维作为传输介质，是现代光通信的主要方式。光纤通信具有通信容量大、中继距离长、无电磁辐射、抗电磁干扰能力强、信号稳定可靠和保密性好等优点，广泛用于国防通信网的干线和支线传输，用于军事机关、国防基地、要塞、机场等的内部通信网，用于指挥所、武器平台等的局域通信网，也广泛运用于战术环境。光纤有单模和多模两类。单模光纤中继距离长，主要用于干线传输。多模光纤的无中继距离短，主要用于短距离和局域网的通信。

大气光通信是近地空间中的光通信，它以大气作为传输介质。大气激光通信设备轻便、保密性好、抗干扰性能好；但由于波束窄，且传输质量易受天候和大气环境的影响，因此，军事上主要用于短距离的视距通信，在光缆或电缆通信中断时可用以代替抢通。在深空中，影响光传播的诸多不利因素不复存在，所以深空是无线光通信的理想环境，深空飞行器、通信卫星之间利用激光构建星际链路的应用潜力十分巨大。

对潜光通信利用蓝绿激光在海水中的低损耗窗口传输信息，这一技术目前尚处于研究和开发阶段。

4）运动通信和简易信号通信

运动通信虽然是一种较原始而又传统的通信手段，但直到现代在军事上仍有其价值。许多国家的军队都编有运动通信分队，并配有先进的交通工具。战场上需要无线电寂静时，运动通信的作用更为突出。

简易信号通信易受天候、地形、战场环境等影响，通信距离近，一般只适用于营以下分队及空、海军近距离通信和导航，主要用于战术环境下传递简短命令、报告情况、识别敌我、指示目标、协同动作等，是军事通信的辅助手段。

2. 按通信任务分类

军事通信按任务可分为指挥通信、协同通信、报知通信和后方通信。

1）指挥通信

指挥通信是按指挥关系建立用于保障军队作战指挥的通信。它包括战役、战斗编成内上下级之间的通信联络。指挥通信由各级司令部自上而下统一计划，按级组织；必要时，也可以越级。实施指挥通信通常是建立无线电台网和专向、多路无线电通信系统和有线电通信系统。20 世纪 80 年代以来，地域通信网成为现代战役/战术指挥通信的主要形态，并运用无线电台指挥网络或专向以及其他通信手段，形成多层次的指挥通信体系。

2）协同通信

协同通信是执行共同任务并有直接协同关系的各军兵种部队之间、友邻部队之间以及配合作战的其他部队之间按协同关系建立的通信联络。

协同通信通常由指挥协同作战的司令部统一组织，或由上级从参与协同作战的诸方之中指定某一方负责组织。组织协同通信一般有 4 种方式。

（1）以无线电台为主，有协同关系的部（分）队使用相同体制的无线电台，组织成一个协同通信网。

（2）在军兵种的无线电台体制不相同的情况下，通常互派代表携带各自的电台，达成间接的协同通信联络。

（3）当有协同关系的部（分）队使用的电台制式不同时，可以通过互联接口将不同制式的电台网互联起来，达成协同通信联络。

（4）在作战地域建立公共的通信网，有协同关系的部（分）队将各自的通信系统接入到公共通信网上，实现协同通信。

3）报知通信

报知包括警报报知和情报报知，报知通信保障警报信号和情报信息的传递。警报有战略级、战役级警报之分；情报可分为空情、海情、气象和水文等。

警报报知通信通常运用大功率电台组织通播网，也可以建立有线电警报网。为使警报信息传递可靠，一般要组织多层次的警报传递网。情报报知通信一般运用无线电台、有线电台或其他手段建立通播网或专用网（专向）。

4）后方通信

后方通信是为保障军队后方勤务指挥和战场技术保障勤务指挥，按照后方勤务部署、供应关系及技术保障关系建立的通信联络。它包括上下级后方（后勤）指挥所与上级派出的供应单位、地勤部（分）队、技术保障机关、技术保障部（分）队之间建立的通信联络。后方通信一般通过战略网、战役网及战术网实施。

3. 按通信保障的范围分类

按通信保障范围的不同,军事通信分为战略通信、战役通信和战术通信。同样一种通信业务网,比如电话网用于保障战略作战指挥时是战略通信的组成部分,而用于保障战役作战指挥时就又成为战役通信的组成部分。同样一种通信手段,如无线电台,用于保障战役作战指挥时是战役通信的组成部分,而用于保障战斗作战指挥时就成为战术通信的组成部分。

1)战略通信

战略通信的使命是保障实施战略指挥。它是以统帅部基本指挥所通信枢纽为中心,以固定通信设施为主体,运用大中功率无线电台、地下(海底)电缆、地下(海底)光缆、卫星、架空明线、微波接力和散射等传输信道,连通全军军以上指挥所通信枢纽构成的全军干线通信网。

战略通信的基本任务:平时是保障国家防务,应付敌人突然袭击或突发事件、抢险救灾、科学试验、情报传递、教育训练和日常活动等通信联络;战时则保障战略警报信号和情报信息的传递,统帅部指挥战争全局和直接指挥重大战役(战斗)的通信联络,指挥自动化系统的信息传递,实施战略核反击的通信联络以及战略后方的通信联络。

2)战役通信

战役通信的使命是在作战地区(海域、空域)保障战役指挥。它通常是保障师以上部队遂行战役作战。按战役规模,战役通信分为战区、方面军战役通信以及集团军战役通信和相应规模的海军、空军、火箭军战役通信。战区战役通信网以固定通信设施为主体,结合机动通信装备组成;方面军战役通信网以固定通信设施为基础,结合野战通信装备组成;而集团军战役通信网则以野战通信装备为主体,结合固定通信设施组成;海军、空军及火箭军战役通信网的组成分别与上述规模的网络相对应。

战役通信网中的固定通信设施是战略通信网的组成部分,而机动部分则是战区在战时开设的。

3)战术通信

战术通信是为保障战斗指挥在战斗地区内建立的通信联络。按战斗规模,分为师(旅)、团、营战术通信网和相应规模的军兵种部队战术通信网。战术通信网是以野战通信装备为主,并利用战斗地区的既有通信设施。它主要由无线电台、有线电通信、无线接力通信和野战光缆通信设备组成,区域机动网设备也可用于师(旅)级战术通信。

4)通信枢纽

通信枢纽是汇接、调度通信线路和传递、交换信息的中心。它是配置在某一地区的多种通信设备、通信人员的有机集合体，是军事通信网的重要组成部分，是通信兵遂行通信任务的基本战斗编组形式，按保障任务的不同，分为指挥所通信枢纽、干线通信枢纽和辅助通信枢纽。按设备安装与设置方式的不同，又可分为固定通信枢纽和野战通信枢纽。各级各类通信枢纽的组成要素和规模，根据保障的任务和范围不同而定。

(1)固定通信枢纽。这是把大型通信设备和指挥自动化设备，安装配置在地面建筑物或坑道、隐蔽部等永备工事内的一种永久性通信枢纽。它是战略通信网的主体，是战役以上指挥机关汇接、调度通信线路和传输交换信息的中心，具有通信容量大、隐蔽性好、抗毁能力强、通信方向多、通信距离远等特点。要素之间连接复杂，一旦遭到破坏，修复时间长。固定通信枢纽通常由下列要素组成：有线电通信部分主要有载波站、光端站、长途交换站、市话自动交换站、保密站、数据通信站、长途台、长机室、传真站、自动化工作站、总配线室、电源室和会议电话室等；无线电通信部分主要有集中收信台、集中发信台、遥控室、微波接力通信站、散射通信站、卫星通信地球站、移动通信基地台、天线场、电源站等。固定通信枢纽的任务：战时主要保障统帅部、战区、方面军作战指挥的通信联络；平时主要保障部队战备值勤、教育训练、施工生产、抢险救灾、科学试验和支持国家经济建设的通信联络。

(2)野战通信枢纽。这是把部队在编的野战通信装备和指挥自动化设备，安装配置在野战工事和各种车辆、飞机、舰船及其他运载工具内的可移动式通信枢纽。野战通信枢纽轻便、机动灵活、开设撤收较快。要素多的通信枢纽目标较大，易暴露指挥位置，需要加强伪装与防护。野战通信枢纽通常配置在指挥所地域，分为基本指挥所通信枢纽、辅助通信枢纽、预备指挥所通信枢纽、后方指挥所通信枢纽、前进指挥所通信枢纽、技术保障指挥所通信枢纽以及各兵种指挥所通信枢纽等。较大型的野战指挥所通信枢纽通常开设的要素有野战集中发信台(群)、集中收信台、无线电接力群、卫星通信地球站、无线双工移动通信中心站、载波站、传真站、综合终端站、电源站、自动化工作站、电报收发室、文件收发室以及通信枢纽值班室等。野战通信枢纽的主要任务是，保障指挥所内部的信息交换和指挥所对上级、下级和友邻指挥所或部队间的通信联络。

当基本指挥所通信枢纽对部署较远的部队不便直接实施联络时，通常建立辅助通信枢纽，它的基本任务是保障远离指挥所的部队建立通信联络，或用于增强迂回通信方向。

(3)干线通信枢纽。这是在长途干线的汇接点的基础上，设置交换设备、上下话路等设备而构成的通信枢纽。它是根据通信网的组成和作战指挥需要而建立的。基本任务是汇接和调度各方向的通信线路，并为就近部队指挥所提供入网服务,为过往和配置在附近地域的部队提供用户直接入网服务。

2.2 高技术局部战争对军事通信的需求

高技术局部战争对通信提出了很高的要求,这种要求可概括为 8 种军事能力和 8 种技术能力。

2.2.1 抗毁顽存能力

军事通信设施历来都是敌方首先攻击、杀伤的目标。西方国家作战条令都明确规定,战前要首先干扰、破坏敌方通信设施的 50% ~70% ,第一次火力准备要摧毁敌方通信设施的 40% 。军事通信系统必须具备硬杀伤后自组织恢复的抗毁顽存能力以及防止电子高能武器的破坏与损伤的能力。

2.2.2 抗电子战能力

通信中的干扰与反干扰、侦察与反侦察、保密与窃密、定位与反定位贯穿于作战过程的始终,军事通信系统必须具备各种抗御电子战的能力,才能对付敌方电子战的软、硬杀伤。

2.2.3 安全保密能力

现代技术对信息侦收与截获和破译能力空前提高,通信系统传输的各类信息,无时不处在敌方的监视、侦收、窃听的威胁之中,如若措施不力,各种通信设施将会变成敌方的情报源。在信息传递、存储和处理过程中,为对抗敌方非法存取、插入、删改、欺骗等主动攻击和信息收发者的抵赖,必须对信息收发身份和信息完整性进行鉴别、公证与审计。各种计算机、微处理机日益成为现代通信设备必需的组件,其程序和软件的运行,给敌方造成激活或施放病毒之机,导致网络瘫痪。因此,军事通信系统必须具备信息的安全保密和抗病毒能力。

2.2.4 机动通信能力

军事通信要保障部队及信息平台、武器平台在远距离高度机动中指挥控制不间断。因此要求通信设施或装备,一是能随作战部队高度地机动;二是能提供不间断的“动中通”能力;三是具有迅速部署、展开、连通、转移的能力。

2.2.5 协同通信能力

现代战争需要海、陆、空三军联合作战,需要空地一体协同配合,以发挥兵力和武器的综合优势,而这种联合作战只能通过协同通信才能实现。三军联合/协同作战对通信的要求:一是能适应各种不同指挥样式;二是要保障各种武装力量之间、各进攻作战集团之间、各战场间的协同;三是多种手段综合运用。此外,为了有效地区分敌我、打击目标,还要求提供通信与识别、定位的综合能力。

2.2.6 快速反应能力

现代武器系统高速攻击和兵力的快速机动,加速了战争发展变化的节奏,通信业务量大大增加,而且其强度在时、空分布上差异极大,加之通信网自身受损,这些因素导致信息堵塞、时延增大。要求军事通信系统具备快速响应、实时调整、补充网络资源的能力,确保在"对方行动→己方决定→做出反应"的过程中信息畅通。

2.2.7 个人通信能力

高技术局部战争的高度机动性、破坏性要求:各级指挥人员能随时随地与部队保持通信联络,实施指挥与控制,指战员应具有个人通信能力,即不仅能通过其随身携带的通信终端随时连接到通信网,及时、准确地提供所需信息,而且还能在网内任何终端设备上以其个人身份、特殊保密编号,获取或输入与其身份相适应的话音、数据、图像、位置报告等信息。

2.2.8 整体保障能力

现代军事通信在保障方向上有多向性,重点方向上有多变性,层次上呈现交叉性。要求军事通信系统必须综合利用各种手段,实施全纵深、全方位的整体保障。整体保障,一是在不同层次上和各军兵种通信网纵横相连、融为一体、互相补充;二是对战区指挥和陆、海、空三军通信以及区域防空、区域情报、三军联勤等信息传输实施综合性的整体保障。

为了实现上述8种军事能力,军事通信系统应当具备下面8种技术能力:一是多层次、全方位、大纵深、立体覆盖能力;二是多网络无缝链接能力;三是高速、宽带信息传输与交换能力;四是话音、数据、图形、图像多业务的综合能力;五是互联互通、互操作能力;六是全天候的可靠工作能力;七是通信与导航、识别、定位的多功能综合能力;八是通信资源共享能力。

2.3 军事通信的发展前景

未来的军事通信技术发展将呈现以下趋势。

（1）综合一体化。指通信系统设计建造综合一体化和通信业务综合一体化。

（2）需求宽带化。在过去10年内，光纤通信的传输速率大约增加了1000倍，今后通信速率还会大幅度增加。

（3）高速大容量。能够提供远距离、高速率的通信手段，同时也增加了军队基础设施的多样性。

（4）功能软件化。未来的战术电台将基于软件无线电技术，即通过替换软件模块实现电台的多模式、多功能。

（5）微型移动化。通信装备微型移动化已成为用户要求和技术发展的必然。

（6）全波段抗干扰。指努力发展高频段、高抗干扰技术和高安全防护技术，提高系统的通信容量、强抗干扰能力和安全防护能力。

从通信或者与通信相关的装备来看，其发展趋势如下。

（1）器件微型化。今后将有可能出现可穿戴式的计算机及超级掌上型计算机。

（2）结构标准化。近年来出现了中间件、代理技术、构件技术等，都是为了统一软件结构和技术标准作出的努力。

（3）计算机网络化。网络终端有可能取代PC成为下一代计算机的主流产品。

（4）软件工程化。通过结构化编程，自顶向下，辅助开发，缩小与硬件发展的差距。

（5）处理多媒体化。可统一处理数据、文本、话音、图形、图像、动画等多种信息。

从通信与指控一体化综合集成来看，其发展趋势可能包括以下内容。

（1）信息基础栅格化。以美军为例，全球信息栅格可将世界各地的美军连接起来，在适当的时间、适当的方式将适当的信息交送给适当的人。

（2）全态势共享互操作。即构建一个以“互联、开放、共享”为特征的信息化平台。

（3）数据链使用扩大化。主要是完善、提高了数据链的战术技术性能，强化武器协同数据链的开发，建立基于模型的消息格式标准，统一数据链消息格式，实现多种数据链互操作。

（4）信息基础网络建设呈现地下化。多迂回路由趋势，以提高网络的隐蔽可靠抗摧毁性。

涉及信息安全的重要骨干信息基础网络建设加强了外部网络物理隔绝，标定信息边界。

信息基础网络安全保护技术的研发力度进一步加大。通过设置“防火墙”、建立“防护栅栏”等,有效防止危害信息的传播,阻止敌方的网络入侵,确保通信网络的安全。

第3讲 战略通信

3.1 美军战略通信

美军的战略通信系统主要由国防通信系统和最低限度应急通信网络两大部分组成。前者主要供国家当局、美国国防部和参谋长联席会议以及三军各大总部司令部平时和战时使用，是美军通信系统的主干；后者主要以应付核战争为目标，专门用来保障美国当局和军队统率机构在危急时刻（特别是在核战争爆发时）指挥、控制美全军的核部队。

3.1.1 国防通信系统

美军国防通信系统（DCS）是一个重要的全球战略通信网络，它的触角遍及世界各地。国防通信系统几经更叠，已由第一代进入第二代，现正向第三代发展。

1. 第一代国防通信系统

第一代国防通信系统建立于20世纪60年代。它主要包括几个共用通信网，即自动电话网（AutoVON）、自动保密电话网（AutoSEVOCOM）和自动数字通信网（AutoDIN）以及国防部、参联会使用的专用网。国防通信系统使用的传输手段有无线电微波接力、对流层散射、短波通信、卫星和有线电通信等。国防通信系统的传输线路总长度约7000km，遍布五大洲80多个国家中的约3000多个军事设施。

第一代国防通信系统由于有的传输线路采用模拟信号传输，系统控制采用人工、等级制，无论在通信效能还是通信质量上都存在着问题，已不能满足现代战争对通信的需求，因此，从20世纪80年代起，它已逐渐被第二代国防通信系统所替代。

2. 第二代国防通信系统

第二代国防通信系统建成于1980年前后，主要是由国防数据网（Data Direct Networks，DDN）、国防文电系统（Defense Massage Systen，DMS）和国防交换网（Defense Switch Network，DSN）等部分组成。

国防数据网是美军全军规模的数据分组交换网络。美军建立这个全军分组交换网工程分两个阶段进行。到 1990 年年底第二期工程结束时,总共建立起 500 多个交换节点,能连接各种计算机 14400 台,其中 6400 台能同时工作。该网络主要由分组交换机、网络监控中心和终端访问控制器等构成。在网络内部,各节点之间利用现有信道以 64kb/s ~ 1.544Mb/s 的速率互通,并设有迂回路由,全网时延小于 1s。网络遍布美国本土和全球各军事基地,配有便于部队机动的可移动交换设备,能向各军兵种的计算机提供 56kb/s、向数据终端提供 9600b/s 的数据信道,可支持多种数据业务。

国防文电系统是美军第二代国防通信系统中的另一重要组成部分。它融战略用途和战术用途于一体,兼具固定通信和移动通信两种功能。通过战术接入点,它可很方便地为美全军战术部队提供信息服务。国防文电系统以电子方式为国防部传送官方文电,包括电子邮件、文本、数据、图形和视频短片(Video Clips)等。它使用的关键技术和标准包括 PCMCIA、FORTEZZA 加密卡、数字信号标准、X.400 和 X.500 协议、多级保密和政府开放系统互联协议集(GOSIP)以及传输控制协议和网间协议(TCP/IP)等。1998 年国防文电系统已有约 20 万个用户,随后用户日趋增长,到 2003 年它全面取代美军第一代国防通信系统中的自动数字网。

国防交换网是美军第二代国防通信系统中的第三根支柱,享有"秘密信使"之称,替代了美军第一代国防通信系统中的自动电话网(传送非保密电话)。国防交换网是美国公共承载商通信系统的一个叠加网,其虚拟软件包装人现有商用公共承载商系统的数字交换节点。该软件能处理和满足常规网络上军方信息交换的全部需求。由于这种信息是从军方用户到军方用户进行端到端加密的,因此加密话音信息也可在商用网上传输。

3. 国防信息系统网

美国防信息系统网(DISN)被认为是第三代国防通信系统。确切地说,国防信息系统网的内涵比国防通信系统宽泛,因此,实质上美国第三代国防通信系统是第二代国防通信系统融入国防信息系统网的结果。

美国防信息系统网是美国防信息基础设施(也叫国防信息基础结构,Defenso Information Infrastructure,DII)的重要组成部分,为 DII 提供高速率、大容量的传输信道。此外,还可以为美国国防部提供信息传输平台和网络增值业务。国防信息系统网也是美军全球性综合国防通信基础设施,能对部署在全球各地的美军提供综合的话音、数据、图像通信,其目标结构是宽带综合业务数字网(B - ISDN)。

美国第二代国防通信系统融入国防信息基础设施是历史发展的必然,是冷战结束后美军调整其战略指导思想的结果，也是美军为打赢信息时代战争而采取的有力措施。

20世纪90年代初，由于苏联解体，以美国为首的西方国家开始调整其战略指导思想。美国由冷战时期的以遏制苏联为主要目标的战略指导思想改变为防止在全球范围内出现潜在对手，并对付一些所谓的“无赖”国家，图谋打赢两场同时发生的大的区域性战争（如在中东和朝鲜半岛）。这一时期美军战略通信的特点：一方面坚持保留并改进原有的重要核战通信系统；另一面尽可能把战略通信和战术通信结合起来，使战略通信和战术通信的界限变得模糊；同时把通信技术和计算机技术结合起来，通信技术和计算机技术的界限在某些方面也变得模糊。此外，在信息技术的发展上，过去更多的是军用促进商用（如计算机的问世最初是为了解决弹道计算问题，满足军事上的需求），而现在更多的则是商用促进军用。

由于移动通信、全球个人通信以及计算机通信网络等商用信息技术发展非常快，几乎使军方研制的通信系统还未装备部队就已过时。在这种情况下，促使美国国防部推出战略战术可以共用的、通信技术和计算机技术紧密结合并大量采用商用技术的国防信息基础设施计划。

美国防信息基础设施正式问世于1993年9月。当时美国政府宣布了一项重大决策：放弃“星球大战”计划，转而支持一项称为国家信息基础设施（National Information Infrastructure，NII）的高科技系统工程。随后又把其信息基础设施按规模和用途分为三级，即全球信息基础设施（Global Information Infrastructure，GNN）、国家信息基础设施和国防信息基础设施。

国防信息基础设施分为两部分，即计算部分和传输部分。计算部分有16个“百万中心（Mega－center，大型处理中心），含194个信息处理中心（Industrial Persoual Computer，IPC）。目前国防部正在把16个“百万中心”合并成5个。这些中心的系统能够执行作战空间的应用程序。战时各军种有关人员不必把应用程序携带到作战地区去，他们可以通过军用或商用通信卫星与大型计算中心连接。传输部分主要由国防信息系统网构成。

国防信息基础设施的最大特点是它的通用操作环境（DII COE）。通用操作环境是一种分为四层的模块式体系结构。第一层为硬件，第二层是系统软件，第三层是支撑应用软件，第四层是核心任务应用软件。后者包括各军种专用的软件，如海军需要跟踪潜艇的应用软件，而空军需要跟踪空中目标的应用软件。通过通用操作环境，异构计算机能够共享信息，这使各军种的指挥控制（C^2）系统的互通成为可能。例如，通过通用操作环境，陆军参谋人员可在海军指挥舰上用舰载 C^2 系统参与指挥陆地上的军事行动，而无须了解海军的程序和过程（Procedures and Processes)。同样,海军也可使用陆军或空军的系统指挥岸上的联合作战部队。基于此,国防部要求全军所有 C^2 用户都必须使用国防信息基础设施通用操作环境。

美国建立国防信息系统网采取分期分地区进行和逐步扩展并完善的方法。国防信息系统网并不是一个全新的网络。早期的国防信息系统网通过互联和综合国防部各军种和各部门现有的独立网络实现。1996 年有 175 个网络综合进国防信息系统网。最初的 6 个网络是军网、国防后勤联合网、国防数据网、太平洋联合通信网、国防通信系统西班牙和意大利重建部分。这 6 个网用网关相互连接。在网关处,不同的传输设备(如为不同的额外开销格式而设计的多种 TI 复用器)经标准用户速率接口连接(图 3.1)。

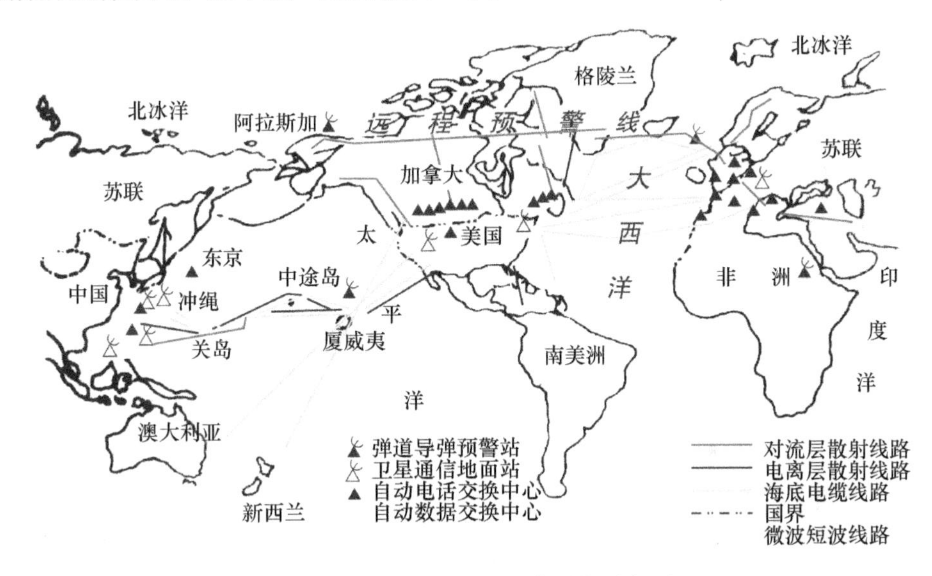

图 3.1　美国部分战略通信系统示意图

美国国防信息系统网之所以堪称美国防通信系统的新秀,是由于它具有以下一些特征和优点。一是生存能力强。系统中的主要设备采取主备兼用和多路由链接,不存在一个易毁的要害点,包括网络管理设施。一个站出现故障时,受影响的基地指挥所、兵营和台站不超过 15% 。二是应急能力强,能综合利用各种应急能力,支持国家危急时刻的军事行动。此外,具有较强的延伸和重建能力。三是工作方式多样化,能在各种不同的传输媒体(无线电系统、军用和民用通信卫星、光缆系统以及国际商用通信网等)上工作。四是能为某些特定的指挥和控制用户提供无阻塞通信。五是保证 50% 的浪涌能力。六是采用端对端分级网络管理体制,每级各司其职。

此外,国防信息系统网使用了先进的同步光纤传输和异步传送模式(Asynchronous Transfer Mode,ATM)技术。同步光纤传输技术较传统的准同步传输技术传输速率高,使光纤的传输潜力得到最大限度的发挥;而且,同步光纤网符合国际上通用的接口标准。这使美军使用的通信系统能与其盟国和多国联合军事行动国家的系统互通。异步传送模式技术在美国防信息系统网中的应用,也将分期分地区逐步实施,如太平洋地区的国防信息系统网正在分三期升级成为以ATM技术为基础的宽域网。近期工程已在进行中,旨在建立ATM传输网络。网络采用环形结构,有众多的迂回电路。工程完毕后,借助ATM骨干网交换机,将网络触角从美国本土经阿拉斯加伸向夏威夷、日本本土、冲绳和关岛直至韩国。

中期是在太平洋地区的美军基地和兵营部署ATM节点,确保对用户的话音、数据和视频等服务不间断。远期工程目标是建立无缝隙体系结构,所有的话音、数据、视频和图像业务全部融入国防信息系统网ATM基础设施中。

回眸第二次世界大战以来世界风云变幻,虽然新的世界大战未起,但局部战争和武装冲突此起彼伏。作为反映美国战争潜力的国防通信系统,在美国直接插手的局部战争和武装冲突中,频频登台亮相,在1991年年初爆发的海湾战争中表演得尤为突出。

早在1986—1990年期间,美军在海湾地区就建立起了国防通信系统海湾地区分系统,海湾战争中它将这一地区的所有指挥控制系统全部连入国防通信系统,使之能与全球军事指挥控制系统和国家指挥当局以及五角大楼接口。尤其是国防通信系统的重要组成部分——国防数据网,在这次战争中挑起了大梁,担负着在全球范围内高速、准确、不间断地传送各种信息的工作。随着“沙漠盾牌”行动的开始,数千台大、小型计算机和微机等被各个军兵种纷纷带到了海湾指挥、后勤供应、情报处理等各个部门提供服务。而纵横延伸在海湾美军前线的国防数据网则向这数千套计算机系统和各种数据终端提供了高速、可靠的数据信道。它利用卫星、微波和各种有线信道组成一个统一的、通达全球各战略要地的军用数据网络,可以在陆军各部队之间以及其他军种之间进行图像和数据的传送,特别是还包含有最新开发的电子邮件等功能。国防数据网的协议使得美军各个部门所使用的多种计算机都能高效率地在网上通信,甚至多国部队中一些其他国家的数据终端和计算机也能很方便地使用美军的国防数据网进行通信。图3.2所示为美国国防系统太平洋光缆。

3.1.2 最低限度应急通信系统

美国最低限度应急通信网是一个人丁兴旺的庞大家族,主要包括地波应急

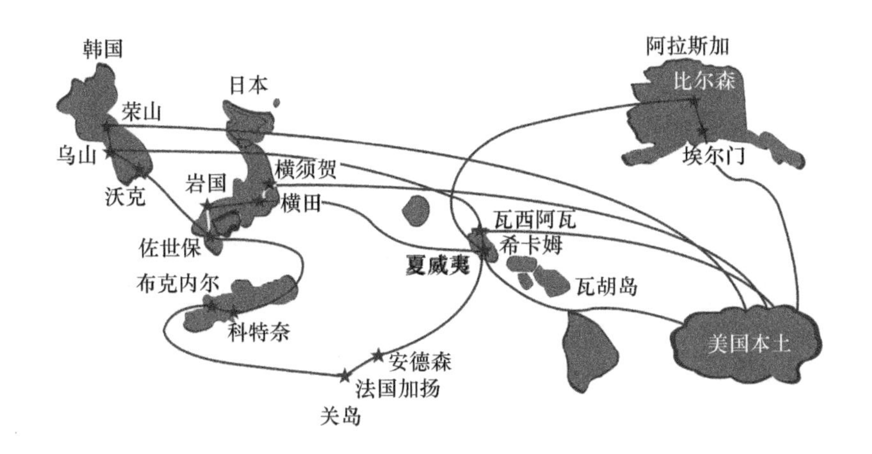

图 3.2　美国国防系统太平洋光缆

通信网、"塔卡木"战略对潜通信系统、国家紧急机载指挥所以及全球机载指挥所、紧急火箭通信系统、空军卫星通信系统、抗毁低频通信系统等。此外,还有极低频对潜通信系统。它们主要用来保障国家指挥当局在危急时刻,尤其是爆发核战争时的顺畅可靠的通信联络。未来的战争是核威慑下的信息化战争,通信系统作为军旅神经能否在核战环境下工作,日益成为世界各国尤其是各军事强国关注的焦点。如何保障核战争中通信联络的顺畅也成为核大国军方竭力谋求解决的重要课题。

众所周知,核武器的杀伤力远远大于常规武器,对通信也具有空前的破坏力。它无须直接命中通信设备,只是在爆炸时产生的各种效应(主要是电磁效应)就可使各种通信电子设备立刻丧失工作能力,陷入瘫痪状态。

在核爆炸过程中至少有两种电磁效应产生。一种是爆炸时 γ 射线撞击空气分子所产生的极强的电磁脉冲,它们会使通信设备感生出超高的开路电位,以致把设备烧毁或击穿,对付这种电磁脉冲的方法主要是屏蔽。这是一种非常复杂和昂贵的措施。另一种电磁效应是空爆后电离化的大气所形成的等离子区对信号波的吸收或干扰。一般核武器在爆炸后都会出现一朵蘑菇云,其中心是一团飘浮的火球。这种高温电离气体将使周围空间高度离子化,形成一个等离子区。当无线电波通过这个等离子区时,信号将被吸收或受到干扰,使所传信息部分或全部丢失。如果是低空爆炸(距地面约 60km 处),等离子区较小,直径只有几十千米。中空(距地面 100 ~ 500km)爆炸覆盖的空间较大,这对进行远程通信的高频系统影响很大。如果是高空爆炸,火球将迅速扩大而形成极大的等离子区，它会使地球磁场变形，出现一个“磁泡”。此后 10 ~ 24h，等离子区还将继续扩大到整个地球大小然后才逐渐消失。它对电波传播会产生吸收和闪烁等效应。前者将使信号消失，后者将使电波畸变，后果都相当严重。因此，用于核战争的通信系统必须能抵抗或避开核爆炸所产生的效应。

1. 地波通信

无线电波根据其传播方式分为地波、天波等。地波指沿地球表面传播的电波。如果说高空核爆炸产生的电磁脉冲像一只魔手，那么，这只魔手的活动区却有一个“死角”，它“触摸”不到地球的表面。也就是说，用地波传送信号基本不受高空核爆炸产生的电磁脉冲的影响，即使稍受影响也能迅速复原。长波、短波和超短波都可沿地面传输，不过短波和超短波的通信距离只有几千米到几十千米，要进行几百千米的远程通信需使用长波即低频。

为确保核战争中的通信联络，美空军于 20 世纪 80 年代初期开始研制地波应急通信网（图 3.3）。这是一个低频数据网，其任务是在核打击中和核打击后，为国家指挥当局向战略核部队传达执行核报复和停止核报复的命令。地波应急通信网包括 3 种主要功能设施，即无人值守中继站、只接收终端、输入输出终端。无人值守中继站共约 200 个，它们遍布美国各地，站间距离为 240 ~ 320km。每个中继站都有一个高约 90m 的天线塔，天线塔四周由埋地约 0.5m 的铜线组成的格形栅栏包围起来。这些格形栅栏类似车轮的辐条，一直辐射到离天线塔逾 100m 的地方，也就是说，这个环形铜线地网的直径将近 300m，是用来加强发射的地波信号的。每个中继站还有一个安装无线电台和辅助电源等设备的坚固的屏蔽室。中继站用 150 ~ 175kHz 的频段以广播方式沿地面向邻站传输信号，所以称为地波。中继站的峰值广播功率为 2000 ~ 3000W，视土壤情况而定。如上所述，地波基本上不受大气中核爆炸的影响。此外，除采用地波和大量中继站分散配置外，GWEN 还采用分组交换技术来加强系统的抗毁能力。该网的建设周期很长。整个计划分三期实施。一期工程部署了一个用于可行性试验的含 9 个中继站的试验系统，此期于 1984 年结束。二期工程建立了 56 个中继站、8 个输入输出终端和 30 个只接收终端，把 8 个重要指挥中心和 30 个基地与战略空间司令部连接起来。此期于 1989 年结束。同年美空军开始建造该网最后 40 个中继站。三期工程期间还安装了更多的固定式输入输出终端、固定式只接收终端、机载输入输出终端和便携式只接收终端，以便把 E－4B 国家应急机载指挥所和 EC－135 空中指挥所飞机、空间司令部和陆基洲际导弹部队等统统连接起来，融入一网之中。

2. “塔卡木”对潜通信系统

“塔卡木”（TACAMO 是 Take Charge And Move Out 的缩写，意为“受领任务，

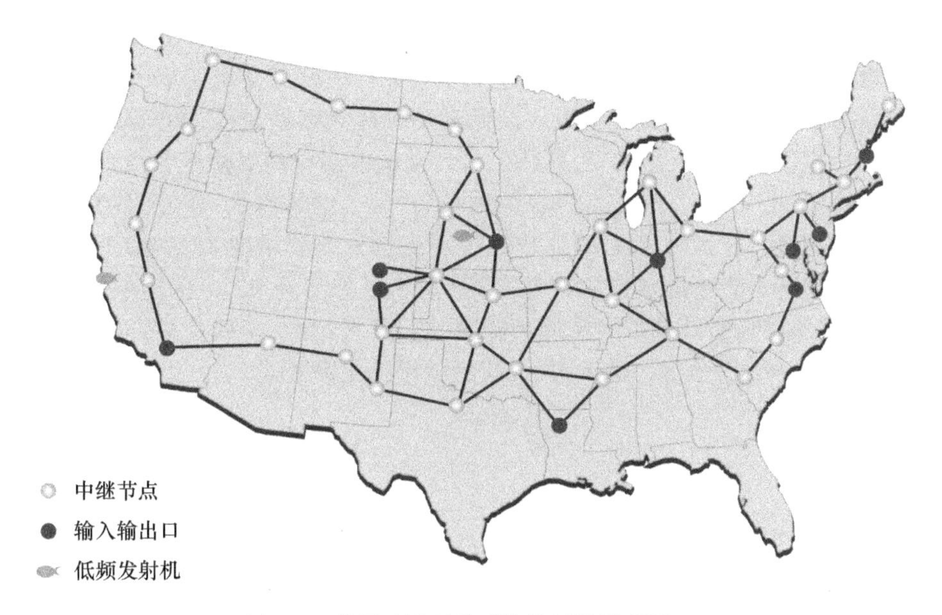

图 3.3 美军地波通信系统的部署示意图

开始行动”)是美海军的一个机载甚低频对潜通信系统。20 世纪 80 年代,这个系统共有 17 架 EC-130 型飞机,编为两个中队,分别部署在太平洋的关岛和大西洋百慕大空军基地。它是一个单向通信系统,其主要任务是把国家指挥当局或战略空间司令部的“镜子”指挥飞机的紧急行动命令(包括发射核武器、执行核战的作战计划)传送给太平洋和大西洋的战略核潜艇。

“塔卡木”通信系统采用甚低频工作不是没有原因的。因为对潜通信属于水下无线电通信范畴,即无线电波以海水为介质进行传播。试验表明,在无线电波中,波长为 100~10km 的甚长波(甚低频),在海水中的传播衰减比较小,而且入水深度可达 20m。水下潜艇可通过其尾部放出的拖曳天线接收它的信号;或由潜艇用浮筒把甚低频天线升浮到靠近水面的地方接收信号,潜艇本身可以停留在更深的水下。甚低频信号的传播距离也非常远,几乎可遍及全球,并具有抗气象效应的特性。而最重要的一点是甚低频信号不易受核爆炸产生的电磁脉冲的影响,因此能保证核战争中的通信联络。

“塔卡木”采用扩频最小移相键控(MSK)、移频键控和等幅波调制技术,能接收来自海军甚低频固定岸站和机载指挥所(包括总统用的国家应急机载指挥所 E-4B 飞机)的甚低频上行线路信号。高频发射和接收设备可提供额外的空对空和空对地通信能力。在特高频频段,“塔卡木”可与空军卫星通信系统、舰队卫星通信系统或任一种视距话音通信系统连通,并能接收应急火箭通信系统的文电。文电处理分系统可完成自动信息加密、优先级判别、分类、格式化、显示、报文编辑和上行线路文电的存储工作。下行线路的文电送到发射终端进行加密和抗干扰 MSK 调制并编码。甚低频功率放大器和天线耦合器将发射的信号放大到 200kW 的平均功率,并将信号自动调谐耦合到双拖曳天线上。这种天线在需要发送文电时才通过飞机后身放出。为了穿透海水,所发射的甚低频信号须垂直极化,并且为了使 8km 长的天线能达到所要求的垂直度,飞机必须盘旋飞行,这样才能把信号传给接近水面(离水面数米至 50m)慢速航行的潜艇。由于功率的增长显著地扩大了通信距离,到 20 世纪 80 年代中后期潜艇已可在数千海里外接收信号。"塔卡木"飞机的效果图见图 3.4。

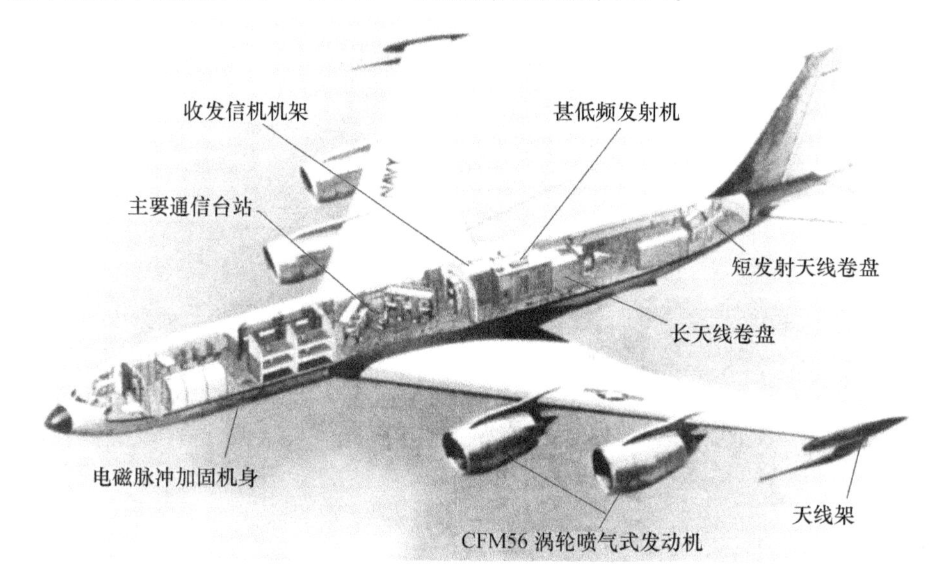

图 3.4 "塔卡木"飞机的效果图

"塔卡木"飞机昼夜 24h 在大西洋和太平洋上空飞行,每架飞机每次执勤的续航时间为 10h30min。

"塔卡木"被认为在核战争中能与导弹核潜艇保持通信联络的可靠的通信手段,但它也存在一系列问题。首先,飞机本身的生存力不强。由于它是一种非武装飞机(实际上它更像一个在空中飞行的通信系统,而不是一架配有通信设备的飞机),基地又是众所周知的,因而易受敌方导弹的袭击。其次,它覆盖的范围不够大,续航能力也不够强。尤其在速度更快、巡航范围更大的新一代的"三叉戟"导弹潜艇服役后,EC-130 飞机在距离、速度和抵达阵位的时间上,都不能提供这种潜艇所需的战略 C^3 支援。因此,20 世纪 80 年代后期美军开始用 E-6A 飞机取代 EC-130。

E－6A 机载通信系统也称为“塔卡木”E－6A 系统。E－6A 是基于 E－3 核加固的 AWACS（机载预警与控制系统）的飞机，在航速、续航时间等各方面的性能都优于 EC－130。其航速和工作半径能为整个导弹核潜艇舰队提供 100% 的连通。其续航时间为 16h，若在空中加油，续航时间可达 72h。通信设备的改进包括研制了一种固态甚低频功率放大器、新的双拖曳天线、新型高频和甚低频接收机。这种基于 E－3A 的 E－6A 飞机上不安装旋转式雷达天线罩，但要安装容纳特高频卫星天线和电子支援措施（Electric Support Measure，ESM）接收机的翼尖天线架。

1987 年 E－6A 样机开始飞行试验。从 1989—1992 年约 30 架 EC－130Q 被 16 架 E－6A 取代。1994 年海军试验了第一架接受航空电子设备改进的 E－6A。这之后海军继续增强了 E－6A 的文电处理能力，改善了频率和定时标准，把卫星通信能力扩展到极高频（EHF）频段。纳入 E－6A 的重要分系统的还有军事战略、战术与中继卫星通信系统（Military Strategic，Tactical and Relay Satellite，MILSTAR）终端、全球定位系统（Global Positioning System，GPS）接收机、定时/频率标准分发系统、飞行管理计算机系统、军标 1553B 总线和大功率发射器等。

总之，从 20 世纪 60 年代最初的“塔卡木”到 90 年代的 E－6A，这个在不断飞行的通信系统已经过多次改进，而且一直是海军的投资重点之一，主要原因就在于它是核战争中美军最高指挥当局指挥控制战略核潜艇的可靠手段。

3. 极低频对潜通信系统

在无线电波家族中，频率为 3～30Hz 的极低频（对应波长为 100～10Mm，叫极度长波）是频率最低的频段。这种比普通市电频率（50Hz）还要低的无线电波在穿透海水的能力上，比前面说到的甚低频还高一筹。它入水深度逾 180m。甚低频因穿透海水的能力有限，潜艇在接收信号时必须处于接近海面的地方或把天线伸向海面，这就增加了潜艇被敌方发现的危险，而极低频穿透海水的能力很强，潜艇可在水下足够深的地方接收信号且航速不受影响，这样就可大大提高潜艇完成任务的能力。与甚低频相比，核爆炸产生的电磁脉冲对极低频通信几乎没有什么影响。极低频对潜通信系统工作示意图见图 3.5。

早在 20 世纪 50 年代末，美国开始研制北极星战略导弹核潜艇的同时就考虑其在深水的通信问题。尽管美国在第二次世界大战前、大战后以及 50 年代和 60 年代已在美国本土、巴拿马、日本、英国和澳大利亚等处建造了可以覆盖全球的甚低频（3～30kHz）对潜通信台站网，但这一频段的无线电信号在海水中传播的衰减率为 3dB/m，虽然具有一定的穿透海水能力，但在数千千米外穿透海水的深度一般只有几米，无法保证对潜航在 80～100m 以下潜艇指挥控制通信的

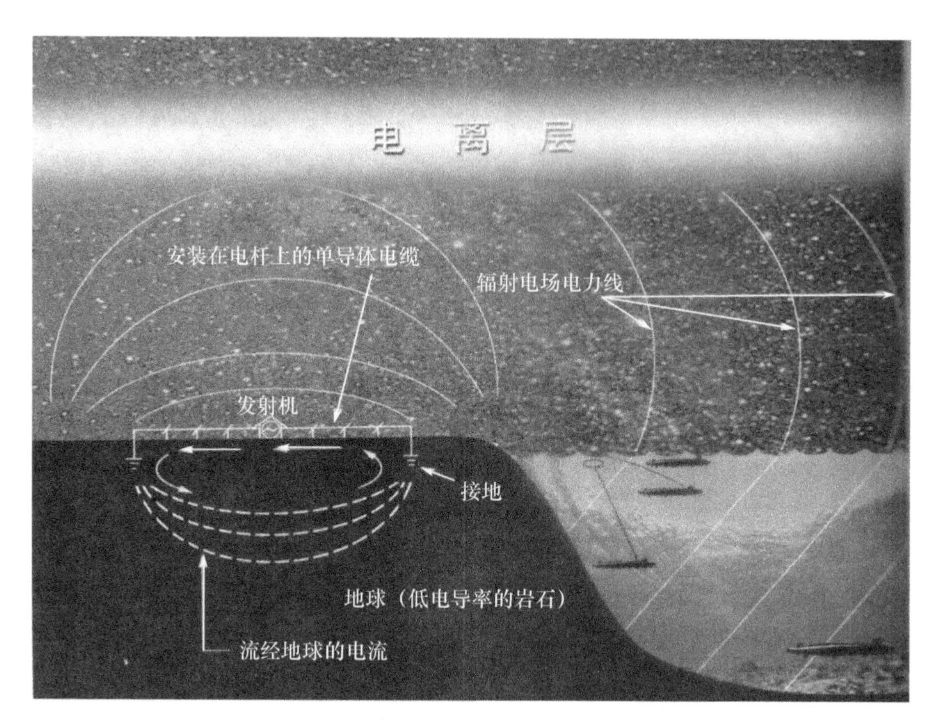

图 3.5　极低频对潜通信系统工作示意图

需要，因此提出利用超/极低频来解决深潜潜艇的通信问题。1958 年，美国海军开始研究利用超/极低频向核动力弹道导弹潜艇进行抗毁单向信息传输。1961 年 5 月，一个专门委员会建议用一个实验性陆基超/极低频通信系统来论证最现实的技术和经济方法，1962 年在弗吉尼亚州和北卡罗莱纳州架设起一副 175km 长的传播试验天线，并成功地论证了在水下潜艇和在拉布拉多、冰岛、挪威和格陵兰等地接收信息的可行性。这些工作是以“桑格文”（Sanguine）计划的名义进行的。“桑格文”也有人称其为“血红”，原计划设想天线占地 13750km^2，投资 10 亿美元以上，建立一个能经受核打击、完全深埋的、100 部发射机，采用全方向辐射，可达全球海域，向弹道导弹核潜艇发送紧急行动电文的对潜通信系统。1968 年选定在威斯康星州克拉姆湖地区的花岗岩低电导率地质结构区开始建站，1969 年建成各长 22.5km 的十字形天线、发射机功率为 2MW 的试验台。在 1972 年的试验中，海军成功地实施了与 4600km 外、天线在水下 102m 深、航速为 16 节的潜艇进行通信联络。尽管美国在 1968—1970 年期间的研究中，在超/极低频信号接收和报文处理方面取得了技术性突破，可以使原计划投资和天线规模减少到原来设想的 1/5 或 1/6，美国国家科学技术部门在 1972 年 5 月也核准了“桑格文”计划的技术可行性，原定 1973 年开始工程建设，1975 年交付使用，然而，由于环境保护论者担心系统对人体有害，对电力设备、电话线路、放收围栏导线会诱发高电压造成伤害，再加上担心设站会招致苏联的核打击以及美国国内方面的政治因素，迫使海军于1975年撤销“桑格文”计划，重新提出缩小规模的“水手”(Seafarer)计划，并从1976年开始设计和论证工作。“水手”计划与它前面的“桑格文”计划有大致相同的经历，也基本上出于相同的原因，在1978年2月被当时卡特总统宣布停止，但他同时建议海军首先寻找可供选择的站址，其次做议员和密执安地区居民的工作，使他们认识到建立超/极低频通信系统的必要性。海军立即响应，提出了一个规模更小的“简易型”(Austere)计划，最后的选址也得到总统批准，但由于国会一直拒绝再给超/极低频计划拨款，卡特总统本人对此也不那么热心，使美国的超/极低频计划在1978—1981年间停歇了3年之久。1981年10月，新一届美国总统里根在第12号国家安全决策指令(NS-DD-12)中指出，要把缩小规模的超极低频通信系统搞下去，使威斯康星州的试验台恢复工作，美国国防部也认为超/极低频对潜通信是提高战略指挥与控制能力的重要手段，并建议将威斯康星州试验台升级为正式工作台，还建议在密歇根州半岛再建一个2×45km天线的发射台，用电话线与试验台联合进行工作。两个台于1983年开工，但是在1984年1月地方法院又强制要求海军提供环境试验证明，证明这样的系统对人类健康无害，海军又委托美国生物科学研究所重做以前的试验。1985年拿出试验报告后，法院撤销强制要求，两台又恢复建设，地方又提出上诉，最高法院最后判决：同意地方法院撤销强制要求的决定，至此这一公案才算了结。从1985年5月起，美国先后在太平洋舰队、地中海、西太平洋及北极冰盖条件下对潜极低频通信均试验成功。1986年底，两台同时完工，交付给海军投入使用，随后，在美国所有的核潜艇上逐步安装上超/极低频接收机。从20世纪50年代到80年代的近30年中，美国在超/极低频对潜通信技术的研究中花去了数亿美元，仅1982年与通用电话和电子设备(General Telephone and Electronics，GTE)的一项合同就达1.21亿美元之多。

英国和法国也是有核潜艇的国家，尽管它们可以利用美国的超/极低频对潜通信系统，但是它们还是在研究自己的超/极低频对潜通信技术。从1984年12月起，美国官方首次公开了它们在建立自己的超/极低频对潜通信系统。1985年8月，美国派出了一个专家小组去帮助英国在苏格兰地区考察发射机站址，1986年在那里选站架设一副22km长的发射天线并进行技术论证。法国也是从1984年开始从事有关研究工作，法国汤姆逊无线电公司和CGE公司就在从事这方面的研究工作。

苏联1967年开始研究潜艇的深水通信问题，它们首先在克里米亚建起了一个50~100kW的超低频试验台，租用了一段22km的输电线路，将其两端接地作为天线进行试验，选用30～400Hz频段，它论证了在几百千米外的深航潜艇可以接收到超低频信号。1975—1980年，它们在北部的科拉半岛设台，租用长达180km的输电线作为试验天线，利用闸流管研制功率为500～1000kW的超低频发射机，工作频率选用30～300Hz，每天试验6～8h，论证了它的通信距离可达5000～8000km。在这期间，它们对超低频的发射原理、发信机结构、发射天线、电波传播、接收机、超低频信号对周围环境的影响以及对人身安全等方面的问题进行了大量研究。1981—1991年，它们正式在科拉半岛建造永久性的发射台，选用30～200Hz频段工作，发射天线为两根平行的各长60km，两端接地，彼此相距10.5km，各有一部发射机，由一个总控制台控制。发射机功率为MW级。据说，该台从1983年就开始了发信，当工作频率选用(81±3.13)Hz时，可对6000km远、100m深的潜艇进行通信，其最大通信距离可达10000km。由于科拉台的天线是东西向平行走向，它对大西洋和西太平洋的覆盖较好，对地中海和东太平洋、印度洋则方向性较差。它们从1993年起，还利用该台进行了更低的工作频率(30Hz以下)的试验，认为如果工作频率选用10Hz，有可能对水下270m深的潜艇进行通信。苏联解体后，俄罗斯对超/极低频技术仍在继续研究。

4. 国家紧急机载指挥所

美国国家指挥中心设在首都华盛顿近郊国防部五角大楼内。在紧急情况下，当国家指挥当局登上国家紧急机载指挥所的飞机后，国家紧急机载指挥所即成为主要指挥中心(图3.6)，因此，它被称为“空中白宫”。

图3.6　国家紧急机载指挥所

“空中白宫”以先进的波音747－200B改型机为平台。飞机机体和机上通信设施均经过了严格的核加固处理。机内安装有13个独立的对外通信系统，主要有超高频(3 ~ 30GHz)卫星通信系统、特高频(300 ~ 3000GHz)卫星通信终端、特高频/频分多路视距空对空和空对地通信系统、低频(30 ~ 300kHz)/甚低频(3 ~ 30kHz)通信系统以及机内电话通信系统等。这些通信系统覆盖从甚低频到极高频的频段,能与卫星、地面指挥中心、潜艇、飞机和水面舰只等各种军事设施连接,也能与商用电话网和广播网连通。实质上国家紧急机载指挥所是国家指挥当局在美国受到核攻击期间和核攻击之后,用来指挥报复力量的通信枢纽。

国家紧急机载指挥所可容纳近百人,滞空时间为 12 ~ 16h,经空中加油后可达 3 昼夜之久。是美军为核战着力建设的一只“拳头”。

此外,美军还有一个在核战争中生存力最强的通信系统,即战略、战术与中继卫星通信系统。

5. 平流层通信

平流层通信技术就是利用在大气层中的 10 ~ 60km 的平流层内设置电信平台作为中继台站与地面切换/控制中心、入口设备以及大量的用户终端等设备构成一种无线信息网络,向用户提供高速宽带信息业务的技术,如图 3.7 所示。

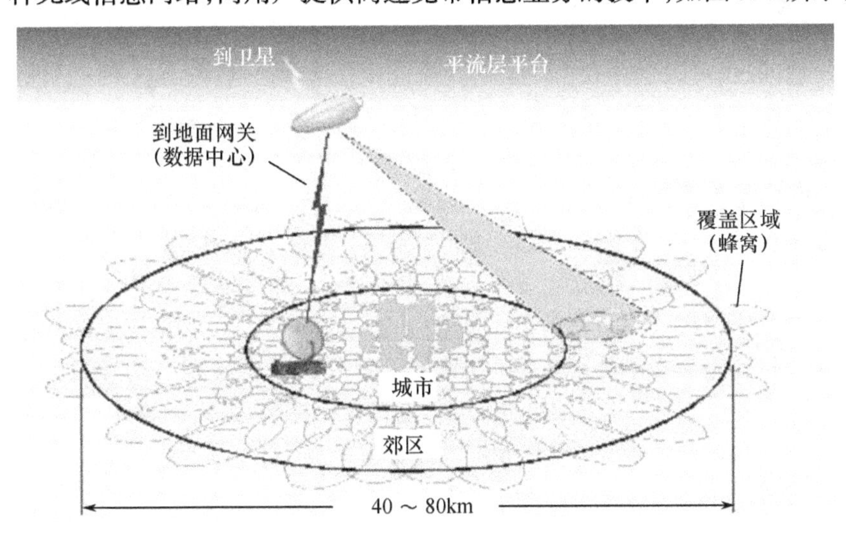

图 3.7 平流层的城市通信服务

它涉及平流层中继平台(飞机、气球、飞艇)的结构设计及构成材料、平台稳定技术(最关键的技术)、有效通信载荷、天线系统、供电设备、地面切换/控制中心、用户终端等技术领域。除了稳定技术之外,其他技术多为现成技术,问题在于如何将它们有机地综合起来加以应用。平流层通信具有以下特点。

1)造价与用户资费低

平流层通信平台造价约为当前通信卫星平台的 50%,而据日本通产省根据通信线路容量等进行综合判断后认为，飞艇通信系统的成本只有静止通信卫星系统的1/10、光缆通信系统的1/5。另外，用户终端及资费也比现有卫星通信系统的低，如"铱"（IRIDIUM）卫星通信系统手持机在美国为2500美元，寻呼机为500~600美元，已确定的用户资费大致范围是：在美国内打一个公用电话网固定电话每分钟最高为1.5美元，对于国际电话初步定为每分钟5~6美元，最高的会达7美元，最便宜的在3~4美元之间。而平流层通信系统用户终端为100~200美元，一般用户使用64kb/s速率的信道，每分钟资费仅几美分，用户每月费用不到40美元，比目前最便宜的移动通信业务资费还低。

2）容量大

据目前预测，在全球人口稠密地区上空的平流层内部250个空中平台（站），用64kb/s的速率可以为15亿用户提供数字电话业务，或用256kb/s的速率为3.75亿用户提供视听业务。此外，同现有和计划中的移动通信相比，由于它使用宽带传输，用户等待时间短，传输无任何手工转接问题。

3）适应性好、业务多样

平流层通信技术不仅适于人口稠密的大都市、郊区，也适于乡村和边远人口稀少的地区；现可以国内使用，也可以越洋国际使用。业务方式可以是数字电话、传真、电子邮件、视频视听等。业务带宽可宽也可窄，且数据率可变。通常对机动用户端机和小型固定地面终端，信道速率为64kb/s，猝发可达2.048Mb/s，对固定大增量天线终端信道速率可高达155Mb/s。据估计，到2005年，预计全球将有3亿人使用互联网，这些用户大多数更喜欢高速率的无线连接。到2005—2010年，全球的蜂窝电话用户预计将达3.5亿，他们中的大多数也要求由宽带能力来中继。通过平流层通信技术的空中站网点，可使其无线业务与所有互联网和公共交换电话网互换，以满足日后互联网用户和移动蜂窝电话用户高速发展的需要，为互联网转送数据、文体和电视信息，成为同步光纤网、高速局域网、都市地域网以及广域网的重要传输手段。

4）覆盖地域大

部署在21km高的平流层内的一个空中站，可以覆盖88万km^2的地域。空中站高度的增减，覆盖地域也随之增减。

5）空中站可以回收再使用，对环境不会产生污染，也不存在太空垃圾问题

平台若出现故障，返回地面维修比卫星系统方便，卫星系统一旦发生故障，容易引发灾难性后果。例如，1998年5月，美国的"银河"4号卫星出现故障，导致美国4400万寻呼机用户中90%的人无法使用。

6）地面终端易小型化

与各种卫星系统相比，平流层空中平台因距地面近，地面终端所需电力小，

终端易小型化。平流层通信技术中的空中站被认为是许多新技术与独特发明专利的有机结合。除了站的定点稳定保持技术是最关键技术之外,还有平台载体结构材料的研制。此外,在通信信道上还使用了时分多址复用、具有能组合的随机分割多路存取、路由选择、用户识别与用户信息安全保护等。

利用平流层平台实施通信是一种老设想,具有近 20 年的历史,早在 1982 年,美国洛克希德(Lockheed Corp)公司就完成了类似平台的可行性研究,同时批准了整个平台的设计。这种平台已在空中做过飞行试验,只是由于平台在空中的稳定技术未解决,使其难于应用。1994 年,美国空中站国际公司(Sky Station International Inc.)首席科学家、华裔学者艾尔费雷德·王博士(Dr. Alfred Wang)发明了电晕离子推动器(Corona Ion Engine)后,将其与导航星全球定位系统相结合用于平流层空中平台的稳定保持,加上互联网以及移动蜂窝电话网迅速发展的推动,使平流层通信技术成为全球通信领域的一大热点。目前,美国在此领域的研究处于世界领先地位,也是世界上第一个正式认可建立平流层通信系统的国家。1996 年 10 月,美国政府公布了平流层通信使用 47GHz 频段。1997 年 5 月,美国联邦通信委员会批准在平流层空中站上使用 Sky Station International Inc. 发明的电晕离子推进器专利技术作为空中平台的稳定技术,平流层通信技术从此引起许多国家的重视。当美国 Sky Station International Inc. 提出具体方案,并主张通过国际合作来发展全球平流层通信网络之后,一些发达国家和发展中国家积极响应,从 1996 年 7 月到 1997 年 1 月的半年中,先后有意大利、澳大利亚、英国、法国、加拿大、阿根廷、印度、菲律宾等国已经参与。1996 年 10 月,美国已向国际电联申请,要求批准它使用 40 个平流层空中站,以覆盖美国主要城市,并计划从 2000 年开始,在纽约、洛杉矶、休斯敦等地上空部署,此后,将在印度的加尔各答、新德里、班加罗尔等 12 个城市上空部署。

美国人设想,在第一个空中站开始提供通信业务之后,将以每周发射一个的速率向前推进,希望到 2003 年世界上每个国家至少有一部分地区要被覆盖,向它们提供商用多媒体业务。从此之后,各个国家可以根据各自的电信市场需求,发展自己的平流层通信。日本正在建立自己的平流层通信网络,在 1997 年已放飞过 3 艘 8m 长的小飞艇进行试验,1998 年又制订了发展计划,从 1998 年 3 月开始实施。日本邮政省和科学技术厅希望以此部分取代卫星通信网。日本还专门成立了飞艇通信基地网络化开发协议会来推动这项计划的实施,打算在 5 年后使其进入实用化阶段。根据这项计划,日本将在 2005 年前向平流层发射多达 200 艘飞艇。飞艇数量最终可能增至 300 艘作为其全球移动电话网的一部分。

在美国,除了最早从事过平流层通信技术研究的洛克希德公司之外,目前至少还有四家公司在从事这方面的研究工作,它们是空中站国际公司、安琪儿技术公司、空中卫星通信公司和高空站国际公司。空中站国际公司是由前国务卿亚历山大·黑格参与创建的，主要从事平流层通信技术研究，是推动这项技术向前发展的主要公司。它主张利用本公司已开发的电晕离子推进器来稳定通信平台，并使其在平流层稳定达 10 年以上，以此作为全球互联网络的骨干组成部分，以 1.5Mb/s 和 155Mb/s 的数据速率分别向网中的机动用户终端和固定用户终端提供信息服务，该公司积极推进有关研究的国际合作。当该公司提出美国第一个平流层空中站方案后，便与一些国际财团签订合同，分别与平流层通信网络制造不同的设备组成部分，如英国的 Lindstrand 气球有限公司（LBL）负责建造飞艇。LBL 是世界上最大的飞艇制造商，其设计在 48 个国家得到肯定，且具有良好的安全记录。意大利的 Alenia Aerospazio 公司负责制造空中平台的有效通信载荷，该公司经营世界上最大容量卫星通信生产设备，目前正在生产数十个"全球星"低轨道卫星，它根据 1996 年 8 月与空中站国际公司的合同，在 7 年内将生产 250 个空中站远程通信有效载荷。法国的 Thomson - CJF 公司则负责地面电子设备和用户终端的制造。安琪儿技术公司设想使用高空远程控制的飞机进行有关试验，并希望在 2000 年开始在互联网上向消费者提供高速上网服务，该公司估计，它们提供的上网服务传输速率为 1.5Mb/s，约比标准的模拟调制解调器快 50 倍，而且资费每月只需 40 美元左右。

由于平流层通信技术具有众多特点，已经引起各国电信界的重视。美国人认为，它将对电信工业带来革命性的影响，是目前世界上唯一可以用低费用获得机动宽带互联网传输的系统，是发展中国家跃入宽带通信业务、填补与发达国家信息差距的最有效途径。也有人认为它是继卫星通信技术、光纤通信技术以后的又一次重大突破，将对全球通信网络的普及、个人通信业务的实现、多媒体宽带业务的发展产生极大的影响；将平流层空中平台作为中继节点，为区域通信提供机动骨干通信网，可以解决超视距高速、宽带、移动通信的难点，为战术通信的异号传输模式（ATM）化提供有效途径；可为战术机动通信突破短波瓶颈提供有力手段；将这种空中平台作为各种侦察、监视传感器（探测器）的运载平台，将为侦察监视提供新的手段等。

3.2 俄军战略通信

俄罗斯战略通信在相当大程度上依靠苏联遗留的系统。20 世纪 70 年代苏联的军事通信和民用通信都大量使用轻型电缆，重要通信线路使用重型电缆。在军事通信中，电缆的优点是抗干扰能力强，易于实现通信保密，埋地电缆生存力也较强；而且，华沙条约成员国在地理上连成一片，为电缆的使用提供了方便条件。但电缆笨重，敷设麻烦，缺乏机动性，因此，从 20 世纪 70 年代后期开始，苏军的战略通信越来越多地使用通信卫星。苏联在 20 世纪 60 年代中期就有了卫星通信系统，最先发射的“闪电”系列通信卫星，多年来一直是保障苏军战略通信的主要手段。到 20 世纪 80 年代中期，苏联已拥有一个包括 60 多颗卫星 3 种不同轨道的卫星通信网，分别用于战略和战术通信，其中包括“闪电”系列、“宇宙”系列和最早的同步通信卫星“虹”系列等。20 世纪 80 年代末期苏联开始发射高椭圆轨道“灯塔”系列卫星和超大型地球同步通信卫星。4 颗“灯塔”卫星可对苏联提供 24h 覆盖。至于战略话音网，苏联军方更多地利用苏联邮电部的通信系统，即苏联的国家电话网。在对潜艇通信方面，苏联一般也使用低频和甚低频实现岸对潜通信。20 世纪 80 年代苏联已有 30 多个甚低频通信站，其中 10 个站的输出功率在 500kW 以上。与美国同等功率的电台相比，苏联有的发射机的天线效率要高 2 ~ 3 倍。此外，苏联还于 1983—1984 年部署了极低频对潜通信系统，领先于美国至少 3 年。

20 世纪 80 年代后期，苏联开始实施电信网的扩充和现代化计划。它包括 4 个方面的内容，即网络数字化、建立跨苏光缆系统、加强卫星通信系统并推广蜂窝通信技术。图 3.8 所示为俄军跨境光缆线路。

图 3.8　俄军跨境光缆

在网络数字化方面，主要是在大量使用模拟业务的地区建立数字叠加网，而在电话拥有率较低地区建立相互连通的“数字化岛”，然后逐渐向综合业务数字网过渡。在光纤方面,跨苏光纤线路东起太平洋地区,西至欧洲大陆,横跨苏联本土,是苏联邮电部和外国公司合作的产物。根据苏联许多通信设施都可军民两用的情况看,以上措施无疑会使苏军的战略通信受益。

俄罗斯成立后,由于国内经济原因,国防建设大受影响,在信息技术的利用和军队指挥自动化能力的改进方面很少创新。但面对席卷全球的军事技术革命,俄军也非常重视对信息战等新的军事理论的研究,并开始改革军队编制和军队指挥体系。在战略指导思想方面,由于信息技术和常规兵力都落后于西方,因此,俄一再强调要依靠核武器来保持其军事大国的地位,对核部队的指挥控制通信系统也极为关注。迄今俄军方仍把通信卫星和电缆、光缆作为主要的战略通信手段。俄军现用通信卫星包括“闪电Ⅲ”“地平线”“特别快车”和“荧光屏 M”等系统。“闪电Ⅲ”8 星组网,每星重 1700kg,有效工作寿命在 3 年以上。通过一个卫星保持通信联络的持续时间为每昼夜 8 ~ 10h。天线直径为 1.5 ~ 15m 的地面站设在固定和移动设施上。该系统主要用于保证俄罗斯武装力量和国家政权机关 24h 不间断的电话与电报通信联络。“地平线”“特别快车”和“荧光屏 M”都是同步静止轨道卫星,主要用于保证俄罗斯海军 900 多艘舰船的移动通信以及政府机构和专用网络的通信,也用于保证俄罗斯与独联体国家的通信。地面部分包括“熊湖”“弗托基米尔”和“杜布纳”卫星通信中心等。其中“弗拉基米尔”通信中心配有直径达 25m 的天线,除用于海军舰船的海上移动通信外,还可通过“地平线”卫星转发器向俄远东地区和欧洲部分传送电话、电视和无线电信息。其中央电视设备室还可保证克里姆林宫与美国白宫之间的电话热线。

3.3 北约战略通信

3.3.1 北约综合通信系统

北约最初的战略通信依靠的是一些点到点的通信链路,主要用于在遭到攻击时向其战略部队下达核报复命令。20 世纪 70 年代,北约欧洲成员国开始共建综合通信系统(NICS),其基本设计思想是建立一个栅格状的公共用户网,把各成员国连接起来,以满足他们进行政治磋商和指挥控制战略部队的要求,综合通信系统计划分三期实施,但由于经费等原因,北约决定在第一期工程期间完成它的最重要部分。二、三期工程再视情况而定。经过十几年的艰苦努力,第一期工程于 1985 年完成。综合通信系统第一期工程包括话音交换网、保密话音网、电报自动转接设备、卫星通信系统和陆上传输系统(主要指欧洲盟军高级指挥控制系统对流层散射系统以及视距无线电微波通信系统等)。

3.3.2 北约综合业务数字网

进入 20 世纪 90 年代，伴随着国际形势的变化，使原属华沙条约的某些成员国成为北约组织的新成员，从而给北约战略通信系统的建设提出了新的要求。因此，从 90 年代中期起，北约开始调整其战略通信网的结构。目标是在 20 世纪末或 21 世纪初构建一个北约综合业务数字网，用以取代原有的北约综合通信系统。

北约综合业务数字网（NISDN）包括北约核心网、北约初期数据传送业务系统、军事文电处理系统和 2000 年后北约卫星通信系统等。

北约核心网将取代初期话音交换网，是一个由 22 台交换机组成的网络，其中 18 台交换机安装在北约原成员国内，另外 3 台分别安装在捷克、波兰和匈牙利，还有一台备用。这些交换机都是经过修改的商用现货，能满足北约的特殊要求（如像四线制用户接口和与各国国防网的接口）。

3.3.3 北约新的通信系统计划

尽管北约的战略通信系统已开始更新换代，但在 20 世纪 90 年代几次地区性冲突和维和行动中，北约欧洲成员国的通信能力仍明显落后于美国，这促使北约决心全面加强通信系统的建设，并在 20 世纪末推出了四大计划。

1. 北约通用通信系统

北约通用通信系统（NGCS）一个话音和数据网，将取代现有的初期话音交换网，并扩充北约的广域网分组交换网。北约通用通信系统以北约核心网（电路模式部分）和北约初期数据传送业务（分组交换模式部分）为基础，这两部分通过宽带管理设备连成一体，组成一个规模更大的通信网。电路模式部分将采用综合业务数字网技术，其容量将比初期数据传送业务系统提供的分组模式大 10 ~ 20 倍。同时，它将通过北约核心网和各成员国国防数字网网关与各成员国的数字式国防网相连接，并进一步与各国民用的公共交换电话网相连接。其结构如图 3.9 所示。

2. 可部署的通信与信息系统模块

可部署的通信与信息系统模块（DCM）实际上是北约通用通信系统便于部署的延伸部分。它主要由可运式设备构成，可装在国际标准化组织的标准方舱中。其传输手段包括商用通信卫星、北约 2000 年后通信卫星、视距传输设备和高频电台等，能提供数据、视讯会议、传真和话音业务，支持战区内连接和传到—回传（Reach - Back）连接。该模块主要用来保障已部署的北约部队或与北约联合行动的多国部队的通信。

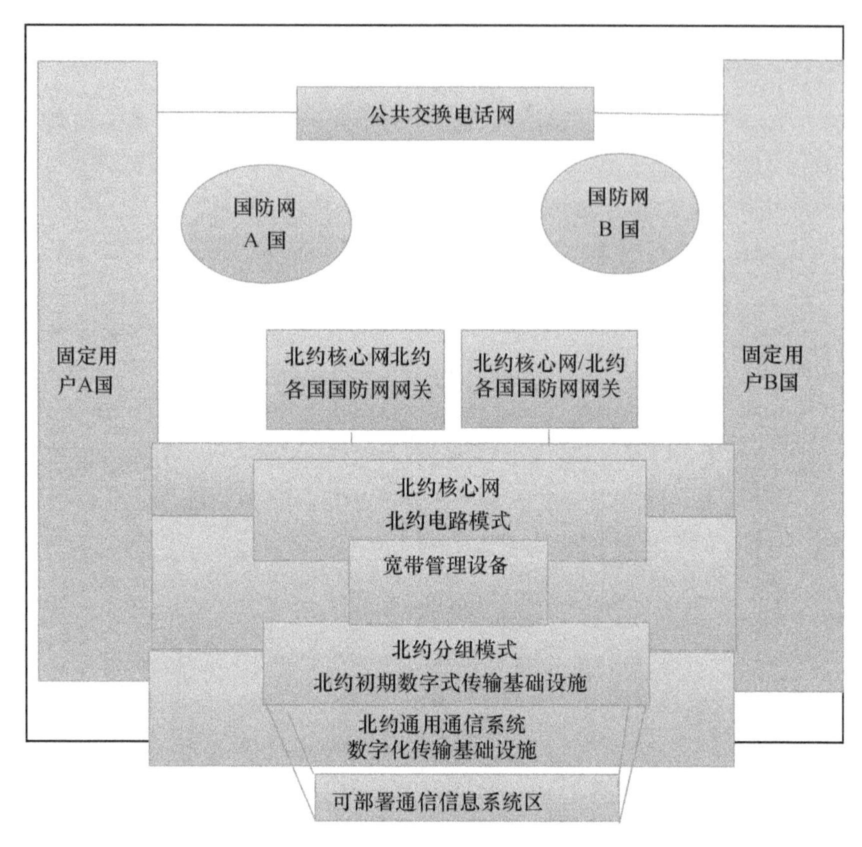

图 3.9 北约通用通信系统结构

3. 2000 年后北约卫星通信

2000 年后北约卫星通信的体系结构和运行方案正在制订中。潜在的候选系统有英国的“天网 V”和法国的“锡拉库斯Ⅲ”通信卫星,但有两点业已决定。一点是 2000 年后卫星要部分工作在极高频(EHF)频段,在 2007 年要具有 EHF 能力。EHF 抗干扰能力强,而且使用此频段能与美军的军事战略、战术与中继卫星(Milstar)兼容。另一点是要装备新型可部署地面卫星终端,减少对大型地面固定终端的依赖。此外,北约也在考虑建立一个类似美国全球广播系统的宽带卫星传输系统。

4. 双司令部自动化信息系统

双司令部指欧洲盟军司令部和大西洋盟军司令部。这两个司令部都是北约的战略司令部。双司令部自动化信息系统(Bi - SCAIS)包括欧洲盟军司令部的自动化指挥与控制信息系统(ACCIS)和大西洋盟军司令部的海上指挥与控制信息系统(MCCIS)。前者从 20 世纪 80 年代就开始建设,整个工程分为三期,时间为1983—2005年。它将为双司令部自动化信息系统提供核心能力。北约在2002—2005年分3次对双司令部自动化信息系统进行扩充,使之从提供核心能力到提供通用指挥控制业务,最终到提供一体化的陆海空指挥控制能力和联合的指挥控制能力。

3.4 印军战略通信

印度对军用通信系统的建设相当重视。早在20世纪80年代就建成了印度陆军无线电工程网(AREN),这是一个计算机控制的自动化栅格状战术地域通信网。其主要组成部分有电子程控交换机、模块化时分交换机、部队级交换机、传输干线和加密设备等,能以实时和保密方式进行话音、报文以及传真图像通信。与此同时,印度海军也装备了护卫舰队综合通信系统。

20世纪90年代后期,印度陆军又开始实施信息技术计划,旨在为全军提供保密的局域网和广域网,在2008年前装备了一个全自动化的作战管理系统,重要设备之间用光缆连接。

1998年5月印度试验核武器获得成功,组建战略核部队指挥、控制和通信系统的问题提上议事日程。为此印度军方向政府建议:成立核战略司令部,成立国家指挥所,建立一个"能接收信息和情报并能发布命令和指示的坚固的通信中心",国家战略司令部和国家指挥所分别设在不同的地点,以免在遭到敌方进攻时被同时摧毁,但这两个机构之间必须用抗毁的互通的通信系统连接起来,以确保其中任一机构不能工作时另一机构能立即接替工作。

1999年印度国家安全顾问委员会制定了印度国家核战略方针,决定发展陆海空三大核力量,提升印度的核威慑力。同时决定加速核指挥、控制和通信网络的建设。在该委员会发表的"印度核学说"一文中说:"要建立一个有效的抗毁的具有足够灵活性和响应能力的指挥控制系统"。"要确保核武库的抗毁性和有效的指挥、控制、通信、计算、情报和信息(C^4I^2)系统的抗毁性"。印度国防部并拨款5亿美元改进其指挥控制和通信网,优先项目包括计算机图像生成软件、决策支援系统和陆海空三军电子战系统等。改进后的新网于2002年开始工作。陆军无线电工程网等也联入新网。

2000年印度国家安全委员会宣称,印度已有一个核指挥控制系统,一个临时性的国家指挥所也在印度总理府附近建成。而永久性的指挥所将建在德里西南的阿拉瓦利山区,并采用分层式的通信系统。此外,拟在距德里100~150km范围内建立一个备用国家指挥所。

此外,为全面提高其通信能力,印军和德国子公司还在2000年签订了一份金额为1亿美元的合同,以建立一个能覆盖横跨印度3000km距离的沿线地区的军用数字通信网,包括综合、保密通信接力单元、数字微波站和光纤网。该合同有两个主要项目:一是在印度山区和从克什米尔谷地到安达曼尼柯巴群岛的海岸区建立通信设施;二是在边界地区设置80个通信站、150个数字微波接力站和300个甚小孔径卫星终端。这些终端可为靠近巴基斯坦边界地区的20个中心提供直接的话音和数据通信。整个工程在4年内完成了。

3.5 各国战略通信系统和装备简介

这里主要介绍了国外几家公司的C^2、C^3I、C^4I综合通信系统,如Litton公司的THAAD系统、Raytheon公司的联合战术无线电系统(JTRS)、Thomson - CSF公司的COMMANDER C^3和TS700综合通信系统、爱立信的EriTac战术通信系统等。

3.5.1 战区高海拔区域防御系统

Litton公司制造的THAAD BMC^3软件可以提供在网络化、分布式及重复型(NDR)系统体系下的一整套的集成任务及部队运转能力,并可以保证在各种紧张的战场环境下的系统性能。

系统工作原理:根据预先设置好的任务规则,BMC^3软件能够控制并整合复杂的THAAD(萨德)地基雷达及THADD导弹对进入战区的弹道导弹进行探测、识别、分类、锁定、打击以及打击效果评估。该系统在探测及锁定导弹威胁的同时,可以根据目标的特性及弹道生成估算的导弹发射点及弹着点。这些信息可以传送至其他节点进行对导弹发射架的打击、对友军进行告警及保护以及对二级防御进行提示。

THAAD系统可以在操作员认可任务的情况下以半自动模式进行工作;或者以全自动方式工作,此时BMC^3软件根据高空威胁、威胁级别、预计弹着点以及拦截导弹数量自动指挥任务的完成。

目前,Litton已经交付使用了该软件的有效演示版,包括超过400 000行的应用代码、13个硬件工作站。

Litton数据系统公司的总部位于加州的Agoura Hills,公司主要为美国军方及其盟国开发和集成指挥、控制、通信与情报系统,尤其是导弹及防空系统、战场通信及火力支持系统的系统工程及软硬件。

公司的C^3系统还包括中型扩展防空系统(MEADS)、区域防空指挥部(AADC)、实时格式识别光处理、现代跟踪系统(MTS)、AN/TYQ - 23战术空中作战指挥与控制系统、火炮火力控制系统、移动化学元(Chemical Agent)探测、AN/UPX-24 探测脉冲中心敌友识别(IFF)系统。

3.5.2 联合战术无线电系统

联合战术无线电系统(JTRS)计划是为了满足美国陆军关于国防部下一代的安全、多波段/多模式数字无线电的日益迫切的需求应运而生的。JTRS 无线电项目可以根据任何军事应用(机载、地面、移动、固定站、海事及个人通信)而量身定做,如图 3.10 所示。

图 3.10 联合战术无线电系统(JTRS)计划

JTRS 建立在一个公用通信系统的架构上,可以支持覆盖大面积的从低容量语音及数据网到高容量视频链路或广域网(WAN)的各种网络。

美国军方以往采购的无线电台常常是不够兼容的。而对"联合战士"(Joint Warfighter)来说,其任务往往需要在多种波形的数字战场上进行通信。JTRS 采用模块化设计,可以满足各种用户要求,从而消除了种种通信壁垒。

此外,使用软件定义的波形及基于开放标准的架构为 JTRS 与现有无线电台、网络及遗留波形(Legacy Waveforms)以及预计将来可能会提出的新的技术要求提供了互操作性。

特别重要的一点是,JTRS 使作战人员可以在任何时间与地点与任何人毫无障碍地保持通信。而这得益于模块化软件可编程无线电联盟(Modular Software-programmable Radio Consortium,MSRC)无与伦比的专业经验。

MSRC 包括四家世界上战术通信产品的顶尖开发商,具体如下。

(1) RAYTHEON 系统公司(Ft. Wayne,Ind.),战术 Internet 的构建者以及多种综合通信及战场管理系统的提供者。

(2) Marconi CNI 分部(N. J. Wayne),宽带军用通信系统及数据链的开发商。

(3) Rockwell - Collins(Cedar Rapids, Iowa),从极低频到极高频范围的通信设备提供者。

(4) ITT 航空通信分部(Ft. Wayne, Ind.),现代战术通信网系统(美军战术 Internet 及英军 Bowman 计划)的重要承担者。

3.5.3 联合战术终端/公共综合广播业务模块

JTT/CIBS - M 是首个能够进行相关的综合战术情报广播的开放体系,具备灵活性与可伸缩性的软件可编程数字无线电台。

JTT/CIBS - M 是一种高性能软件可编程数字 Intel 无线电台,它具有即插即用的模块化功能,这使其可以接入现今的情报网络,并具备综合广播业务(IBS)的转发功能。

JTT/CIBS - M 可以实现战术情报、寻的信息支持作战管理中心、情报中心、防空防御中心、获利支持部队、空中机载节点、海面、水下及地面移动平台的完全、准确且及时的瞬间接入。

公共 IBS 模块支持对其他终端及处理器配置的集成,是首个为联合业务战士(Joint Service Warfighter)提供的真正意义上的灵活的、可扩展(缩减)的、开放体系无线电台。

JTT/CIBS - M 系列终端设备在设计时充分考虑了陆军技术体系(Army Technical Architecture)、联合技术体系(Joint Technical Architecture)、国防信息基础设施公共操作环境(DII COE)的要求,完全符合 Joint Vision 2010 的要求。

3.5.4 SADL/EPLRS 联合作战情势警惕度系统

情势警惕数据链(Situation Awareness Data Link, SADL)通过美国陆军的增强定位报告系统(Enhanced Position Location Reporting System, EPLRS)将美国空军近空(Close air)支持飞机与数字化战场结合起来。SADL 决不仅是一个无线电台或数据调制解调器,它提供了战机与战机、空中到地面以及地面到空中的健壮的、安全的、抗干扰的无可争议(Contention - free)的通信连接。由于其特有的关于情势警惕度的位置与状态报告,SADL 提供了一种有效的、长期的空中到地面作战识别问题的解决方案。SADL/EPLRS 联合作战情势警惕度系统终端设备如图 3.11 所示。

它有两种工作方式,即空中到地面方式和战机对战机方式。

美国 21 世纪士兵计划(Task Force XXI)已经确认 EPLRS 作为“机动旅的主干通信系统”(Backbone Communication System of the Maneuver Brigade)。装备

图 3.11　SADL/EPLRS 联合作战情势警惕度系统终端设备

SADL 的近空支持飞机可以提供所有数字化战场部队的位置识别，甚至包括那些非 EPLRS 用户。

3.5.5　战区作战管理核心系统

战区作战管理核心系统（TBMCS）可以为作战指挥官提供完全支持指挥作战目标的用于计划、指导及控制战区空中作战的手段，以及与同一作战任务相关的地面与海面部队之间的协调。由于其自身具有相当的灵活性，TBMCS 可以根据不同的作战局面而采用大规模或小规模作战任务模式。该系统完全支持和平时期的训练、日常任务以及对紧急情况的及时反应。TBMCS 还可以将其互操作功能融入战区防空作战的其他 C^4I 系统。

3.5.6　美国欧洲司令部 C^4 系统指挥部

美国欧洲司令部 C^4 系统指挥部主要负责有关的 C^4 的政策、计划、项目及系统支持。其负责项目如欧洲司令部全球广播业务（GBS）、联合“奋进”演习 C^4I 任务保证与协调。

3.5.7　Thomson 系统公司的 COMMANDER C^3

COMMANDER C^3 是 Thomson 系统公司最新的海军控制、指挥及通信系统。COMMANDER C^3 可以在舰船、直升机及海岸设备之间提供关于联系数据、报文以及地理参照的地图的无缝的、接近实时的共享。COMMANDER C^3 也可以提供获得主要海军数据链标准互操作性的接口。

COMMANDER C^3 对于那些希望得到有效的、可以负担得起的并且有相当技术及互操作性要求的解决方案且与警察、海岸警卫队以及海军当局进行合作的民用及军事用户来说是一个相当理想的选择。尤其适合用于搜索与营救(SAR)、海岸防御与侦察、打击走私与贩毒、经济制裁地区(Economic Exclusion Zone,EEZ)的封锁、海关/移民巡逻、渔政巡逻、舰队管理、船只交通管理以及海军控制的船运(NCS)。

通过使用最先进的商用技术,COMMANDER C^3 以民用或者小型海军舰船完全能负担得起的价格提供那些过去只有非常昂贵的数据链路网络如 Link-11 和 JMCIS 才具备的功能。同时,COMMANDER C^3 的网关接口概念也使得 COMMANDER C^3 所在的网络能与主要的军事网络轻松自如地实现有关操作。

COMMANDER C^3 利用船只自身的导航雷达及 GPS 接收机收集本地联络信息和船只自身位置。其他传感器,包括 AIS,也可以得到 COMMANDER C^3 相应的支持。这些信息在网络中传播,并且在各个节点(一艘船只、海岸设备或一架直升机)与所收到的来自外部数据链路、海岸雷达以及 GMDSS 遇险呼叫的数据融合,从而提供一幅公共综合战术图像。其他信息如 HF 电子邮件和地图覆盖也可以使用同样的网络在节点间传输。

节点间的通信可以是 HF/VHF/UHF 无线电、卫星通信、使用虚拟专网(VPN)技术的安全、拨号 PSTN 可以配置为 Internet 的备份以及专线(Dedicated Lines)等任意形式。

COMMANDER C^3 在每一个节点都提供了先进的用户接口,这样就使得用户可以在标准格式矢量图上显示综合战术图像,包括 ECDIS、DCW 以及 DIGEST。它还可以让操作员控制显示(包括历史、投影、数据块和过滤)、请求决策辅助,或者控制网络操作参数以及数据管理和融合参数。

COMMANDER C^3 在每个节点上均运行于一台单独的 Windows NT 工作站上,但是其高度灵活的模块架构使其可以是用于多种其他平台及处理器。COMMANDER C^3 还可以与一个现有的战术或导航显示器一起作为一种备份数据链/数据融合业务。在 COMMANDER C^3 的基础上还可以添加以下功能。

(1) 根据用户要求增强的安全性;通往其他网络的网管。

(2) 综合电子邮件服务。

(3) 雷达图像覆盖。

(4) 无线电设备控制与监视。

(5) 通往其他舰船设备或综合桥联(Bridge)系统的接口。

(6) 在线舰上数据库;舰队管理数据库;视频捕获、跟踪与图像转发。

3.5.8 TS700 综合通信系统

Thomson Systems 公司的 TS700 综合通信系统包括 LF/MF/HF、VHF 及 UHF

无线电通信设备、客户提供的密码设备、一个无线电远程系统以及基于数字式处理器的通信控制监视与文电处理系统(CCMS&MPS)。高度集成的TS700综合通信系统可以从CCMS及/或MPS系统控制台进行操作,CCMS和MPS都使用了加固的TEMPEST(专门设计用来满足NACSIM 5100A)数据处理设备。

TS700的核心是一个声控开关矩阵,经扩展后最多可有63个输入端口,以及无限个虚拟输出端口。这一特色使得TS700的结构可以适应其他的设备配置。

TS700 HF分系统可以与标准HF数据(包括Link11)调制解调器以及AND-VT(语音)、KG-84C(战术RATT)及KWR-46(广播)密码单元兼容。它还包括两个1kW发射机和3个通用LF/MF/HF接收机以及一个专用2182kHz防护接收机、气象传真接收机以及差分GPS误码纠错HF接收机。发射机包括一个在405kHz~30MHz波段内以mW级工作的激励器,在1.5~30MHz波段工作的1kW(PEP)功率放大器,以及功率后置选择器(Power post-selectors),即调谐滤波器,用来降低互调制失真、谐波、宽带噪声以及功率放大器输出端的杂波辐射)。这些将通过高功率RF开关连到HF耦合器以及11m鞭状天线上。

LF/MF/HF接收机覆盖了10kHz~30MHz波段,其一大特色是预置滤波器可以对调谐频率在10%的范围内降低强烈传输的效果。LF/MF/HF接收分系统的另一特色是它的两个耦合器,其中之一具有3个独立的宽带RF输入端口,每个都带有4个HF输出端口,另一个耦合器则具有一个RF输入以及3个LF/MF输出和5个LF/MF/HF输出。来自多耦合器的RF输出被馈送至2182kHz遇险(Distress)接收机、气象传真接收机/打印机(80kHz到25MHz传真及电传,518kHz Navtex电传NOTAMS)、3个LF/MF/HF接收机和预置滤波器以及单独的专门用于接收差分GPS纠错的LF/MF/HF接收机。到多耦合器的宽带输入则是由两个独立的LF/MF/HF无源锥形单极天线提供(10kHz~30MHz)。

UHF分系统与KG-84C(战术RATT)及KY-58(话音)密码设备、标准数据调制解调器以及Link11兼容。它包括两个工作于225~400MHz的收发信机(45W AM;100 W FM)以及一个工作于243MHz的保护接收机。UHF收发信机也与SECOS ECCM设备兼容。

VHF分系统包括装在船上的能覆盖VHF海事移动通信波段的收发信机(固定或扫描)以及便携式的收发信机(手持式)。

无线电远程分系统为遍布全舰的操作员手持设备提供了安全的HF与UHF语音通信。它包括一个声频分布式接口板(4×4开关矩阵,符合CID/09/15 level Ⅲ要求)、4个操作员工作站以及4个话音加密电路。

TS700硬件的控制、监视、分配与交换是由一名操作员通过CCMS软件实现的,它使用了计算机控制的交换矩阵以获得“黑”信号的互通性。MPS也通过KG-84C(RATT)与KWR-46(广播接收)密码设备与这个交换矩阵接口。MPS充分与ACP127(G)报文格式、波特率、编码以及包括战术及广播排队、格式化的和操作员到操作员的列表兼容。CCMS与MPS系统都使用了加固的TEMPEST(满足NACSIM 5100A)80486计算机。

3.5.9 综合战术/战略数据网络连接(ITSDN)系统

ITSDN是DISA(国防信息系统局)关于无缝集成以及通过随时可用的小型非保密的(但是敏感的)IP路由网络(Non-classified Internet Protocol Router Network,NIPRNET)和/或保密IP路由网络(Secret Internet Protocol Router Network,SIPRNET)接入国防部管辖的支持联合作战或演习的目前由所有CinC、业务(Services)及分局(Agenice)(C/S/A)使用的基于路由器的战术部署的数据网络系统的方案。

由于ITSDN系统是将来的国防信息基础设施(DII)的一部分,在设计时必须考虑通过C/S/As以及计划/项目管理人员对现有或正在开发的新的基于路由器的战术部署的数据网络系统可以进行升级,从而确保能与以前投入战场的ITSDN进行互操作。

3.5.10 战术数据信息链的测试与评估

作为国防信息系统局的测试机构(DISA),联合互操作性测试司令部(Joint Interoperability Test Command,JITC)在国防部对战术指挥、控制、通信、计算机与情报系统的测试与评估上具有重要地位。为了进行相关测试,JITC使用联合互操作性评估系统(Joint Interoperability Evaluation System,JIES)进行TADIL-A/B/J测试,使用联合操作性C^4I评估工具(Joint Operational C^4I Assessment Tool,JOCAT)进行战术数据链的操作性评估。预计将来的改进会包括TADIL F/K以及变量文电格式(Variable Message Format,VMF)。测试的类型一般包括联合/合成(Joint/Combined)互操作性、可操作环境下的性能评估、标准有效性和标准一致性。

联合互操作性评估系统(JIES):JIES是专门设计用来支持国防部C^4I系统在联合(US,美军)及合成(US/Allied,美军/盟军)作战环境下的TADIL-A/B/J标准的一致性与互操作性。TADIL测试包括软件和硬件系统配置两部分,测试对TADILd的-A、-B、-J采取不同的方法。

3.5.11 EriTac:爱立信的战术通信系统

爱立信的战术通信系统 EriTac 是一种保密的、可靠的通信系统。它可以根据用户要求进行裁减或增强,也可以以交钥匙工程的形式或作为现有网络系统的升级提供。

EriTac 具有最先进的 ECCM 的特性。它的跳频无线电中继以及同步与路由系统使其具有非常出色的抗干扰能力。此外,设备尤其适于安装在小型车辆上,这使得系统可以以很低的成本即可具备很好的机动性。

由于 EriTac 采用了预编程设置以及可以对网络中的变化自动适应,只需要一点点训练,信号指挥官即可很轻松地操作和维护系统,并且快速、方便地实现部署。EriTac 提供了对话、电话、无线电、视频设备、移动用户以及数据设备的接入,可以通过卫星链路进行区域外操作。

EriTac 在高速用户接口的 ECCM 性能上均优于 EUROCOM 标准。它同时提供了电路交换和包交换业务,支持安全的点对点和点对多点类型业务以及带有战术路由器和包交换机的 10/100Mb/s 的 LAN。

第4讲　区域机动通信

4.1　区域通信的发展概括

区域机动通信系统的概念萌芽于20世纪60年代。早在1967年,英军就曾利用商用的通信设备组成一个初级的数字化区域机动通信系统,即“熊”(Bruin)系统。1962—1969年,美军利用人工交换机等设备,在一个军的范围内设置16个节点,构成栅格状通信网。尽管人工交换的迂回路由时延很大,但它毕竟显示了网络良好的抗毁性能。1971年,英国对新型区域机动通信系统进行可行性论证,导致闻名的“松鸡”(Ptarmigan)系统的产生,其第一代产品于1984年装备英军。以后,英国又在“松鸡”基础上研究以新一代交换机为特征的新系统,取名为多功能系统(MRS),采用大规模集成电路和微处理器,设备高度模块化,从而大幅度增强了系统的机动性能、可靠性能和环境适应性能,使英国的区域机动通信系统的水平跃上新台阶,也进一步推动了国际上研制区域机动通信系统的步伐。法国从20世纪60年代开始对区域机动通信系统的技术体制进行了广泛的研究,于1978年推出了5个节点构成的小型区域机动通信系统,称为自动综合传输网,简称“里达”(RITA)。到1987年,法军全面装备RITA。区域机动通信系统的典型例子还有挪威和瑞典的增量调制移动通信系统(Deltamo - bile System)和美国的MSE等。

进入20世纪90年代,区域机动通信的研究开发进入新时期,法国Alcatel公司后来者居上,它推出的101系统,无论从交换系统的智能化、功能综合化方面,还是传输系统的抗干扰及网络管理的自动化方面,均堪称上乘。

欧洲通信组织的一系列标准EUROCOM D/0、D/1、D/2在区域机动通信网的发展中起到十分重要的作用,它统一了网络结构、系统的基本参数,使得北约集团各国的制造商开发出来的系统和设备直接或稍加改动即能兼容。虽然欧洲通信组织标准是由欧洲的用户和工业界制定的,但实际上它已被全球范围所接受。为使不断出现与成熟的新技术能在区域机动通信网中采用,欧洲通信组织已对原有的EUROCOM进行修改,称之为增强型欧洲通信系统标准(EES),北约组织也开展了2000年后战术通信(含区域机动通信)系统标准的编制,称之为

Post－2000，无疑，EES 对于 Post－2000 的进程有着重要的意义。

4.2 区域机动通信的组成和特点

4.2.1 区域机动通信系统的组成

区域机动通信系统由地域通信网、单工无线电台网、双工移动无线电通信系统、战术卫星通信系统及空中转信通信系统等分系统（子网）组成，每个子网又可能包含许多子系统。本部分主要论述区域机动通信系统的主体地域通信网，其他网系则略微提及。结构示意图见图 4.1。

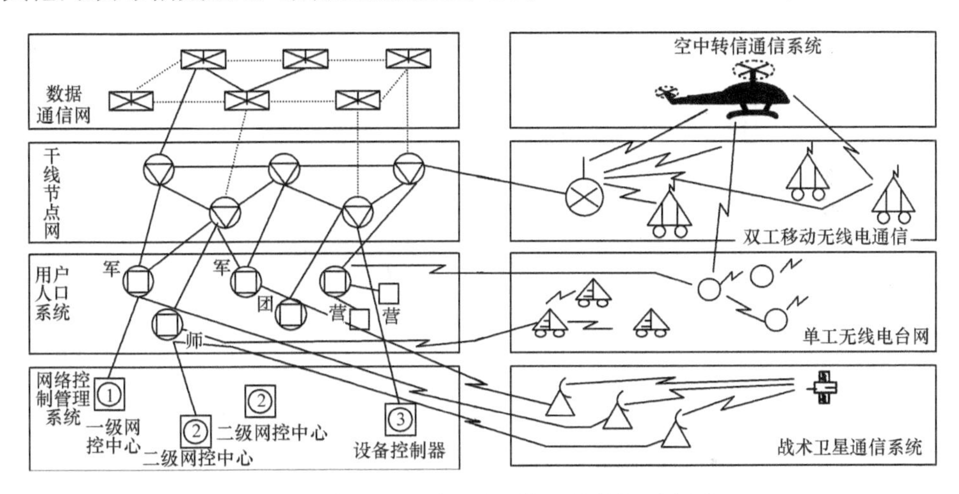

图 4.1 集团军区域机动通信网的结构示意图

1. 地域通信网

地域通信网是覆盖作战地域的机动式通信网，它的主体是分布在区域内的干线节点所构成的网络。干线节点对于军事指挥所相对独立，它的作用如同公用电信网中的汇接交换局。每个干线节点的核心设备是干线节点交换机。干线节点交换机一般有多个群路端口，通过群路传输设备将各个干线节点交换机与相邻的干线节点交换机彼此互联，形成栅格状的网络。因此，对于一个进入某个干线节点交换机的主叫的接续申请可能有多条路由能达到被叫所在的干线节点交换机，这一机理是区域机动通信系统适应军事上抗摧毁需要的保证。地域通信网的另一个重要部分是固定用户入口系统，这里说的“固定”指用户是在固定（非行进）状态下进行通信。入口节点类似于公用电信网的端局。用户入口一般设置在军、师、团三级指挥所，入口节点的核心设备是入口交换机，它完成本地用户间的交换，并将出局的呼叫送到干线节点网。为了提高生存能力，入口节点视其规模及重要程度采用 1 ~3 条群路传输电路接到不同的干线节点。

网络管理系统用于进行网络资源和网络运行的管理，由于区域机动通信网的节点和传输链路经常变动，业务流量和流向也是随时在变化，因此地域网的网络管理比固定型的网络更加复杂。区域机动通信系统网络管理系统分 3 个层次，即一级网控中心、二级网控中心与三级网控设备。

2. 单工无线电台网

团、营以下单位的指挥员及参谋经常处于战斗前沿，他们经常需要在行进中与上、下级进行话音通信，单工无线电台是他们的主要通信工具。利用单工无线电台构成的通信网叫作单工无线电台网，EUROCOM 中称为战斗网电台（CNR），CNR 还可对某些极为重要的通信提供保障或应急。单工无线电台网由系列化的 HF SSB 电台和 VHF FM 电台组成，可以辐射状组网或构成专向通信。VHF 电台适用于相距较近的分队人员，HF 适用于远距离或地形不适于 VHF 传播的地方。在团、营、连、排之内运用的单工电台，通信距离由几十米到十余千米，而军、师、团之间，距离要达到 10 ~ 50km，战斗前沿到军的基本指挥所可能达到 100km 以上。单工无线电台还是陆地部队与战斗直升机、指挥直升机之间的主要通信手段。利用单工无线电台的无线信道可以传送分组形式的数据，构成 PRN。

单工无线电台与地域网或双工无线网的互通是经过一种战斗网电台接口（CNRI）设备来实现的，CNRI 包括无线电入口单元和无线电拨号单元。入口单元是数话兼容的，具有模拟话音信号或数字话音信号接口能力。有一台与入网的单工电台制式相同的单工电台作为入口点的值守电台，该值守电台完成与远方单工电台的话音通信，并将解密后的话音信号送给接口单元。接口单元的主要功能是信令转换和单工电台的收、发状态控制。

3. 双工移动无线电通信系统

双工移动无线电通信系统的特点：一是能够在行进中进行话音、数据业务的通信；二是双工通信。从“动中通”的意义上讲，它兼有地域网和单工网的优点，但是由于一个双工移动系统所能覆盖的半径范围仅十几千米，能容纳的用户只有几十个，而且抗干扰和抗摧毁性能、服务质量等方面比不上地域网，只适宜于活动范围不大的军、师级的直属机关使用。双工移动通信系统是一个共用信道的通信系统，类似于集群通信或大区制的民用通信系统。它有一个中心台，中心台包括多信道的无线发信机、收信机、信道控制器及无线交换机，收、发信机提供约为移动用户数几分之一数量的共用信道。双工移动通信系统的移动台需要通信时首先要发出申请，中心站为移动台与中心台之间分配信道，移动台之间、移动台与中心台无线交换机上的有线用户之间的接续由无线交换机完成。

双工移动通信系统的无线交换机的体制、用户编号方式等和地域网的入口交换机、节点交换机是兼容的,它们可以直接经群路传输互联。双工无线中心台相当于一个入口节点,因此双工移动台也是地域网的直接用户,可以一次拨号呼叫地域网内的任何直接用户。

4. 战术卫星通信系统

轻便的战术卫星通信地球站能传输低速率的话音或数据业务,用于军、师(旅)与方面军、军区、总部之间的通信,它是机动通信的辅助手段。通过接口转换,总部、军区、方面军指挥员或参谋可以对所辖的部队进行越级指挥。

5. 空中转信通信系统

在升空的通信平台上可以装载信道转发器甚至通信节点,前者可以增大个别链路的有效传输距离,后者则使通信网立体化,有效地扩大了节点覆盖范围。空中通信平台还是一种抗干扰、抗摧毁的手段,其主要技术难度及实用价值的高低在于空中平台的选择,目前可用的平台主要是直升机和系留气球,但均非理想。虽然空中平台在民用通信中已有使用的例子,但在军事上的实际应用还有许多问题有待解决。国际上的最新动向是使平台驻留在离地面 11 ~ 50km 高度的平流层中,一旦这种技术被突破将引起一场重大的通信变革。

4.2.2 区域机动通信系统的特点

区域机动通信系统有下列几个特点。

(1) 网络的主体是覆盖区域的干线节点网。多个干线节点分布在作战地域,节点之间用多路传输链路互联构成栅格状网络。这种网络的特点:与民用通信网不同,所有节点平等,任何节点或传输链路损坏不会影响全局;干线节点网的布设相对于用户独立,用户能在任何节点进网;干线节点网能在不影响通信情况下滚动转移;支持唯一的用户号码,不管用户处于何处,拨该用户号码就能找到他。

(2) 群路传输主要依靠无线。视距接力、对流层散射是主要的无线传输方式,对于远距离节点还可能利用卫星传输。为了使无线设备能在有利于电波传播的位置,常常用光缆、电缆作为引接。

(3) “动中通”。“动中通”对军事指挥员来说十分需要,但由于保密和抗干扰等原因在战场上不能用民用的如 GSM 等移动通信设施。区域机动通信系统的“动中通”要由军用双工移动通信系统及单工无线电台网来保障,而战术卫星移动通信能在更大的活动空间提供话音及低速率的数据通信,也是一种重要的“动中通”手段。

（4）网间互联。目前，不同的军用网往往采用不同的话音数字编码方式、同步方式、信令方式。区域机动通信系统的用户要想与其他网络中的用户通信，则必须在网络互联处进行编码、信令的变换，并且解决好各类同步。完成这些变换的设备叫网关，为了减少网关或简化网关，区域机动通信系统在话音编码、信令、同步等技术体制上要进行优选。

（5）安全保密。区域机动通信系统的保密采取多种手段，最基本的是线路加密，即所有的无线信道及长度大于某一限额的有线信道必须对所传输的信息进行加密。此外，对用户终端上发出的各种业务如话音、传真、数据等也要进行加密，即端到端加密。高级指挥员或重要岗位的业务大多需要端到端加密，端到端加密的密钥应经常变换，最好能一次一密。加密效果的好坏当然首先取决于密钥算法，但是也要有十分可靠的密钥管理和分配机制来保障。区域机动通信系统采用多级密钥管理机制，并与网络管理相结合。

（6）机动性与抗毁性。区域机动通信系统的各种设备都按方舱或厢式车装载方式进行结构设计，具有良好的抗振动、抗冲击性能，能在较恶劣的气候环境中工作。有的设备还要适应在装甲车内安装使用的要求。在系统级上采取栅格状网络结构、设备级上采用加固及备份，以保证系统的抗毁性。

4.3 外军区域通信网装备

地域通信网是外军陆军中军和师的主要通信手段，是适应高技术条件下局部战争需要的野战通信网。它的出现使野战通信在通信装备、体制、战术等方面发生了很大的变化。地域通信网上连战略通信网，下接作战前沿的移动无线电台，是战术通信系统的骨干。最具代表性的地域通信网是美军的移动用户设备（MSE）、英军的多功能系统（MRS）和“松鸡”（Ptarmigan）、法军的“里达”（RITA）、Alcatel 101 综合战术通信系统和 Hades 网以及印度的陆军无线电工程网（AREN）。德国、荷兰、意大利、西班牙、丹麦、以色列、澳大利亚、瑞典与挪威等都建有自己的地域通信网。

4.3.1 美军移动用户设备系统

移动用户设备（MSE）是一种连接交换节点的公共用户交换通信系统。这些节点构成一个使部队拥有地域公共用户系统的栅格网。它是美陆军和军以下梯队的主要通信系统，能为野战部队提供不间断的电话交换业务，具有移动入口单元。供用户能用类似普通电话的方式进行通话。MSE 采用全数字式的保密传输体制。它具有补偿链路或功能单元中断、业务量过载和用户快速移动的特性。MSE 在自动、离散寻址的固定号码簿基础上，利用泛路由搜索技术提供语音和数据通信。MSE 安装在高机动多用途轮式车上的方舱内，而且便于空运。战术卫星设备和对流层散射设备能延伸 MSE 的通信距离，因此也提高了 MSE 的远程工作能力。

美军移动用户设备系统的主要功能单元有用户终端、移动用户（无线用户）入口、固定用户（有线用户）入口、地域覆盖以及系统控制单元等。借助地域覆盖功能单元，能使移动用户和固定用户以无线接入方式链接数字通信节点。借助系统控制单元，能使相关通信管理工作人员近实时地管理与控制相应范围内的 MSE 系统，使其处于良好的工作状态。

美军移动用户设备系统是一种在美陆军范围内使用比较广泛的移动用户设备。一个 MSE 系统能为一个五师制的军服务，通信覆盖范围可达 150km × 250km 地域面积，其配置如图 4.2 所示。

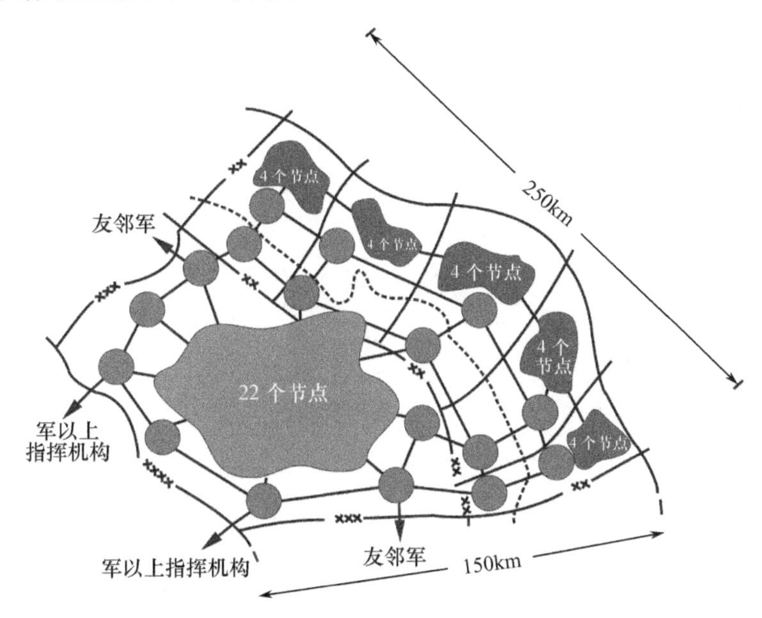

图 4.2　一个五师建制军级 MSE 配置

一个军级规模的 MSE 系统通常配置有 42 个节点中心交换机，相互间用视距无线电链路连接，下辖 9 个大型用户节点、224 个小型用户节点、92 个无线电入口单元，能联通 8200 个有线电通信用户和 1900 个无线电移动用户。为使计算机数据能在 MSE 网络中传输，MSE 增加了数字分组交换功能，因而发展成了 MSE 数据分组交换网，随后又演变成为综合数据传输系统。

海湾战争以后，为使 MSE 能适应超视距通信的需求，美军于 1992 年 11 月推出了 SMART－T(保密、移动、抗干扰、可靠战术终端)计划。这是一种卫星终端,当部队在运动中超出了 MSE 的视距通信范围时,SMART－T 能提供一个使通信距离延伸且不中断通信的卫星接口。SMART－T 与 MSE 配合使用,不仅克服了 MSE 只能在视距范围内传递信息的缺点,还能使整个系统增强保密性,提高抗干扰能力,使通信更加安全可靠。美军在 2010—2015 年间,用全新的数字无线电通信系统替代现有的 MSE 系统。图 4.3 所示为“沙漠风暴”行动中的 MSE 移动通信车。

图 4.3 “沙漠风暴”行动中的 MSE 移动通信车

4.3.2 英军“松鸡”系统

“松鸡”(Ptarmigan)是英军用于替代“熊”系统的第二代战术通信系统,能为军队提供符合现代战术环境要求的移动、高度灵活、全数字、保密地域通信网。“松鸡”系统由多路无线电接力机互联的程控交换机网组成,整个战区内的所有固定和移动用户提直接中继线拨号。系统能与英战略、战术、北约和民用系统以及战斗网无线电接口和互通。分机可以接到战斗网无线电接口上。通常一个军部署 20 部干线交换机。每个无线节点有 40 个操作人员和 16 部军用车辆。

“松鸡”系统的主要功能单元有交换机和设施控制装置、单信道无线电入口、战斗网无线电接口、超高频无线电接力设备。此外,还有电子报文终端、传输告警和控制设备、本地分配入口复用器、固定分机以及数据适配器等，如图 4.4 所示。

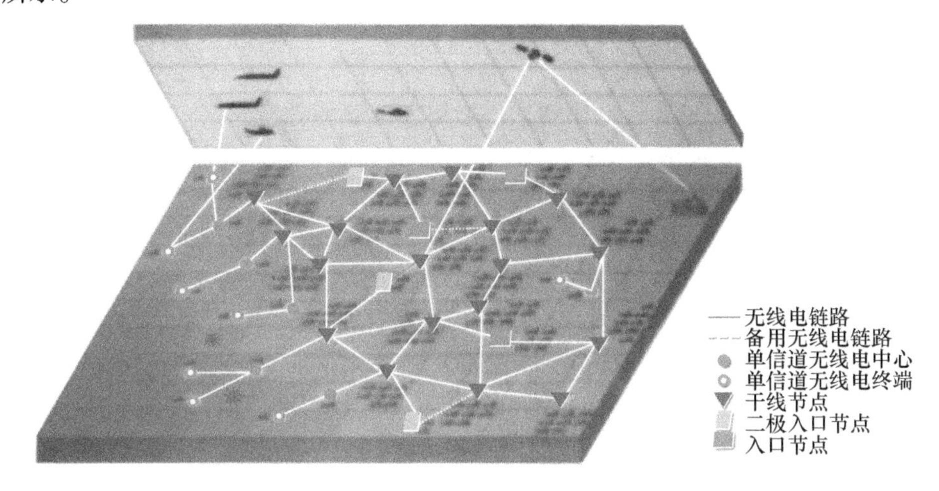

图 4.4　英国“松鸡”通信系统结构示意图

“松鸡”系统于 1985 年装备英军，而且首次装备部队就有 X.25 分组入口，是世界各国能够提供 X.25 虚电路业务的第一个战术分组交换网。所有传输是全双工的，在单信道环路上，数据率为 16kb/s。单信道时间复用进入 16 或 32 群。多信道群的一个信道用于成帧，另一个用于传输信令，其余的信道用于通信。

此外，英军利用研制“松鸡”系统所获得的经验，开发出了称为多功能系统（MRS）的第三代战术通信系统。多功能系统完全使用模块化结构，尺寸小、功耗低。多功能系统的主要功能单元包括多功能系统电路交换机、多功能系统分组交换机、多功能系统报文交换机以及多功能系统综合交换机等。

4.3.3　法军“里达”2000 系统

RITA 2000 是“里达”（RITA）的改进型系统。RITA 是适用于有线和无线用户的一种自动战场传输网络。RITA 主要由节点中心和入口单元两个部分组成，具有机动、保密、灵活和抗毁能力。它采用全格栅网络结构，呼叫扩散寻由，是数字化的加密通信系统，能提供自动的军用无线电话业务，还为军用话音或数据设备的移动或固定用户提供自动搜索和寻找路由能力，并能用军用卫星链路替代视距微波设施。1981 年 RITA 开始装备法国和比利时军队。1986 年法军和比利时军队全部装备了 RITA 系统。1987 年系统首次大规模用于北约组织的演习。

华约解体和海湾战争以后，法军为满足其新的任务需要，对原有的 RITA 系统进行了改造，提出了 RITA 2000 增强型研制开发方案，旨在增强 RITA 系统的功能。该方案于 1992 年正式批准，1993 年开始研制，1995 年进行系统试验，1998 年开始生产，1999 年投入使用。

RITA 2000 可用于主要地域的覆盖型部署行动和轻型部署。其主要特点是轻便、模块化和安装灵活。RITA 2000 能与甚高频战斗网无线电（如 PR4G）接口和与高频或特高频网互通。此外，数字型能连接到法国“锡拉库斯Ⅱ”卫星通信系统及其后续系统上，并与其他军用和商用卫星网（如美军的军事战略、战术与中继卫星和英军的“天网”卫星）互联。互通是增强型系统的关键，因为它必须与包括话音、数据、传真、窄带视频在内的各类通信联系。此外，它必须能与现有包括有线、无线、卫星和干线网的通信系统互通。RITA 2000 是全数字式的，并与 PR4G 战术无线电综合一体，以便连通电话和无线电网。RITA 2000 采用自动传送模式（ATM）技术，交换效率高，能满足多媒体通信的需要（话音、数据、互联网、视频会议、传真和电子邮件业务）。

RITA 2000 符合大多数军用标准和协议，可以在任何军事条件下，甚至是最恶劣的战场环境下使用。其所有通信站点都装备 ATM 战术交换机（ATS 2000）。RITA 2000 的网络管理系统（NMS 2000）能为指挥官提供网络规划、实施、指挥、检查和管理工具。它是世界上第一个支持数字化战场通信的战术 ATM 多媒体网络，能提供与现有和未来网络完全兼容的各种接口，具有多媒体保密链路（卫星、微波、光纤）。

1998 年，由法国、意大利、西班牙和葡萄牙军队参加的一次联合演习中，使用了 RITA 2000。它为多国联合部队指挥所提供了有效的指挥和通信支持，如图 4.5 所示。

图 4.5　RITA 2000 用于 Aigle－99 军事演习

4.3.4 加拿大“艾利斯”系统

加拿大陆军的“艾利斯(IRIS)通信系统是20世纪90年代研制的,在技术上比较先进。它是通过在甚高频频带上采用跳频和电子对抗技术来支持加密话音和数据传输的一个战斗无线电设备系列。该系统包括车载和背负使用的空地空和战斗高频电台。

“艾利斯”系统还支持战术文电处理。该战术文电处理系统包括保密文电处理系统、用于指挥和控制的通信管理系统以及战场频谱管理。战术文电处理系统能够在用户和计算机之间进行数据交换。

“艾利斯”系统的核心部分是司令部信息分发系统。该分发系统能提供车内和车际间的综合数字话音和数据通信。

“艾利斯”的干线和远程通信系统可提供广域通信。干线系统是保密、多信道和视距系统,能在I、IV和V中继频带上支持话音和数据通信。远程通信系统可为展开部队与车内的通信设施之间提供保密的卫星通信。该系统工作在“C”“Ku”和“X”波段,可通过加拿大现有的通信设备发送和接收话音和数据。干线系统采用的传输手段是超高频视距电台以及地面光纤通信链路。该系统还能够使一些较小型的司令部进入干线系统。

干线系统与远程通信系统相连,远程系统又与中央集中通信系统相连。利用战术远程通信终端,用户能由干线系统连入卫星通信系统,然后再进入建在加拿大东海岸和西海岸的陆基系统战略网关。这些设施均与加拿大国内的通信基础设施相连接。

“艾利斯”系统在将来将有望成为加拿大地面部队信息系统的指挥与控制系统,其作用将日益发挥出来。图4.6所示为IRIS系统以车载与背负式设备。

图4.6 加拿大IRIS系统的车载与背负式设备

4.3.5 德国的“奥托科”系统

德国陆军符合欧洲通信标准的“奥托科”90 系统目前正在科索沃服役。EADS 电信公司和 Unter - schleissheim 公司是该系统的主承包商。系统包括 MKS 200 数字交换设备和 Elcromux 整体加密装置，还有早期的“奥托科”Ⅱ系统的 FMIO00（频段 Il1）和 FMI5000（频段 V）视距无线电中继设备。德国陆军曾计划用由新软件控制的 8Mb/s CTM 450T（频段Ⅳ）跳频设备（与 EADS 出售给比利时陆军的那些设备相似）替换某些或者所有的无线电中继设备。不过，由于缺少资金，这些计划不得不搁置。但同时，德国陆军的这个系统还引入了分组覆盖网络，而且 EADS 公司正在对系统的软件和硬件进行升级，以便使用 IP 路由器。

德陆军有望于 2004 年对 IP 增强型“奥托科”90 版本进行测试，EADS 公司将为该版本提供其后续的 M6500 系列“媒体网关”或者交换设备。EADS 公司近期还对其系列产品添加了频段 I（225 ~ 499MHz）扩频无线电中继设备。CTL 304 超视距电台在不使用中继器的情况下，工作距离可逾 100km，链路速率可达 2Mb/s。

4.3.6 以色列塔迪兰通信公司的开发情况

以色列塔迪兰通信公司的产品范围包括经典的地域通信系统设备，如用于 PCM 网络的模块化分队级 CDRS - 200 小型数字耐震计划设备。它最高可支持 12 个无线基站（或者 20 个有扩展机箱的无线基站），每一个基站可同时支持 8 次呼叫（每根线的异步数据率可达 38.4kb/s，同步数据率可达 64kb/s。ISDN 可达 128kb/s）。

塔迪兰公司的视距无线电中继设备主要有两类：BRC - 408E 固定频率智能（抗干扰）多信道电台，工作频率为 1350 ~ 2690MHz，传输速率为 8Mb/s（16Mb/s 或 34Mb/s 可选）；GRC - 2000C 跳频多信道无线电中继设备，工作频率为4400 ~ 5000Mb/s（频段 4），最大传输速率为 2Mb/s（欧洲通信标准）。作为一种抗干扰手段，GRC - 2000C 使用 GPS 同步在 7 个子频段上实现正交跳频。

塔迪兰公司将在未来的战术地域通信系统开发中转向全 IP 的解决方案。该公司市场营销部负责人称：“ATM 在民用市场将逐步淘汰，因此投资方向不在那里，而 IP 话音通信技术（VoIP）却得到了迅猛发展。”2002 年，塔迪兰公司揭开了全 IP ITTS（基于 IP 的战术电信系统）的面纱。现在，该公司已为一家客户开发出了该系统的样机，而且它的派生产品目前正在欧洲进行评估。

从根本上来说，基于 IP 的战术电信系统旨在较高级的司令部之间提供局域网和广域网(WAN)通信,实现指挥所与战场上的单兵之间的音频、视频和数据通信。其主要组件包括:把话音、视频和数据汇聚在一个单一的基础结构上的、完全基于 IP 的吉比特以太局域网;VoIP 无线电网关(VRG);在无线电链路上有 TCP/IP 支持的、基于军标 188-220 的无线电通信控制设备;网管系统。

VoIP 无线电网关及其相关发射极的地点远离司令部的局域网(它通过光缆或者宽带无线电链路与该局域网连接),在司令部用户和战术无线电系统、卫星或者适当的微波无线电中继设备之间提供无缝连接。VoIP 无线电网关的作用是把音频转换为标准的 IP 分组,支持具有优先级、由按键通话(PTT)控制的网络。远程站点以及司令部内的用户终端都能够采用 IP 电话终端或者基于 PC 的膝上机或者手持式终端设备的形式,如塔迪兰公司自己生产的 Tacter-31。

对于覆盖区域广的网络,塔迪兰公司还提出了自己的综合无线电通信系统(IRCS),该系统结合自动路由算法,使用了 VoIP 和 ROIP(IP 无线电)技术。这样就使得广为分散的窄带无线电网络能够相互通信,或者与中继无线电和 GSM(全球移动通信系统)蜂窝电话网进行通信。通常,通过它所提供的这种手段,使用任何类型的 HF、VHF 或 UHF 收发信机的特种部队作战人员都能够直接对多个司令部或者支援部队传递射击命令或者信息。其组件仍包括 VoIP 无线电网关和 Tacter-31 或者手持式 RPDA 终端,用于通信和控制或者作为网络入口终端。这些设备与战术无线电台、卫星终端、双音多频(DTMF)或者蜂窝电话以及多网音频终端(用于海军或者空军应用)有着各种不同的联系。

4.3.7 意大利 SOTRIN 系统和 TITAAN 系统

在意大利,马可尼公司与其他业界伙伴共同负责开发并引入了符合欧洲通信标准的军级 SOTRIN 局域通信系统。其主要特征包括:一个分组交换子网,用以支持整个意大利陆军的 CATRIN 指挥控制;系统的 SOATCC 防空和 SORAO 无人机(UAV)子系统的数据通信需求。该系统于 2000 年投入野战使用,此后部署在科索沃。

马可尼公司生产的 ATM101 异步传输模式交换设备于 1999 年部署在意大利海军的“圣马可”两栖旅,并为进一步增强 SOTRIN 的数据处理能力进行了测试。该交换设备还作为“2000 年联合武士互通演示”的一部分在英国得到了展示,并集成进了一个由 8Mb/s 和 2Mb/s(具有纠错能力的)无线电中继骨干网组成的网络。ATM101 基于商用 ATM 标准,具有包括整体单元加固在内的基于软件的军事特性。在 2001 年的“联合武士互通演示”中,ATM101 被连接到了一种速率为 16~32kb/s 的具有欧洲通信标准的 CD115E 数字交换设备(同样也用于 SOTRIN),为参谋单元和战斗网无线电台提供连接。此外,它还使移动用户实现了 Tetra（穿越欧洲的干线无线电标准）网络的连接。

荷兰军队引入的 TITAAN（战区独立陆军空军网络）系统是这一类系统中最现代的一个。Thales 公司生产的具有欧洲通信标准的 Zodiac 战术地域通信系统难以在和平时期的支援行动中部署。2000 年 12 月，在决定对该系统继续进行现代化之后，有国家开始订购 TITAAN 系统。

2002 年 6 月开始交付首批 TITAAN 系统，2003 年 1 月开始在荷兰第一军的司令部运行。作为北约新的高级战备部队（陆上）司令部之一，该军司令部后来部署到了阿富汗，负责国际安全援助部队（ISAF）。

装备有单个 TITAAN 系统的独立营替代了通信旅来为军级司令部提供支持。以该营 400 人的力量，就能部署 12 个卫星通信终端、22 个无线电中继站和 15 个 LAN 群组。它们部署在名为快速独立营分队（RACE）的完全机动、排级大小的分队中，其中包括设备控制、电缆/发电机组；无线电中继组、HF 电台组、卫星通信终端组以及一种视讯会议能力。位于荷兰埃德的荷兰皇家陆军指挥与控制中心使用从多个供应商那里采购的子系统对 TITAAN 进行了集成。TITAAN 系统的关键组成部分如下。

（1）WAN/LAN 配置。

（2）载体系统（主要是 Xantic 和 Vertex 卫星通信，不过还有 1024kb/s UHF 保密无线电中继设备和地面系统）。

（3）话音服务（以 Cisco 系统公司生产的 700 部 IP 电话模型 7960 VoIP 电话为基础）。

（4）视讯会议（基于美国 Polycom 公司生产的 PictureTel 系统，有索尼显示器和话音识别能力，能够自动摇镜头拍摄正在讲话的人。目前，除了相关的主控设备外，还有 6 部设备，将增加到 12 部）。

（5）3 个专用的 30km × 30km 的蜂窝电话网络；保密的 HF 备用设备（以德国陆军已有 12 年历史的 100W 和 1kW Rohde&Schwarz HF – C 电台为基础）。

4.3.8 科威特 EriTac 系统

2003 年 1 月，科威特国防部与挪威的 Kongs – berg 防务通信公司（KDC）签订了一份金额为 4 亿挪威克朗（约合 5800 万美元）的合同，要求该公司供应 EriTac 系统，以满足 A1 – Ameen 战术局域网需求。这包括中继节点、分配给陆海空作战中心以及旅司令部的接入节点和无线电接入点。最基本的 EriTac 是一个具有欧洲通信标准的系统，用于为保密的点到点和点到多点服务提供电路和分组交换信道，并以 10 ~ 100Mb/s 的速率提供配备有战术路由器和分组交换设备的保密局域网。

它可支持模拟和数字用户终端、有线和无线话音和数据链路，包括战术数字增强型无线通信（DECT）及战术互联网。EriTac 系统的单信道无线电存取部件基于 Kongsberg 公司的 MRR VHF 多功能电台，并为 HF、VHF 和 UHF 电台以及卫星、战术综合业务数字网、全球移动通信系统和具有欧洲通信标准的网关提供了额外的接口。

现在，Kongsberg 防务通信公司引入了一种能够支持 8Mb/s 以上数据吞吐量的附加 ATM/IP 交换设备。作为对 Thales 公司开发的挪威皇家陆军的 TADKOM 战术地域通信系统进行升级的候选设备，该交换设备在 2002 年时作为与阿曼签订的一份金额为 1350 万美元的移动数据网络合同的一部分首次得到了采用。阿曼的这些网络还包括由 Kongsberg 防务通信公司研发的保密“无抽头”无线电中继设备。

4.3.9 土耳其 TASMUS 系统

在土耳其，主承包商 ASELSAN 公司继续为土耳其陆军交付 TASMUS 系统。

当前的 TASMUS 体系结构包含 3 个互联的子系统，即广域网子系统（Wide Area System，WAS）、局域网子系统（Local Area System，LAS）和移动子系统。广域网子系统以 Netas 公司生产的 ATM 和综合业务数字网交换设备为基础，而移动子系统则包括 RT－5114 手持式设备、RT－5102 无线电网关。RT－5102 网关是作为该公司的 5100 ISTAR（情报、监视、目标捕获和侦察）UHF（225～400kHz）直接序列扩谱无线电系列的一部分开发的。其主要特性包括多跳无线电组网、同时话音和数据、近实时分组交换和全球定位系统（GPS）。RT－5102 网关分别通过节点和无线电接入点提供广域网子系统、局域网子系统和移动子系统之间的接入。反过来，节点也提供对战略通信和公共交换电话网（Public Switch Telephone Network，PSTN）的连接。RT－5102 有一个 2Mb/s 的 ATM 接口，ISTAR 无线电网络里的所有通信业务和附加业务都可在这个接口上得到支持。TASMUS 系统控制接口能够对 ISTAR 无线电网络的工作频率、用户特点和通信安全参数进行远程控制。

4.3.10 南非国防军 ATM 交换和 MAPPS

ATM 交换技术是由 Grintek 通信公司为南非国防军未来的前沿地域战场通信需求所提出的可用于 Link－it 战术地域通信系统的候选技术之一。Link－it 基于该公司较早的 BITCON 2000 计划，旨在通过多个视距电台或者卫星互联的节点来覆盖作战区域。

它将在较低层使用传统的 HF 或者 V/OHF 战术无线电和多信道中继设备，

在较高层通过一个电路交换(ATM 或其他)高容量骨干网进行补充。那些在移动中作战的战斗节点之间的链路和战术节点可提供 32 ~ 128kb/s 的吞吐量,战术和机动节点之间的节点可提供 512 ~ 2048kb/s 的吞吐量。

与 IP 相比,ATM 也是当前在英国展开讨论的一个话题。英国陆军正在为其 Falcon 计划下的“松鸡”战术地域通信系统选择替代品。“松鸡”系统有效地成为具有欧洲通信标准的模板,它于 1985 年开始服役,而且事实证明,它从那时以来一直很好地经受了战场严酷条件的考验。尽管演示表明,“松鸡”系统比某些近期的系统更具鲁棒性,但与某些在北约作战行动中有望实现互通的盟国安装的战术地域通信系统相比,它的支持者们都认为它太原始了,像是“陆军的打火石”。

最初的版本只针对 4.8kb/s 的电路交换数据,但在早期它就通过一种 X.25 分组数据传输能力得到了增强,这种能力是 1984 年开始开发的。主承包商 BAE 系统公司 C^4ISR 部通过“松鸡”分组交换移动接入(MAPPS)计划提高了数据容量。一开始只是作为对“松鸡”系统数据容量的简单改进,不过后来又演变成了一种用于地域外作战的小型(可拆卸式)节点设备。

BAE 系统公司去年完成了 30 套 MAPPS 的安装交付工作,为其提供了新的硬件和软件,增强了现有的(中心)单信道无线电存取装置的数据处理容量。来自该公司 MRS 2000 系列的组合式电路和分组交换可为移动用户提供改进型的数据接入能力,它体积小,具有自主能力,使得这些设备能够独立于主要的“松鸡”中继网络进行地域外部署。

其中的 15 套 MAPPS 安装在 4t“贝德福德”车集装箱和集装架内,用于最早的(中心)单信道无线电存取,现在则被重新指定为(交换中心的)(标准的)单信道无线电存取,而且在成对的 Pinzgauer 六轮驱动轻型车,即(交换中心的)(可空运的)单信道无线电存取器内也安装了 15 套 MAPPS。成对的 Pinzgauer 车现在还用来安装“松鸡”系统的可空运的二次接入点(SAN(AP))。SAN(AP)于 1998 年引入,可为快速部署的部队提供对地域和卫星通信的接入能力。“松鸡”系统有望继续服役到 2011 年,而且 MAPPS 还包括通用中继接入端口(GP - TAP)计划下的中继接口软件升级,旨在改进与联军网络和英国新系统之间的互通能力,如“鸬鹚”战区级广域通信网和 Falcon 可部署编队的通信系统。

2001 年 3 月,EADS Cogent 公司签订了“鸬鹚”的演示和生产合同,交付基于 ATM 的广域网子系统的实现方案,并在局域网子系统里与 VoIP 进行耦合。2003 年 11 月举行的系统测试进行训练,并于 2004 年 5 月实现初期部署能力。2002 年 11 月,第 11 通信旅司令部为英国和阿曼的“Saif Sareea Ⅱ”演习引入了一种叫做战区作战独立体系结构(TOCA)的临时战区通信系统。在该演习中,战区作战独立体系结构使用了诸如 Cogent 公司生产的“护照”交换设备之类的商用现货设备，并结合使用了包括阿曼陆军的链路、Cogent 公司的英国皇家空军的战术中继系统（RTTS）、“松鸡”系统和“天网 4”军用卫星通信设备在内的民用和军用载体。

4.3.11 英国（参照国）FaIcon 系统

FaIcon“增值 A”涉及 ACE（“王牌”）快反部队（ARRC）司令部使用的设备，英国在其中作为参照国。它包括安装在装甲车辆里的一个地面广域网子系统（其远程链路与“天网 5”的卫星通信和对流层散射系统有关）、一个新的100Mb/s的局域网子系统和新的密码机。“增值 B”（指定开始服役的日期是 2009 年）要求把师级的广域网子系统完全集成到装甲平台上，“天网 5”为移动中的车辆提供支持；它还涉及一种升级的网管系统。“增值 C”（指定开始服役的日期是 2011 年）涉及更换空军的实时传送系统和可部署的局域网（D－LAN）。“增值 D”于 2010—2015 年实现，涉及的项目包括对攻击直升机和侦察车辆的纵深通信支持、FaIcon 广域网子系统的移动用户接入、用于无人机系统的广域网子系统连接、对网管系统进一步升级、将海军平台集成进广域网子系统等。

有些国家拥有比“松鸡”系统更现代的体系结构，他们能够采用一种移植的方法对系统进行现代化。FaIcon 将在能力方面为英军提供逐步的变化。由于采用了开放的接口，这种能力上的逐步变化在未来几年也将是可以移植的。此外，与只有两个保密层的“松鸡”或者“弓箭手”相比，FaIcon 将有 4 个保密层。

BAE 系统公司 C^4ISR 小组的部件包括 Thales 通信公司的 TRC 4000 系列视距电台、Thales 公司的保密子系统、Cisco 系统公司的 IP 路由器技术、旗舰训练公司的训练设备以及 Dytecna 公司的通信方舱。其他知道的部件包括超电子公司的 AN/GRC－245（V）频段 I 和频段Ⅲ＋HCLOS 电台、MastSystems 公司的天线柱、Comtech 公司的对流层散射无线电系统和 Supacat 公司的车辆或者 MOW-AG（Duro 六轮驱动车辆）。

由马可尼通信公司（主承包商、通信元件、保密系统）牵头的小组包括洛克希德·马丁任务系统公司（管理规划）、英国 Anteon 公司（安装设计）、Har－rington 发电设备公司（电源系统）和 TMS 公司。

BAE 系统公司将以自己基于商用现货的“哨兵”网关系列为基础，提供一种全 IP 的解决方案，只要它比与 ATM 有关的解决方案更简单。该公司认为，与 ATM 有关的解决方案会很快变成“一种落后的技术”。该公司还认为，ATM 在加固、管理开销和安全方面问题层出不穷。不过，BAE 系统公司也承认，与全 IP 实现相比，ATM 是一条风险较低的道路。因此，它与 Cisco 公司和摩托罗拉公司合作进行了一次全 IP 演示，该演示是英国国防部于 2001 年初资助的几项降低风险和概念研究项目之一。

BAE 系统公司还注意到，两个小组都为美军正在开发的战术级作战人员信息网（WIN－T）提出了全 IP 解决方案。与 WIN_T 的互通是 FaIcon 可交付使用的关键性能之一。BAE 系统公司的解决方案坚持使用 IPv4，而不是业界正在开发的 IPv6。而美国国防部的所有系统都计划到 2008 年全部过渡到 IPv6。马可尼公司的一位代表说，该公司还计划在其局域网子系统中使用 Cisco 公司或者其他公司生产的 IP 交换设备，不过，"技术不是真正的问题，为用户提供最好的服务才是关键。"该公司打算使用增强型 MPS115 多协议（ISDN/ATM/IP）交换设备为骨干层提供一种"接口丰富的"解决方案。该交换设备从去年开始在意大利陆军司令部服役。它提供的话音传输服务质量比通过 IPv4 提供的服务质量更好，而且还能更好地满足军队特定的会议和多级保密需求。尽管从本质上来说，一种全 IP 解决方案没有太多的改进，但要完全发挥作用还需要在它的 IPv6 里进行叠加。马可尼公司的解决方案被认为是"成熟的而且是不过时的"。

在美国，作为美陆军战术地域通信系统的中流砥柱，通用动力公司 C^4 系统部的移动用户设备一直在通过地域通用用户系统（ACUS）计划接受进一步的性能扩充，这样就必须对无线电中继设备进行现代化，以便把吞吐量从 1Mb/s 提高到 8Mb/s。该系统已经选择使用了超电子公司的 AN/GRC－245 HCLOS（频段 1/频段 3＋）取代 AN/GRC－226（V）无线电中继设备。GRC－245 的软件可编程数字调制解调器可支持不同的波形，其中包括 BRC－226（V）的波形，从而能与未经改进的移动用户设备方舱实现所要求的全面互通。

通用动力公司 C^4 系统部还负责提供新的可快速部署的基带节点（BBN）。该基带节点可以安装在容量经过扩充的高机动多用途轮式车上的轻型模块化方舱内，供联合特遣部队司令部使用。它能与移动用户设备和 TRI－TAC 战术高速数字网络（THSDN）系统兼容，可在多个保密层上为用户提供连接战略数据网络以及商用、联合、合成和联军通信系统的接口。它可提供话音、视频和数据业务，包括对具有嵌入式信息保障的非密 IP 路由网（NIPRNet）、保密 IP 路由网（SIPRNet）和 CWAN 数据的读取。

2002 年 8 月，通用动力公司 C 系统部和洛克希德·马丁任务系统公司都签订了 WIN－T 系统阶段 2（单元 I 涉及系统的开发和演示）为期 23 个月的竞争合同。

第5讲　战术通信

5.1　陆军战术通信系统

5.1.1　战斗网无线电系统

战斗网无线电系统是战时前方作战地域不可缺少的一种通信手段，多数工作在高频和甚高频频段。其优点是结构简单，重量轻，耗电少，组网容易。战斗网无线电通信系统用于战术指挥官与上级取得联系，与友邻部队或其他军兵种部队进行协同，它可以直接对班或单兵实施指挥。比如，美军的战斗网无线电系统是一种通播话音通信系统，使战术指挥官能直接指挥至排、班甚至在战壕中的单兵。为提高反侦察、抗干扰、反窃听能力，战斗网无线电系统通常采用跳频技术，意大利的“水蛇”（Hydra）采用了直接序列调制与跳频相结合的扩频技术。澳大利亚的“渡鸦”（Raven）等一些系统采用了天线调零、猝发传输和加密等通信反对抗技术。

1. 美军单信道地面与机载无线电系统

单信道地面和机载无线电系统（SINCGARS）是美陆、海、空军和海军陆战队共用的甚高频无线电通信系统，是构成陆军各级指挥官指挥控制用的战斗网无线电系统的主要装备（图5.1）。它有背负式、车载式和机载式等多种类型，如图5.2所示广泛配发到步兵、装甲兵、航空兵和炮兵中。陆军主战坦克、作战指挥车、战车、指挥直升机、攻击直升机、侦察直升机、自行火炮与迫击炮、联合监视目标攻击雷达系统移动地面站等主要武器平台上均安装有SINCGARS系统。它可传话音、数据和记录通信，具有重量轻、抗干扰、保密等特点。

图5.1　SINCGARS外形

该系统具有下列特性：各种配置模块化和通用化；能用增加的通信保密模块和电子抗干扰模块工作；能与北约盟国的战斗网无线电台互通；能在核环境条件下工作。SINCGARS还采用跳频技术抗干扰。电台还有一个基本的接口，能在

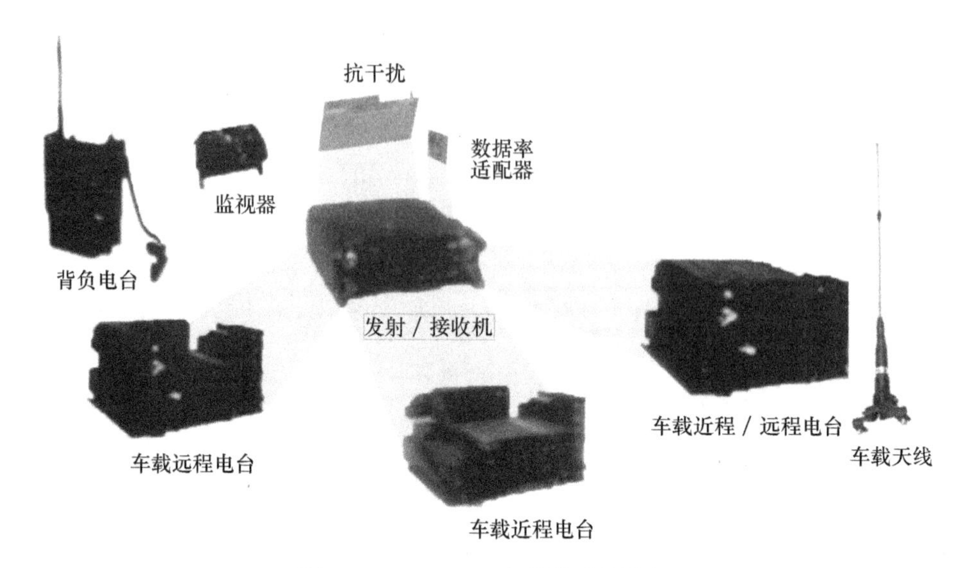

图 5.2　SINCGARS 各种类型的设备

几千米以外遥控操作。SINCGARS 系列战术无线电台的接收机/发射机在 30～88MHz频带有 2320 个波道。用附加的抗电子干扰插入模块实现跳频能力，这种模块的作用是减少敌方干扰设备的影响。可加密的遥控单元（SRCU）能在任何操作方式下用于全面控制每个远程的接收机/发射机。除抗电子干扰工作方式外，SINCGARS 完全能与目前装备的甚高频－调频战术系统兼容。

单信道地面与机载无线电系统是美军从 20 世纪 80 年代中期开始装备部队的，到 2008 年已有 65000 多套系统相继投入使用。各军、兵种计划采购总数达 29 万套，装备经费高达 40 亿美元。单信道地面与机载无线电系统也是美军在海湾战争中使用的主要野战通信装备。当时，美陆军装备了 700 部 SINCGARS 电台，海军陆战队装备了 350 部，主要用来解决对作战部队的通信保障问题。其通信距离达 8～35km。由于该系统在数字化战场的各种武器平台的横向连通中能起关键作用，特别是该系统能在主战坦克之间、坦克与步兵之间、步兵彼此之间以及地面与空中之间传输战场数据，海湾战争后，美军对其进行改进，包括缩小尺寸、减轻重量、提高数据通信能力、增加定位与报告能力以及配备与通用用户系统的接口设备等。20 世纪 90 年代中期，陆军为实施战场数字化计划，还把 SINCGARS 和增强型定位报告系统组合成了战术互联网。

1998 年夏天开始装备的 33000 部改进型 SINCGARS SIP 电台，总金额达 1.567 亿美元，与以前所用电台相比，其数据传输的速率和质量明显提高，体积和重量均下降了一半，还具有组网能力。SINCGARS Advanced SIP（ASIP）型也于 1999 年开始装备部队。

2. 法军 PR4G 电台

PR4G 是战术战斗网无线电台，能用于保密话音和数据通信业务，使用保密甚高频战术收发信机传输通信数据，用于确保从班到团级的保密话音通信和数据传输，包括支援地面作战的直升机和飞机。其外围设备包括战术数据信息终端、频率管理系统、遥控面板、天线、音频附件、各种适配器以及各种电源和密钥管理系统。

PR4G 系统有跳频、任意波道搜索方式、综合数字加密和数据突发传输特性，当系统综合先进武器控制系统时以 50～4800b/s 速率传输数据。

即使当其他无线电台或辐射设备在附近使用时，各种 PR4G 系统也能正常工作，有较好的电磁兼容和同址工作能力。系统进行自动连接并综合进战术地域网时，各种设备能以定频模拟、定频数字、跳频 400 跳/s 和任意波道搜索 4 种工作方式中的一种工作。

PR4G 机内置有 16 位 68000CMOS 处理机，它能在一个网内进行会议呼叫，还以数字突发方式存储和发送各种信息。系统有手持、背负、车载和机载 4 种类型：

（1）手持式（TRC－9100），用于部队不能携带笨重设备的作战环境。电台重量约 1kg，输出功率为 1W 或 2W，使用锂电池。

（2）背负式（TRC－9200）和车载电台构成 PR4G 战斗网无线电系统的主干。设备重 7kg，输出功率为 5W 或 0.5W，使用锂电池。

（3）车载型（PRC－9500）与背负电台构成 PR4G 战斗网无线电系统的主干。电台重量 13kg，输出功率分别为 50W、5W 或 0.5W，使用车辆电源。

（4）机载型（TRC－9600）是用于支援地面部队的机载设备，重量为 8kg，输出功率分别为 10W、5W 和 0.5W，采用机载电源。

PR4G 电台自 1990 年以来，10 年间已出售给 24 个国家，总数达 7 万多台，如图 5.3 所示。

3. 英军“弓箭手”系统

“弓箭手”（Bowman）计划旨在用新一代的系列电台取代英军已沿用了 30 年之久的“族人”系列电台。“弓箭手”于 2003 年年底到 2004 年年初开始装备部队，以促进英军数字化部队的发展（图 5.4）。为达到所部署的作战能力，在 2003—2009 年期间交付了 56000 部战斗无线电台、4000 部大容量数据无线电台（HCDP）以及 32000 台计算机。其工作能力将分“初始”“初期”和“最终”3 个阶段实现，每个阶段间隔约两年。

“弓箭手”系统有两个重要的数字化单元：一是数字通信单元，它能使用户快速交换信息；二是通用操作环境（Common Operational Environment，COE）单

图 5.3 法军在使用手持型 PR4G 电台

元,它提供一个公共计算平台,以确保战场业务应用(BISA)。战场业务应用主要包括指挥和指挥保障、战斗支援和战斗勤务保障等。

图 5.4 “弓箭手”系统在使用中

战斗无线电网实际上是一个局域网,它用于陆上平台范围内和一个司令部范围内各平台之间的通信保障。“弓箭手”的局域分系统能够提供话音业务综合设备,其中包括参谋人员内部通信和电话设施。电话设施允许用户经操作站提供通常与专用自动小型交换机相关的业务和包括由外部网络(如“松鸡”)提供的业务接口。为支持数字化,局域分系统用于提供综合宽带数据通信业务。

“弓箭手”的第二个数字化单元是通用操作环境,它对战斗空间数字化产生重要的影响。通用操作环境提供一个公共环境,能够提供一组能经开放接口或应用程序接口(Application Program Interface,API)接入的公共业务和公共设备。“弓箭手”将是一个关键单元,它将提供基本的通信基础设施和公共操作环境。系统配置示意图见图5.5。

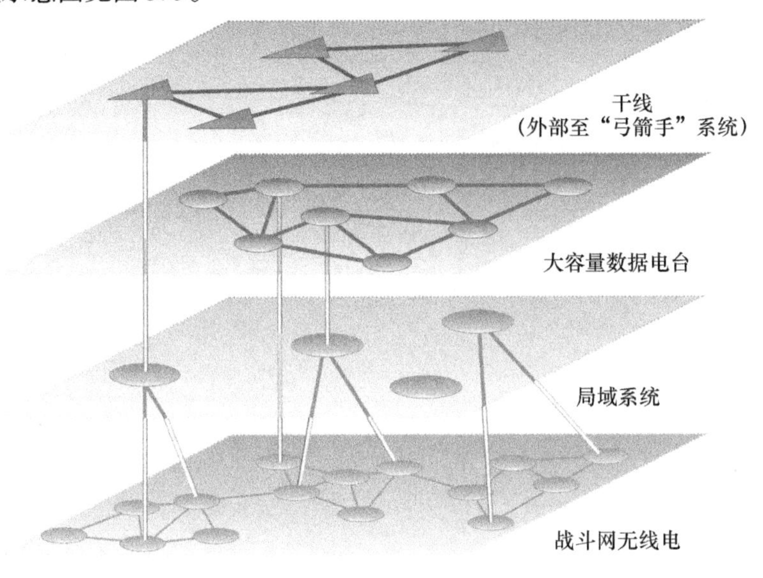

图5.5 “弓箭手”系统配置示意图

“弓箭手”计划的实施过程并不顺利,装备部队的日期一再推迟。其中一个重要原因是计划规模过于庞大。除电台采购数量大以外,还涉及两万多辆车的改装工作。在软件无线电台兴起后,这种大规模的硬件采购合同有可能越来越少。

5.1.2 战场数据分发系统

战场数据分发系统是达成高技术战场上各参战部队协调一致的战术通信系统,主要在机动控制、火力支援、防空、情报/电子战和战斗勤务支援5个领域保障陆、海、空军部队数据通信的需求,同时还将提供自动导航、识别和定位能力以及为盟军提供数据通信互通能力。数据分发系统用于在陆军的军和师地域内进行近实时的数据分发,并实现地面部队、空中飞机和海上舰只之间的互通。典型的系统是美国的陆军数据分发系统(Army Data Distribution System,ADDS)和北约的多功能信息分发系统(Multifuction Information Distribution System,MIDS)。

1. 美军数据分发系统

美国陆军数据分发系统是融指挥、控制与通信系统于一体的系统,可提供实时通信和定位、导航、识别等信息(图 5.6)。该系统由联合战术信息分发系统(Joint Tactical Information Distribution System,JTIDS)和增强型定位报告系统(Enhanced Position Location and Reporting System,EPLRS)合并而成,具有较强的数据传输能力,可作为战斗网无线电通信系统和地域通信网的补充,它对陆军的军、师两级提供近实时的数据分发支援。

图 5.6　美陆军数据分发系统

1)联合战术信息分发系统

联合战术信息分发系统是一种保密、抗干扰、大容量的数据和话音通信系统,具有导航和敌我识别等功能。它是美国陆、海、空军和海军陆战队的主要合作项目,而且还供北约盟军使用。它是一种时分多址通信网,网内采用无节点通信体制,即网内用户在各自计算机控制下,通过一条公共跳频信道,在指定的时隙内通信。用户分配的时隙根据用途来决定,如执行例行任务的一架战斗机在网络循环周期(12 ~ 8min,98304 个时隙)内只能得到一个时隙,而在同样时段内,一个指挥控制中心可分到 6800 个时隙。

使用联合战术信息分发系统在一个战区或地区内可组成 15 ~ 20 个无节点通信网,容纳 2000 个不同级别的用户。

联合战术信息分发系统有 4 类终端,可满足陆军、海军、空军及海军陆战队的信息分发需要。一类终端为指挥控制终端,主要用于空中、地面和水上指挥平台,如 E - 3A 预警机、地面战术指挥中心空中控制中心和海军指挥舰等;二类终端为战术终端,主要用于各种战术飞机和定位报告系统与联合战术信息分发系统的混合系统中；三类终端为小型终端，主要用于导弹、遥控飞行器、地面车辆、单兵背负及小型舰只；四类终端是自适应地面和海上指挥中心或指挥所。

目前联合战术分发系统已装备美各军种。美陆军由军中的通信旅和师的通信营都编有联合战术信息分发系统分排，装备的2M终端采用国际X.25局域网接口标准，没有话音通道，但具有集成的加密密钥控制和较强的中继转发能力，如图5.7所示。陆军地面车辆和单兵还装备有3类小型终端。

图5.7　美军联合战术信息分发系统

2）增强型定位报告系统

增强型定位报告系统是由定位报告系统（PLRS）逐步升级而来的。它兼有定位报告系统的基本功能和联合战术信息分发系统的功能。增强型定位报告系统提高了陆军、空军和海军的协同作战能力及其自身的数据分发能力。与定位报告系统相比，增强型定位报告系统的网络管理系统更加先进，数据率更高，用户量更多，尤其是用户之间可以不通过网控站就能直接通信。增强型定位报告系统的用户终端能直接和联合战术信息分发系统的2M类终端进行数据交换，用于支持数字化战场移动通信，是实现战场数字化的主要手段之一。

增强型定位报告系统有背负式、车载式和机载式3种类型，可以单兵携带，也可以安装在战斗指挥车以及指挥控制直升机上。其功能包括传输火力请求信息、目标跟踪数据、情报数据、作战命令、报告、环境感知信息、战斗识别和指挥控制同步信息等。该系统因采用分时多址通信方式，30条信道同时工作而不产生干扰。其猝发数据率为512kb/s。可向指挥员综合显示各军种位置、传送信息，提供陆基探测雷达获取的空中和地面画面。各级指挥员凭借它与车际信息系统提供的整个战场态势图，能快速、准确地组织进攻并协调行动。

美军每个陆军重型师使用700～900部增强型定位报告系统无线电台，轻型师使用的数量略少。它已成为美陆军数字化部队主要通信系统战术互联网的组成部分。该系统在1994年“沙漠铁锤I”数字化实验演习中广泛应用，被认为是一种可靠、有效的数据传输手段。据报道，仅参演的第二十四机械化步兵师第三旅就安装了2000多部，如图5.8所示。

图5.8　美军士兵在使用EPLRS

2. 北约多功能信息分发系统

北约多功能信息分发系统是世界军事电子领域中第一个多国协作开发的战场数据分发系统。1989年6月由德国、法国、意大利、西班牙和英国等国的电子行业联合开发，是一种可以替代联合战术信息分发系统的多功能信息分发系统。

多功能信息分发系统运用了超高速集成电路（VHSIC）微型芯片技术和微波/毫米波集成电路技术。其终端仅约0.017m^3，重29.5kg，仅是联合战术信息分发系统两类终端重量的一半，传输速率为238kb/s。它不仅互通性好，而且还运用了良好的抗干扰技术，如快速跳频和扩频调制技术。联合研制的多功能信息分发系统战斗机数据链可以与Link16互通，在L频段（969～1206MHz）的51个频率上以13μs速率跳频。

多功能信息分发系统能使领航员直接分析空中战术态势，提高战斗机领航员的工作效率和生存能力。在海军应用中，提高了飞机和防空舰船以及水面和反潜作战之间的空中监视能力。由于提高了战场空中管理能力以及战场识别能力，陆军也必然从中获益。

5.2 海军战术通信系统

2001年10月7日，美军开始对阿富汗塔利班实施大规模军事打击，被称为“新阿富汗战争”；在这场战争中，美军之所以没有像当年苏军那样斩戟沉沙而成为最大赢家，除了国际关系格局等原因外，还由于美军使用了包括“数据链”在内的战场高新技术。阿富汗战争开始前，五角大楼的目标是“能在锁定目标后的10min内发射武器”。战争实情表明，因得益于“数据链”的应用，大大缩短了“从侦察到射击”的时间间隔，使美军收集情报，并迅速用于打击敌人的能力有了很大提高。

海军战术通信系统包括岸基通信、岸海通信、海域通信和舰艇内部通信四大类。因为海军战术作战通常以海上机动编队为单位进行，所以海军战术通信的重点是海上机动编队与海军岸基舰队指挥中心的通信和海上舰队间、舰队内部舰艇间及舰机间的通信。通信手段有无线电通信、线缆通信（电缆、光缆）和声光通信，其中主要是无线电通信。海军战术通信利用了从极低频到极高频的全部无线电频谱资源。

5.2.1 岸—海通信

岸—海通信主要是岸上舰队指挥中心与海面舰艇的通信和与潜艇的通信，前者主要利用卫星通信系统和高频通信系统，后者主要通过甚低频对潜通信系统进行。

1. 岸基与水面舰只通信

岸基与水面舰只之间主要通过卫星通信系统和高频通信系统进行通信联络，中频系统用于应急通信，此外还使用了低频通信。

高频通信常用于岸基台站向海上舰只发布关于气象、海情的通播信息，目前仍是一些国家海军岸—舰通信的主要手段。最具代表性的系统是英国的综合通信系统 ISC^3 及其改进型 ISC^4，该系统也用于舰—舰、舰—空通信；它包括中频/高频发射、中频/高频接收、中心分配与管理和自动报文4个分系统，已装备英国、荷兰、希腊、尼日利亚和美国等国家海军。俄罗斯海军的新型短波单边带通信系统已实现数字化、模块化和微机控制监测，可传送密码电报、话音和数据。

2. 岸基与潜艇通信

在高技术战争中，潜艇在战术作战中的作用日益突出，潜艇通信已成为海军战术通信的重要组成部分。岸基对潜艇的通信以甚低频为主,极低频和卫星通信为辅,高频通信作备用,蓝绿激光对潜通信等方法尚在试验中。潜艇对岸基的通信手段有中频、高频、甚高频和特高频,中频用于中距离通信和无线电导航,高频用于紧急通信,甚高频用于高速数据通信,特高频用于卫星通信。

甚低频通信系统是岸基对潜艇通信的主要手段,用于对潜通信和发送时频标准信号,包括我国在内的主要海军国家都建有甚低频发射台,苏联建有 30 多个甚低频发射台,工作频段为 12 ~ 16kHz,通信信号在海水中的传播深度可达 45m 左右,数据率 67Word/min。美军拥有由 9 个功率 500 ~ 2000kW 的甚低频发射台组成的对潜通信网,工作频段为 14 ~ 30kHz,它还通过甚低频机载中继通信系统对潜艇通信,美军潜艇全都装有甚低频接收机。

极低频对潜通信系统是岸基对潜通信的一种重要通信手段,用于岸基指挥部与潜航中的潜艇保持不间断的联系。通常是用其通知核潜艇上浮到较浅深度监听接收甚低频或低频电文。

5.2.2 海域通信

海域通信包括海上舰队间的通信、舰队内部的舰—舰通信、舰—机通信和机—机通信。舰队间通信主要利用卫星通信系统和高频通信系统,舰队内部通信的基本手段是战术数据链路和高频通信系统。

1. 海域高频通信

高频通信系统普遍装备各国海军的水面舰只、潜艇和飞机,海域高频通信方式正由点对点通信发展为组网工作。美国海军为提高特混舰队内部通信的抗干扰能力和顽存能力而研制了 HF - ITF 网,网内节点有 2 ~ 100 个,工作频段为 3 ~ 30MHz,采用地波超视距传输,既有时分多址又有码分多址(TDMA/CDMA 混合)。该网的最大特点是采用了分层分布式分组无线网的网络结构,具有自组织、自重构能力,能按用户优先等级进行入网管理。俄罗斯海军短波通信也由单一的点对点通信方式转变为综合性的自适应抗干扰单边带数字网,可保证网内的各个用户单边带保密通话、中速移频电传报和中高速数据。

2. 战术数据通信链路

战术数据通信链路是舰—舰、舰—空和舰—岸专门用以交换指挥决策和武器控制所需战术。数据的无线电传输网络,具有代表性的数据链是 Link11、Link14、Link4/4A、Link16 和 JTIDS 链路,此外还有英国、荷兰、比利时和挪威等国海军用于编队内舰艇交换目标航迹参数的 Link10,巴西、埃及等国海军使用的 LinkY,法国海军使用的 W 数据链和意大利海军使用的 ES 链路。

美海军战术通信系统主要有舰队卫星通信系统,11 号、14 号、4A 号数据链路,高频、特高频和甚低频通信设备。16 号、22 号是三军共用的联合战术信息分发系统链路。

5.3 空军战术通信系统

空军战术通信分地—地通信、地—空通信空域通信,使用的通信手段主要是无线电通信,此外还有有线电通信和视觉信号通信。空军战术通信系统由机载通信系统和地对地通信系统组成。

5.3.1 地—地通信

地—地通信系统用于在雷达站、空军基地和作战指挥中心间传送探测系统获取的信息及指挥控制命令。各国空军应用的地—地通信系统主要是对流层散射系统、卫星通信系统、微波接力系统、短波通信线路和有线网。这些通信系统大量借助民用通信设施或其他军种、其他国家的通信线路构成,有的则完全混编在军民共用的通信系统中。

对流层散射是空军重要的通信手段,典型设备是美军的 AN/TRC - 170 系列对流层散射设备。该系列设备工作在 4.4 ~5.0GHz 频段,采用了通信反对抗措施和四重分集、时分多路等技术,具有较强的抗干扰能力和保密性,可与三军联合战术通信系统(TRI - TAC)中其他设备兼容;有话路 60 条,数据传输速率为 2Mb/s,发射功率为 6.6kW,接收机噪声系数为 3dB,最远通信距离为 320km。俄罗斯散射通信设备 P423 - 1 和 Б р и г - lM 性能与它相当。

5.3.2 地—空和空域通信

地—空通信是地面指挥部门和在空任务机之间的通信,它将地面的指挥引导信息和支持在空任务机作战的信息传送到在空任务机,将在空作战人员的请示报告信息传送到地面。地—空话音通信系统的主要设备是地面和机载的甚高频、特高频电台与高频单边带电台,此外还有卫星通信终端和在空中继电台。空域通信是在空任务机之间的战斗协同通信,最典型的空域通信是预警机和其他作战飞机之间的协同通信。

1. 数据通信链路

国外空军最负盛名的战术数据链系统是美军的联合战术数据分发系统(JTIDS),美空军和北约用它在机—地和机—机间传送飞机航迹、位置和状态、地对空导弹威胁、目标分配和完成任务情况等方面数据,协调战术作战。地面指挥所使用的是 JTIDS I 类终端、联合监视与目标攻击雷达系统(JSTARS)载机 E

-8 和预警机 E-2C、E-3 等大型飞机用的是 2H 类终端，战斗机装备的是 H 类终端，小型遥控飞行器等用Ⅲ类终端。

2. 高频、卫星通信和空中中继系统

高频通信系统、卫星通信系统均用于超视距通信。高频通信系统多用于地面与大型飞机和远程侦察飞机的通信；卫星通信是比较可靠的地空超视距通信方式，在空中用于战术作战的飞机中，目前仅限于预警机等重要的大、中型飞机；空中中继是另一种地空超视距通信方式，它用于在超视距上的任务机和基地之间建立通信联系。

5.4 外军新一代战术通信系统

5.4.1 外军新一代战术通信系统和原有系统的改造

1. 美军情况

未来的数字化战场，陆军作战的方式已从以前常规的前沿部署状态进入兵力投送阶段。这一新的任务将要求陆军通信兵在三军或盟军联合的环境下将灵活性、模块化、移动性、适应性、速度和数字化严密地结合起来。从 20 世纪 90 年代的沙漠风暴、科索沃等一系列战争到有组织的演习和作战实验，美军在信息、自动化和通信方面得到很多经验教训。作战的概念已大大改变。作战部队对能快速反应的战术通信基础设施的热望远超出陆军现有战术通信网的范围。事实证明，原移动用户设备（Mobile Subscriber Equipment，MSE）和三军战术通信系统（TRI-TAC）业务已不能支持近期战斗部队对数字化战场的需要，更不能适应飞速发展的 21 世纪部队的需要。

为满足 21 世纪部队的信息需求，美陆军提出了作战部队信息网（WIN）。WIN 是把从支援基地到散兵坑的通信和信息业务高度综合的通信系统。最初提出的 WIN 由兵力投送和支持基地、卫星传输系统、地面传输系统、战术互联网/战斗网无线电、信息业务、信息系统和网络管理 7 项组成。其中，地面传输系统（WIN-T）在 1999 年重写的“WIN-T 作战要求文件草案”中被改称为“作战部队信息网-战术级”（其英文简称仍为 WIN-T）。

WIN-T 是陆军从战区到营级所采用的一个战术通信网络，将取代传统的三军联合战术通信系统和移动用户设备。WIN-T 的部件为模块化设计，其规模根据用户需要可变，并能够随战争的发展而变化。WIN-T 将成为一种带宽和频谱有效的、符合联合技术体系结构（Joint Technology Architecture，JTA）、基于商用技术的网络。

WIN－T 的网络基础设施包含方舱化用户节点（Shelter User Node，SSN）和综合用户节点（Integrated User Node，ISN）。SSN 构建 WIN－T 的高速广域网，为用户提供一个公共的具有多级安全（Multilevel Security，MSL）、高速、大容量的战区内部信息网络。两种节点都有交换/路选系统、传输系统、管理系统、信息保证（IA）和用户业务。

（1）交换和路选技术基于商用标准，它提供汇集选路能力以在整个战场支持话音、数据、报文和视频信息交换业务。

（2）传输系统包括高度机动的大容量视距（HCLOS）无线电、光纤电缆和支持节点间信息传输的宽带数字无线传输。为了延伸通信范围，WIN－T 将使用地面中继站、对流层散射通信系统、无人机和卫星系统连接各指挥所。联合战术无线电系统（Joint Toctical Radio System，JTRS）和机载通信节点（ACN）将是 WIN－T 的目标，JTRS 将取代所有的电台，解决宽带和互通问题。

（3）通信兵将使用网络管理工具来配置、监视和维护 WIN－T 的基础设施、IA 系统和用户接口设备。WIN－T 的网络管理包括配置管理（包括网络规划、网络工程、战场频谱管理、系统管理）、性能管理、结算管理、网络安全和故障管理。

（4）WIN－T 的公用通信骨干网将支持跨越 MSL 的信息交换。WIN－T 的安全通过嵌入每个用户节点的 IA 功能来实现。

WIN 和 WIN－T 利用多种卫星系统和多频段的空间段资源国防卫星通信系统（Defense Satellite Communications System，DSCS）、EHF 军事星（MILSTAR）、战术卫星通信（TACSAT）系统、全球广播业务（Global Broadcasting Service，GBS）及商用卫星，通过标准战术进入点（Standard Tactical Entry Point，STEP）及国防部电信港（Teleport）实现已部署部队和支援基地、国防信息系统网（Defense Informction Systems Network，DISN）、全球信息格栅（Global Information Grid，GIG）之间的连接。同时为战场上的地面部队的各级梯队实现通信距离的延伸和广域的覆盖，提高部队的机动性和灵活性。采用的各种地面终端具有多频段、可移动、可快速建立通信的特点，包括 AN/PSC－5 SPITFIRE（喷火）终端；用于 EHF 军事星通信的 AN/PSC－11 单信道抗干扰便携终端（SCAMP）；工作在 SHF 波段并提供各种数据速率的三波段高级距离延伸终端（STAR－T）；EHF 保密移动抗干扰可靠战术终端（SMART－T）。为加强卫星通信的能力，美军不断开发新的空间段资源，如宽带填隙卫星（WGS）、先进极高频卫星（Advanced Extremely High Frequency Satellites，AEHF）等，并为 WIN－T 开发多频段综合卫星终端（Multiband Integrated Satellite Teminal，MIST）。

战术互联网主要组成包括 21 世纪部队旅和旅以下作战指挥系统（FBCB2）、

近期数字电台(NTDR)、增强型定位报告系统(Enhanced Position Location Reporting System,EPLRS)、带互联网控制器的单信道地面与机载无线电系统改进计划(SICGARS SIP)。它是采用商业因特网标准协议,基于路由器的自动化通信网络。其中,FBCB2 由一组计算机硬件、系统与应用软件以及安装工具组成,支持旅和旅以下部队对态势感知和指挥控制数据的需求;NTDR 工作在特高频频段,采用直接序列扩频、数据加密及纠错编码,与现有无线电系统兼容,能处理高达 288kb/s 的数据,具有视频会议能力,能较迅速地传输话音、数据和图像。战术互联网通过 MSE 或 WIN - T 可与军以上梯队相连。战术互联网的连接将来也可利用 ACN,ACN 可扩大连接范围,并可提供移动中的指挥与控制。

为保护原有投资和适应不断变化的通信需求,美军通过不断采用新技术改进 MSE,将使其服役延长到至少 2010 年左右。主要改进有以下几点。

(1) 增加综合数据传输设备,将 MSE 分组交换网与 SINCGARS 的通信设备综合在一起,扩大前沿战场可互通的数据分发能力。

(2) 采用 ATM 技术,使 MSE 能够综合传输话音、数据和视频信号。

(3) 增加战术个人通信业务,在高度移动的战斗环境中实现动中瞬时通信。

(4) 在旅用户节点的改进中采用商用技术,其中包括 IP 技术。节点工作于 ATM 骨干,提供动态带宽分配。所有业务基于 IP 协议,通过卫星链路和 HCLOS 完成。

2. 法军情况

法国对原来使用的老式 RITA 系统不断进行改进,包括增加 ATM 交换机、新的大型加密系统和 PR4G VHF 无线电通信系统等。研制了新的战术通信系统 Alcatel 101 和 RITA 2000。

Alcatel 101 采用 EUROCOM 标准的战术地域通信系统,其组成包括 Alcatel 300 系列战术交换机、TFH 701 微波接力机、AFH 900 对流层散射设备、Alcatel 111 单信道无线接入(SCRA)系统、Alcatel 732 卫星终端和 Alcatel 150 SYSCOM 网管系统。其中:①300 系列战术交换机包含了 TAS 300 入口交换机和 TDS 300 干线交换机,是全数字无阻塞交换机,可提供综合电路交换和分组交换业务;②Alcatel 111 SCRA 系统由无线接入点(RAP)和移动单元(Mobile Unit,MU)组成。在收发信机中采用电子反干扰技术(快速跳频与直接序列瞬时扩频相结合),通信加密由 VHF 无线链路和干线链路加密装置完成,也可采用一种可优选的端到端加密装置;③Alcatel 150 SYSCOM 体系结构符合 EUROCOM 管理结构,有 3 种控制级。

RITA 2000 战术通信系统是支持数字化战场通信的战术 ATM 多媒体交换网络,提供与目前西方国家使用的各种战略和商用网络的接口,并综合有卫星通信能力。该系统主要包括 ATM 战术交换机（ATS 2000）、无线入口单元、群路信道加密设备、传输设备和网络控制设备（NMS 2000）等。其中，ATS 2000 除了具有传统的符合欧洲通信标准（EUROCOM）的交换机性能外，还兼有 ISDN 交换机的全部功能，可为用户提供更宽的带宽和多媒体通信能力，实现了窄带和宽带用户可共存于同一个系统，其主要性能还包括采用泛搜索路由方式、具有业务流量控制、干线负载管理、光纤电缆和卫星通信的带宽使用；NMS 2000 按照北约 TACOMS Post－2000（2000 年后战术地域通信系统）建议标准设计，具有网络规划、网络配置和重配置管理、网络监视、网络组织和自组织、频率分配、设备控制等功能，如图 5.9 所示。

图 5.9　法军战术通信系统作战情况

一体化设计的先进战术通信系统 RITA 2000 近年已投入使用，大大增强了法军的战术通信能力，如图 5.9 所示。

3. 英军情况

继“熊”系统、“松鸡”系统后，英国研制了第三代战术通信系统，即多功能系统（MRS），MRS 基于欧洲通信标准，采用模块化的数字电路、分组和信息交换机，可构成从小型战术链路到复杂的战略网络等各种系统，可实现与现有和未来军民系统的互通。MRS 2000 是第三代保密和抗毁通信系统，是 MRS 的最新发展，在战场上可快速展开战斗，可与现有的设备综合，并根据国防通信发展的要求扩展。英国目前正在实施“弓手”（BOWMAN）计划，旨在研制部署新一代战术电台用以取代现用的“族人”系列电台。“弓手”系统将与“松鸡”系统和英国其他一些军事系统接口，还将与盟国部队的通信系统互联，如图 5.10 所示。

图 5.10　英军多功能系统(MRS)在试用中

为使“松鸡”系统适应新的发展需要,英陆军实施了“通用干线入口点”(GP－TAP)的三年规划,对“松鸡”系统进行技术改造。GP－TAP 可在“松鸡”与其他网络间提供干线接口,提供全电路交换和分组数据转换能力。

4. 其他国家

为解决长期以来存在的北约联合部队战术通信的互联互通问题,北约第 6 计划小组(PG/6)分 3 个工作阶段为产生满足北约 2000 年后作战通信需求的通信系统开发战术通信标准化协议。PG/6 在第二阶段报告中定义了 TACOMS Post－2000 体系结构。

土耳其按照北约 TACOMS Post－2000 标准研制了新一代战术通信系统,即 TASMUS 战术地域通信系统。它采用 ATM 交换技术,旨在为土耳其的军级至营级的所有司令部提供“按需分配带宽”(最大 2MB)的话音、数据和视频链路,可向战术指挥员提供近实时战场公共图像,还可向战术传感器和武器系统提供近实时的数据通信。该系统包含具有 ECCM、低截获概率、低探测概率和内置加密的综合业务战术电台(iSTAR)系列。

加拿大陆军通过了战术指挥控制通信系统(TCCCS)计划,以称为“艾利斯”(Iris)的综合战术通信系统替换加拿大陆军现有的战术通信系统。

此外，德国、意大利、南非等许多国家也在研制和发展新一代战术通信系统。

5.4.2 外军新一代战术通信系统的系统防御

1. 抗毁措施

战术通信网遭遇的毁伤有人为因素也有自然因素。外军在研制新一代系统时，均对系统的抗毁能力提出要求，通过采用各种措施使其在战场上可靠地工作。如对网络进行优化设计，减少网络的薄弱环节；设计合适的冗余度；设置备份链路；增强网络管理功能，路由自适应选择，减少拥塞；对设备进行物理加固；增大设备的灵活机动性；快速进行后勤维修，模块化构件即插即用等。WIN－T 网络的抗毁要求和措施主要包括：①节点将具有汇接能力（门限－T1）；②在不考虑所使用的无线电的情况下，用户节点将拥有多传输路径（门限－T1）：能够利用现有地面和空基的传输系统（门限－T1）以及机载传输系统（目标－O1）；能自动地绕开阻塞、设备故障点和节点中断来传输重要的信息，从而确保网络的连接性，提升网络的强健性（门限－T1）；③在设计时做到规模可调和模块化，简化即插即用的操作，便于替换维修。

2. 安全保密措施

信息安全保密将是 21 世纪军事对抗的焦点，部队不仅要广泛地运用信息资源，而且还要采取相应的技术措施，确保军事信息系统的安全。WIN－T 将包括遍及全网的 IA 安全特性，这些特性将使用 DoD 的深层防御策略保护军事信息系统、探测对军事信息系统的攻击并作出响应。分层 IA 技术解决方案是深层防御策略的基本原则。深层防御策略包括 3 个关键保护领域：①外部保护措施，包括防火墙、入侵探测、联机加密装置和必要时所需的物理隔离；②内部网络保护，有组合式安全保护、防火墙和/或路由器过滤装置，以作为各梯队和/或职能机构之间的屏障；③基于主机的监视技术，包括探测和铲除恶意软件、探测软件改变、检查配置改变和生成审查程序等。

3. 抗干扰措施

20 世纪 90 年代以来，国外陆续研制出一些新的战术通信系统，如 ALCATEL 111、德国与荷兰联合研制的 SCRA 等。它们都采用全频段跳频体制，使用时分双工方式，既可充分利用频率资源、提高抗干扰能力，又给系统的电磁兼容性带来好处。作为地域网干线传输手段的视距无线电系统采取多种抗干扰措施，除跳频、直接序列扩频外，还包括前向纠错编解码、天线自适应调零和自适应发射功率调整等。军用跳频电台目前已发展成窄频带、宽频带俱有，垂直跳频设置和非垂直跳频设置并存，融尖端的现代电子技术、计算机技术和数字处理技术于一体，具有很强的抗干扰、反窃听能力。在卫星通信抗干扰方面，美国 Milstar 系统采用了 EHF 频段技术、跳频(速率达每秒几千次)、自适应天线调零处理、波束覆盖灵活可变、完善的星际链路、较强的星上数字信号处理等,达到了很好的通信抗干扰效果。

5.4.3 美、法、英战术通信系统改造升级的影响

未来的战术通信网要求能够提供整个战区快速、机动、互通、保密、实时的综合业务通信能力,并具有良好的抗毁性能。其发展趋势是充分采用商用技术,向一体化、宽带化、综合化、智能化和个人化方向发展。美、法、英紧紧抓住新军事革命的契机,以获取信息优势为核心,采用各种先进技术改进原有战术通信系统,同时大力建设符合 21 世纪作战需求的新一代系统。这些系统代表着世界战术通信系统发展的先进水平。从以下几方面可以说明美、法、英战术通信系统改造升级对各国战术通信系统的研制与发展产生的影响。

(1) 标准方面。美、法、英对北约和欧洲战术通信标准开发起着举足轻重的作用,包括 TACOMS Post - 2000、北约战术电台互通标准、北约敌我识别系统的标准等。

(2) 研制与发展途径方面。美、法、英为了提高其盟国的军事能力和获取资金效益,采取合作研制、对外出口等途径促进其他国家战术通信系统研制和发展。例如,法国和比利时陆军合作研制、使用 RITA 2000;英国 MRS 和 MRS 2000 已提供给北约、欧洲、中东及亚洲等一些国家;美国 ITT 公司推出的高级战术通信系统(Advanced Tactical Communication System,ATCS)已向新西兰、爱尔兰、沙特阿拉伯等国出口;加拿大国防部为满足未来的卫星通信需求将与美国国防部就参加美国 AEHF 计划签订谅解备忘录;美、法、德、意、西班牙已达成一项国际协议,合作生产多功能信息分发系统(Multi - function Information Pistribution System,MIDS)终端。

(3) 系统和设备互通方面。由于各个国家及其各个军兵种的军事需求不同,互联互通遇到困难。美军提出了软件无线电概念,利用软件编程来大幅度替代电台内电子元器件功能,有利于实现不同频段、制式、功能的各种电台的互联互通。近年美军在开发 JTRS 方面的先进技术必将对各国战术通信系统的研制和发展带来更大的影响。

5.4.4 美、英战术无线电通信装备的发展

1. 未来无线电系统强调减轻重量

目前的研究计划更多地强调减轻装备的重量。体积小、重量轻的无线电台使单个士兵携带无线电台成为可能,而过去仅有专业操作员才携带无线电台。

如果小型无线电台更加便宜，为每一个战斗人员配备一台无线电台也是可能的。过去的战术无线电台对操作员来说是一个沉重的负担。以前的像 PRC－77/VRC－64（在越南战争期间首次部署，目前仍在生产）一类较大的便携无线电台的性能与现在的 PRC－139（C）或雷卡公司（Racal）仅重 1.36kg 的妖精（Leprechaun）一类较小的无线电台的性能相当。

减轻无线电台的重量已经成为许多生产厂商追求的目标。英国雷卡公司最近研制出一种新型无线电台，仅比一部大的蜂窝式移动电话稍重稍大，目前这种无线电台已经上市。塔迪兰通信公司最近推出了一种重量不到 700g 的手持式 PRC－710 型甚高频无线电台，电台具有跳频、数字密码功能和以最高 16kb/s 的速率发送语音及数字数据的能力。

美国陆军的单兵无线电台（ISR）计划选择了 PRC－127A 电台。这种电台是一种作用距离短，仅能传送声音，重量不超过 850g 的手持电台，步兵可用它进行班级的指挥和控制。电台工作在现有的战斗网无线电系统的频谱之外，最小作用距离 200m，最大作用距离 700m，由一次性使用电池或可充电电池供电。

美国陆军士兵个人通信系统计划正探索下一代无线通信技术。这种技术必须能向单个士兵提供有关战场态势的信息并且截获概率低，正在研究的自适应无线电通信技术能改善距离特性，有抗多路衰减、盲区的能力，并能抑制城市、山区和森林地区等恶劣的工作环境所产生的干扰。为了将价格减至最小，需要应用商业蜂窝和个人通信系统技术，如图 5.11 所示。

图 5.11　无线电系统体积越来越小、功能越来越强

有两个因素限制了体积可能减小的程度：一是控制旋钮、开关和显示器的物理尺寸必须足够大，以便在严冬和在核、生物和化学战环境中戴着手套的人员能

顺利操作；二是电池必须有一定的大小，以便提供足够的电能。目前的锂离子电池的性能是许多流行的无线电台使用的镍镉电池的两倍。理想的也是士兵最喜欢的情形是，电台有充裕的发射功率供班级通信使用，电池重量轻，能量足够电台工作 24h。

2. 提高安全性

目前，最简单的应用也要求战术无线电台具有密码加密能力。即使潜在的对手没有监听未加密信号的能力，密码功能也被看成是新采购的无线电系统必不可少的要求。

近来有跳频功能的安全无线电台的价格有所下降，而固定频率的安全电台的价格基本上没有变化，这使得它与跳频电台的价格差别大大地缩小了，采购非跳频电台所节省的费用也越来越少。雷卡公司发现，在过去几年里，大多数传统的固定频率电台的客户转向了使用跳频电台。因此，公司准备在不远的将来逐步停止非跳频电台的生产。

3. 内置 GPS 功能

无线电台的另一发展趋势是将无线电台与卫星导航装置结合在一起，在电台上安装内置式 GPS 接收机，或者在电台的内部或外部接口安装外置式 GPS 接收机。GPS 系统使无线电台能够确定自身的位置，而且这类确定位置的无线电通信业务的大部分是自动完成的，在每一个语音和数据信息之前的 GPS 信号能自动提供位置信息，这就使得用户可以将注意力集中到信息的战术内容上来。

将无线电台与 GPS 系统结合起来构成单一装置也有风险。如果键盘或显示器发生故障，将导致电台和 GPS 两个系统同时停止工作。美国陆军希望将 GPS 装置安装到所有的前线无线电台上，而英国则仅将 GPS 装置安装在司令部的无线电台上。

4. 双波段无线电台

双波段（HF/VHF 或 VHF/UHF）无线电台的设想并不新颖，但在过去，双波段将显著地增加重量。美国辛辛那提公司生产的 PRC－70 便携式电台是一种典型的双波段电台，其重量超过 10kg。传统的观点认为，双波段无线电台提供的性能对于大多数战术地面用户而言是多余的，只有特种部队、前方飞机引导人员和警察支援作战部队是多波段无线电台的主要用户。

5. 数据传输

以数字技术而不是模拟技术为基础的高度安全的密码系统的发展促进了能传输数字数据的无线电台的发展，这种处理数字信息的能力也被用于发送其他形式的数字信息。当今的甚高频无线电链路可以为各种类型的武器系统传送目标信息。例如，英国陆军使用西门子普莱赛公司生产的大乌鸦（Raven）2V 无线电台将来自哈罗(Halo)火炮定位系统的远距离传感器收集的数据发送到中心指挥所。

数字数据使用的接口相对来说是标准的。例如,雷卡公司的出口型无线电台使用计算机工业广泛使用的 RS - 232 串行接口,它支持 Windows 95 信息系统。

英国陆军目前使用的部族人无线电台主要考虑的是话音传输问题,后来又增加了有限的数据传输能力。而"弓箭手"无线电台的设计思想正好相反,主要考虑的是数据传输能力,话音传输的考虑是第二位的。

"弓箭手"无线电台的服役时间已经从 1999 年推迟到 2002 年,像这样为了改进系统而推迟项目服役时间的情况是很少见的。根据最初的设想,"弓箭手"无线电台应有相对适中的数据传输能力,在寿命中期进行升级,改善数据输出量,这涉及改变硬件,耗资是比较大的。目前设计的主要特征是由软件决定的,因此,当软件升级时采用新的调制或其他使用特性而带来变化是可能的。

由雷卡公司、ITT 公司等几家公司组成的射箭手通信系统公司在 1997 年 8 月赢得了 2000 万英镑的降低风险合同,并正式发布了"弓箭手"供应与保障合同的招标书。后一个合同的价值估计约 15 亿英镑,而随后的向英国国防部和海外的销售额最终将达到 30 亿英镑。

正在通过竞争评价程序选择组成"弓箭手"系统的各个子系统。已经选中了两个无线电台。一个是增强型"弓箭手"高级数字无线电台(ADR +)甚高频发射接收机,它是 ITT 防卫公司单通道地面和机载无线电系统改进项目(Sincgars Sip)的一个变形,它的额定数据传输速率是 16kb/s,但是在前正向纠错后,仅能达到 9.2kb/s。根据"弓箭手"计划的要求,英国将制造 3 万台 ADR + 。另一个是甚高频便携发射接收机(VPT),它是雷卡无线电公司"妖精"的一个型号,将大约制造和部署 16 万台。

下一个要选择的无线电台将是高频电台。大约需要 1 万台高频电台,雷卡公司和 Harris 公司将投标,预定 1998 年夏天签订合同,同时,也将宣布司令部级的局域系统的获胜者。射箭手通信系统公司也将通过竞争选择该系统的高容量数据无线电台(HDCR)和天线、电池及背包等更小的子系统。

英国陆军的 25000 辆车辆、皇家海军的 23 型驱逐舰和 LPD(R)攻击舰、皇家海军陆战队的轻型飞机以及皇家空军的 C - 130 大力神飞机和陆军计划中的 WAH - 64 阿帕奇直升机都将装备"弓箭手"无线电台。

"弓箭手"无线电台将很可能是英国最后一次在单项计划期间采购一个完整的新的无线电台系列重新装备自己的陆军。实际上,英国除了实行这样一个大规模的计划之外,已经别无选择,现有的部族人无线电系统是 20 世纪 60 年代产品，英国陆军现在面对的是整整一代急需维修的过期待更换的无线电台。

美国陆军已经将 30 ~ 88MHz 的辛嘎斯系列作为自己的语音/数据无线电系统。它们包括 PRC - 119A 便携式和 VRC - 87A、VRC - 88A、VRC - 89A、VRC - 90A、VRC - 91A 以及 VRC - 92A 车载式无线电台。

一系列的改进计划将使辛嘎斯系列保持现代化水平。ITT 航天/通信公司的战术通信系统（TCS）使数据输出量提高了 3 倍，从 1.2 ~ 2.4kb/s 提高到 9.6kb/s，使最大作用距离从 30km 提高到 35km，改进了抗干扰能力。这种改进主要依靠新的跳频包数据波形。因特网控制器使无线电台能与其他系统相连，如 GTE 公司的机动用户装备系统和休斯公司的增强定位报告系统（EPLRS）。用户识别码和外部连接的 GPS 接收机提供的无线电和定位数据自动嵌入各语音和数据发送中。

在 21 世纪特遣部队战场数字化试验期间，为了完成数据传输任务，美国陆军通过互联现有的通信装备建立了战术互联网通信结构，这些装备包括辛嘎斯、机动用户装备系统战术包网络和 EPLRS。试验了几种新型试验性无线电台，包括代理人数字无线电台（SDR）和宽带高频（WBHF）无线电台。

代理人数字无线电台力图应用最复杂的技术，工业部门必须根据与 21 世纪特遣部队的需要相匹配的时间表提供这种技术。一种安全型的 PRC - 118 低价格包无线电台将充当“数据搬运者”（即一个高容量的机动数据无线电台），已知的与其相匹配的是安全包无线电台，它通过嵌入式通信安全能力提供数据或语音能力。当前美国陆军的战术无线电台的带宽有限，但是，SDR/SPR 能向多个网络用户提供同时快速通信能力，KIV - 14 嵌入式网络密码机已经为美国国家安全局认可，能保证绝密信息的安全。

虽然只购买了少量的 SDR/SPR，但 21 世纪特遣部队试验的初步报告已经对这种无线电台给予了高度评价。在演习期间，其有效性未低于 95%。

6. 战术互联网

在 WBHF 无线电台计划下，现有的高频装备已经与民用现有包技术结合到一起，将战术互联网扩展到高频波段，使其能够应用于像远距离侦察部队那样高度机动的部队。1997 年先进作战试验的一个目标是演示以 2400b/s 的速率发送窄带高频包数据通信，通过因特网协议（IP）战术多网络网关，进入到采用 AX.25 协议战术互联网的能力。

由 ITT 公司和通用动力公司研制的辛嘎斯 SIP 系统进行了几处特殊的改进，包括：增加数据传输能力，增加了里德 - 所罗门（Reed Solomon）正向纠错，以便当增加距离和显著改善抗干扰能力时增大输出量；采用了一种新的跳频波形，增加了同步概率，减小了传输重叠；改进的通道进入算法允许混合的语音和包数据以高的包数据输出率在一个普通的网络上传输，同时语音传输受到的影响最小。

美国陆军采购了一种轻型的高级 SIP 结构的辛嘎斯系统。高级 SIP 与早期的辛嘎斯系列产品完全可互换，与老式的车载适配器安装组件完全相容，具有全尺寸 RT－1523C/D Sip 无线电台的所有功能，但尺寸只是它的一半，包括 BA－5590 电池在内的全部重量是 3.4kg。

对 EPLRS 也采用了相似的系统改进程序。电源放大器、无线电频率组件和压力传感器之类的一些无法采购或不可靠的模块已被更换，新型的 HiHat 接口模块组件提供了更大的处理能力、更大的存储量和更快的接口。

通用动力公司地面系统分部的高数据率（High Data Rate，HDR）无线电台被设计成当前的辛嘎斯 SIP 无线电台的后继型。HDR 能提供一种增大的信息带宽，在跳频模式时，工作速率是 48kb/s，单通道模式时是 60kb/s。同时保持了早期的 9.6kb/s 的增强数据模式的灵敏度、距离和反干扰能力。打算用 HDR 填补今天使用的系统与计划在 2005 年之后使用的未来数字无线电台（Future of Digital Radio，FDR）之间的空白。

7. 多频带多模无线电台

Speakeasy 多频带多模无线电台是一项联合军种项目，摩托罗拉公司负责研制工作，研制小组还包括 Sanders 公司和 ITT 航天公司。这个项目的第二阶段于 1995 年 7 月开始，将创造一个高度灵活的、具有开放式系统结构的无线电台的高级发展模式。这个无线电台的频率范围是 2～2000MHz，允许电台工作在高频、甚高频和超高频波段，其主要特征是能快速重新编制波形程序，以便满足通信业务量、频率分配、工作模式、交互作用和电子战威胁等方面的变化。

Speakeasy 将探索许多新的技术领域，包括高级数字信号处理多芯片模块，可编程 4 通道 Cypris 芯片信息安全模块和新的多频带/宽带天线的设计。通过交换软件或通用模块，Speakeasy 应该能使用辛嘎斯和 EPLRS 等现有波形的增强型或模拟新波形。Speakeasy 将能与美国及其盟国使用的 15 种以上无线电台互通，也将能处理美国陆军使用的近程数字无线电台的数据波形。21 世纪特遣部队在 1997 年对最初样机进行了有限的试验，在 1999 财年将完成定型工作。

由指挥和控制系统、传感器平台和嵌入式计算机形成的未来数字通信信息量，以及对除了话音和数据外的成像和实时视频要求，很可能超过辛嘎斯系列、EPLRS 和 MSETPN 等传统系统通信能力的总和，意识到这个问题，美国陆军正在制订一项战场信息传输系统（Bits）计划。

近程数字无线电台（NTDR）是 Bits 系统的一个组成部分。NTDR 将使用高数据率的波形。根据用一个中间宽带数据能力补充 EPLRS 的设想，NTDR 具有替代21世纪部队师的ELPRS所需要的外部接口和数据能力。NTDR将采用开放式结构设计,能接纳模块化的硬件和软件。

1996年,ITT航天公司、洛克希德·马丁·Sanders公司、BBN和摩托罗拉公司已赢得了一项2340万美元的设计、开发和生产200套NTDR样机的合同,为了进行试验,第二批还需要生产950个无线电台。

NTDR也将为未来数字无线电台提供基本的构造模块。未来数字无线电台将是一种增强的多频带数字无线电台,能保障与现有的和计划中的系统的多波形交互作用,能提供从近距离到远距离的、同时的、安全的语音和高速数据链路,能用于各种网络,包括低容量语音或数据网、高容量视频链路或覆盖大面积区域的广域网,也将是一种拥有足够的再编程能力、可与多种新一代无线电技术相协调的开放式结构设计。

未来数字无线电台将发展成一个手持式、便携式、地面车载式和机载式的无线电台系列,它们将最大限度地共用可互换部件,将专用的硬件和软件减少到最低限度。

5.5 战术通信发展趋势

现代战争的一个重要特点是协同/联合作战,这种作战方式能够更有效地达成作战目的。战术通信系统结构应有利于提高部队协同/联合作战能力,是一个一体化的系统。战术通信一体化包括:天地一体,部署在陆、海、空、天的各种通信系统应是一个有机的整体,互联互通共同支持信息的传送;三军一体,各军兵种战术通信系统浑然一体,能对多军兵种联合作战提供有效支持,战略战术一体,战术通信系统和战略通信系统共同对战术、战役作战所需信息的传送提供支持;军民一体,战术作战信息的传输广泛利用民用通信设施。战术通信一体化的关键有两个:一个是网络的综合管理,要使所有的网络像一个网络一样运行;另一个就是保障信息安全。

战术通信正在深入研究并推广应用的技术有异步传送模式技术、前向纠错技术、数据压缩技术、多级保密技术、扩频通信技术、码分多址技术等。此外,传统的通信反对抗技术和计算机反对抗技术以及空间通信反对抗技术也受到重视,加快了研究和应用推广。

通信系统高效化是另一个重要趋势。通信系统高效化包括系统建设高效化和系统性能高效化两个方面。

系统建设高效化是利用商业通信设施,采用现成商品和企业已开发成功的项目以及充分发挥过去投资的效益,以节省开发、采购费用,缩短研制周期,降低寿命周期成本,并持续保持系统的先进性。

系统性能高效化包括系统数字化,以提高信息传输与处理的质量和速度;媒体多样化,使作战人员能够通过多种感官获取、利用信息,传送信息有利于提高作战效率;信道宽带特化,为高速、可靠地传送大容量信息提供基础;网络无缝化,一可使信息得到充分利用,二可使参战人员随时随地得到需要的信息支持,使战争机器效能得到充分发挥;管理智能化,应用人工智能技术提高通信系统网络管理的自动化、智能化、信息安全化水平,系统采取多级保密措施和先进的通信反对抗措施保障信息安全;结构模块化,有利于功能扩/缩和性能改进,便于操作、维护、使用;设备微型化,大量采用超大规模集成电路和专用集成电路,降低设备体积、重量、功耗,提高可靠性和机动性。

第6讲　单兵通信与移动通信

6.1　单兵通信系统

单兵通信研究的兴起源于美军的“陆地勇士”计划。从美军近几年几次重大的军事活动来看,大规模武装冲突的持续时间远短于后期小分队清剿性质的军事任务工作时间。典型的例子就是美军在伊拉克的战争中仅用3个月左右打垮了萨达姆的主要战斗力量,却要花费大量的时间应付采用游击战术的残余抵抗力量的袭击,到目前为止还没有结束。因此,小规模性质的分队作战单位受到重视,通信也随着向单兵层次延伸。

6.1.1　单兵通信的基本概念

狭义的单兵通信技术指单兵电台的收发技术,而广义的单兵通信则是一个综合系统,包括通信、传感和信息处理、安全保密等集成应用。以下提及的单兵通信指作为这种综合系统的单兵通信系统。

单兵通信系统的目的是解决小分队内部成员间的业务实时通信问题,为每个成员提供来自其他伙伴收集的信息,帮助成员作出正确的判断并采取行动。业务包括话音、数据、格式化报文、图片、活动图像等多媒体信息。由于存在强移动性,单兵通信系统也是一个具有 Ad Hoc 性质的网络。Ad Hoc 网络,是一种特殊的无线移动网络,网络中所有节点的地位平等,无须设置任何中心控制节点,与普通的移动网络和固定网络相比,它具有无中心、自组织、多跳路由和动态拓扑等特点。

单兵通信系统也具有与其他网络互联的输入输出接口,保障一个独立的通信系统可以随时接受上一级的指挥控制,并能与上一级的指挥机关交互战场态势信息。

6.1.2　单兵通信系统的组成

单兵通信系统主要包括单兵电台、抗噪声综合头盔和野战智能终端3种设备。

单兵电台为抗干扰电台,主要完成单兵通信系统的内部/外部通信功能。多个通信电台能自组织成无线局域网进行对等通信。

抗噪声综合头盔可配置激光测距机、视频瞄准器、夜视仪、头戴式显示器等,是单兵通信系统的信息收集和回放中心。

野战智能终端是单兵的战斗助手,主要任务是根据头盔收集的信息自动生成格式化报文或者是加工处理后的图片、活动图像等战场态势数据;也可反过程解析这些数据,为成员提供行动参考。

单兵通信系统成员一般为20~30人,系统具有三跳左右的数据中继、通播、单呼和组呼功能。对于单兵通信而言,需要传输可靠、功耗低,传输过程要确保信息实时、准确、隐蔽、安全,设备重量轻、体积小、易携带,方便士兵作战使用,如图6.1所示。

图6.1 “动中通”和“全球通”将使士兵与武器系统相连接

6.1.3 各种体制的单兵通信

自20世纪90年代以来,由于通信技术突飞猛进,军事通信领域新设备层出不穷,单兵电台(Individual soldier radio)就是其中的佼佼者。这种电台的作用是把一个班内徒步作战的单个步兵横向连接起来,因此又称为“班内扬声器”。班长电台可进入高一级的指挥网，从而把整个班联入数字化战场。

单兵电台具有一些共同的特点：重量轻（不超过500g）、体积小，一般工作在特高频（UHF）频段，通信距离在开阔地区为500～1300m、在巷战环境下150～500m、在建筑物内三层楼，单价约为500～800美元。目前是话音优先，但正在向话音兼数据通信方向发展。单兵电台的另一特点是，它们与士兵现代化计划息息相关，是美、德、英、法、意等国士兵系统的重要组成部分。两者的发展相互影响、相辅相成。单兵电台尽管前景广阔，但还是一种新兴设备，目前只有以下几种产品在市场上形成了竞争力。

1. H－4855单兵任务电台

马可尼－塞莱尼亚公司的H－4855“单兵任务电台”（PRR）是第一个进入市场的单兵电台，目前英军是该电台的最大用户。这种单兵电台工作在2.4～2.483GHz频段，有256个信道，采用直接序列扩频技术防侦测和防截收。电台使用两组AA电池，输出功率为50～100mW，通信距离在野外为500m、市区为150m、楼房中为三层。

H－4855电台的一个重要特点是使用按一讲（Push To Talk，PTT）开关。按一讲开关可以用缆线固定在电台上，也可安装在步枪上（图6.2）。班长的按一讲开关既可提供至其他单兵电台的入口，也可提供至上级战术无线电系统的入口。另一特点是能与多种电台兼容。马可尼－塞莱尼亚公司曾夸口说，他们迄今尚未发现不能与这种电台兼容的电台。

图6.2　士兵在使用H－4855电台（环圈处为PTT开关）

应英军要求设计的 H－4855 电台主要用于话音通信。但公司很快改进电台设计，使其具有了数据通信能力。此外，为满足有关国家士兵系统的要求，同时汲取了伊拉克战争的教训，对该电台作了一些重要改进，包括增加无人值守转播装置。H－4855 电台在地形受限区（如地下室和洞穴里）与外面约 200m 远处的单兵电台通信，效果就很不理想。因此，马可尼－塞莱尼亚公司设计了一种简单的无人值守转播装置，置于地下室或洞穴入口处，以保障室内外的通信联络。增加与车辆等的接口这是应英军和其他国家士兵系统要求而研发的设备，目的是通过这种接口提高下车士兵的态势感知能力。目前已推出一种集成在 H－4855 电台中、能与高机动多用途轮式车（HMMWV）接口的无线设备，并已出售给中东一些国家。

此外，与直升机接口的设备也即将进行试验。有些国家的士兵系统要求单兵任务电台的通信距离更大一些。例如，意大利“未来士兵”计划提出，根据步兵班内两名士兵在战斗中的最大距离，单兵电台的通信距离应达到 1300m。一般的士兵系统都希望单兵电台除传输话音外，还能传输数据。H－4855 目前已具有数据传输能力。此外，马可尼－塞莱尼亚公司正在为意大利开发一种基于 H－4855 的单兵袖珍电台，它工作在 800～900MHz 频段，能同时传输话音和数据，数据传输率为 38.4kb/s，用个人数字助理显示数据。除意大利外，英军“未来集成士兵技术”（Future Integration of Soldier Technology，FIST）计划和澳大利亚“陆地 125/勇士”计划也订购了这种电台。研制新型电池用户希望单兵任务电台自给工作时间至少能达到 24～36h。这需要研制新型电池，如基于甲醇燃料电池再充电的锂离子电池等。

H－4855 单兵任务电台目前在市场上占有的份额相当大。2001 年英军订购了 5.5 万部这种电台，其中一部分用于装备在阿富汗和伊拉克作战的英军部队。美国海军陆战队在伊战前夕采购了 6000 部 H－4855 的改型电台——“综合班内电台”（IISR），后来采购数量又增加 1.1 万台。现在已有 21 个国家购买这种电台。马可尼－塞莱尼亚公司的人说，“这种电台就像刚出炉的点心一样好卖。”

2. PNR－500 单兵网络电台

PNR 是“单兵网络电台”的英文缩写。PNR－500 最初是以色列 Tadiran 公司为以色列国防军“未来士兵”系统开发的（图 6.3）。它重 370g，输出功率 250mW，通信距离 800m，工作在 400～450MHz 频段。这个频段适用于野外、近郊、市区等不同的场地。PNP－500 采用时分多址技术，有 Tadiran 公司宣称的“独家”全双工会议能力，可在 3 个用户同时通话时允许另一用户紧急插入。PNR－500 有 15 个预置信道，每个信道分为 4 个子信道，组成子网层。PNR－

500 可通过按一讲开关与其他单兵电台及战术电台连接，还能连入甚高频/高频（VHF/HF）战斗网无线电台。但目前 PNR－500 尚不能与所有的以军战术电台通信，兼容能力不如 H－4855。不过，Tadiran 公司最近开发出一种使用“蓝牙”技术的无线头戴、手持送受话器，通过安装在电台上的网关，通信距离可达 100m。此外，PNR－500 还可通过网关连入车内通信系统，为在车辆通信范围内的下车士兵提供更高一级战术通信系统的入口。同时，PNR－500 如在地下室或洞穴中使用时，对外通信不受影响。这是它优于 H－4855 的地方。PNR－500 能同时传输话音和数据。现用数据传输率为 9.6kb/s。Tadiran 一般把该公司生产的个人数字助理和 PNR－500 搭配出售，以便显示数据。个人数字助理内嵌的全球定位系统（GPS）还能提供敌、我、友的位置数据。Tadiran 称，将进一步提高该电台的数据传输率，使之能传输图像。PNR－500 的另一重要优点是以软件为基础，因此，用户可以不改变基本硬件，通过升级增加全双工会议、保密等功能。图 6.4 所示为 PNR－500 单兵网络电台的全双工网络会议配置。

图 6.3 装备单兵电台小士兵

目前，以色列国防军正在对其购买的 100 部 PNR－500 电台进行野外试验，并准备增加采购数量。此外，美国、澳大利亚以及几个欧洲国家、南美国家和东南亚国家也在试验这种电台，它已成为 H－4855 单兵任务电台强有力的竞争对手。

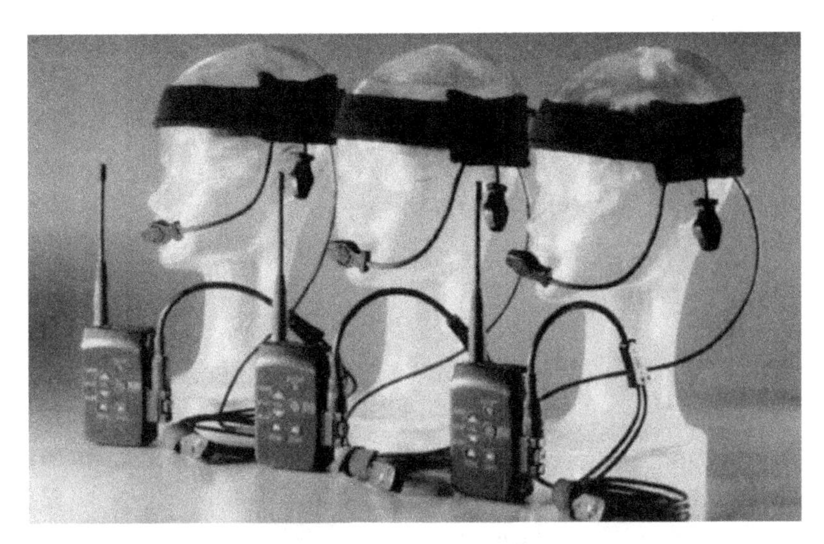

图6.4　PNR－500单兵网络电台的全双工网络会议配置

3. SRR－330短程电台

SRR(Short－Range Radio,短程电台)－330是瑞典萨伯公司(Saab)的产品,由瑞典空军使用的地面电台发展而来。SRR－330工作在2.4GHz频段,输出功率0.1～100mW,有50个可选信道,采用跳频时分多址技术,具有全双工数字通信、信道无堵塞、自动降低噪声和声控传输等功能,并能与公共交换电话网接1:3。数据传输率为256kb/s。SRR－330使用标准电池和寿命延长型电池,分别可工作16h和24h。电台含电池仅重300g。SRR－330电台是预编程的。它能组成有一个主控台和14个受控台的网络,其中任何5个受控台能同时通话。Saab公司还为SRR－330开发了一种入口装置,能把基于SRR－330的网络连入其他战术通信系统。目前瑞典的"未来士兵"计划、南非的"非洲勇士"计划、美陆军的"空中勇士"计划和美国海岸警卫队等都在试验这种电台。

4. TRC－5150单兵电台

首批出现的单兵电台中还有泰利斯公司TRC－5150单兵电台,法国陆军早在1999年就订购了这种电台(图6.5)。TRC－5150仅重150g,工作在422.2～422.425MHz频段,通信距离800m(市区150m)。它使用重50g的600mA·h镍氢电池,能工作12h。在竞争英军单兵电台的合同时,TRC－5150不敌马可尼－塞莱尼亚的H－4855电台而败下阵来。

不过泰利斯公司赢得了为德军"未来步兵"系统研制单兵电台的合同。目前已有15套包括电台在内的士兵系统装备了驻阿富汗的德军。这种电台集成在士兵装载物品的背心中,用个人数字助理显示数据,有内置式GPS接收机。

电台工作在 345～355MHz 频段，市区通信距离 700m，野外超过 1200m，数据传输率为 19.2kb/s，能提供基于网际协议（IP）的自动组合网络，与其他战术无线电系统接 13。该电台使用锂离子电池，可工作 24h。

图 6.5　泰利斯公司 TRC－5150 单兵电台应用中

5. 美军单兵电台应用过程

美军自 20 世纪 90 年代中期开始实施“陆地勇士”计划时起，就把单兵电台作为该计划重要组成部分（图 6.6）。由于“陆地勇士”屡遭挫折，直到伊拉克战争爆发，美军自主研发的单兵电台仍未出台。美国海军陆战队在 2000 年采购了一批 ICOM 公司生产的 IC－4008 超高频电台，但对其性能不满意，于是在伊战前夕紧急采购了一批 H－4855 改型电台。伊拉克战争期间，美陆军下车近战时由于电台性能不佳，致使部分士兵不得不自购商用电台。这种情况受到媒体批评，引起国会注意，促使陆军在联合战术无线电系统列装前寻求新的单兵电台。目前除上文提到的有关电台外，还有几种电台也在试验中。其中一种是美国国际电话电信公司（ITT）的“矛头”（Spearhead）电台（图 6.7）。该电台含电池和天线重 500g，输出功率 100mW～2W，电池可工作 12h。对美国用户，它采用单信道地面与机载无线电系统（SINCGARS）的加密技术，据称是目前能为单兵提供 SINCGARS 兼容能力的最小、最轻的甚高频跳频电台。

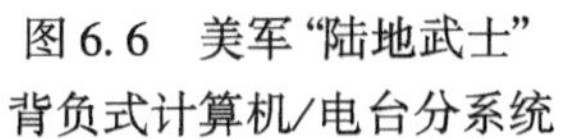

图 6.6　美军“陆地武士”背负式计算机/电台分系统

图 6.7　美国 ITT 公司的“矛头”

另一种是雷声公司“增强型定位报告系统”的小型电台（EPLRS Micro－Lite）。它体积小（230cm）、重量轻（不含电池为 400g），是一种采用 IP 协议的数据电台。它能同时传输话音和数据，用个人数字助理、计算机或手持装置显示数据，数据传输率为 57.6kb/s 和 525kb/s。其按一讲 IP 话音控制器用电缆与电台连接。该电台使用一个 12V 的电池组，能工作 36h。

但最终美军用“联合战术无线电系统”计划中的集群 5 为整个下车族提供单兵电台。目前集群 5 已确定要包括 12 款“小型装配式”（SFF）电台。从严格意义上说，SFF 不是独立的电台，而是装配在其他平台（如士兵系统、单个传感器、无人运载器和智能弹药等）中的射频部分。这 12 款 SFF 中，有 3 款（SFFB、SFFC 和 SFFI）是专为下车士兵设计的。首批集群 5SFF 电台已于 2007 年交货。

单兵电台的出现是战场通信的一次飞跃发展。过去下车步兵的无线电通信只延伸到班级，电台一般只装备到班长。第一次海湾战争时期，多国联军班内士兵通信基本仍沿用第二次世界大战中的老方法，即用喊声和手势传递信息。这种情况远远落后于民用通信。随着“士兵是一个系统”概念的出现，在这个系统中纳入电台的构想得到广泛认同，因此，各国提出的士兵系统计划无不把单兵电台作为重要设备。

单兵电台的优点主要表现为，首先，它使战斗中的单兵能迅速可靠地传递信息、共享信息，指挥效率和单兵态势感知能力大大提高；其次，它把单兵连入了数字化战场，使单兵能获得数字化战场上骨干网络的支持，实施以网络为中心的作战。依靠这些优势，单兵的杀伤力和生存力将得到空前的提升。正因为如此，单兵电台的出现很可能会改变今后的单兵作战方式。

未来单兵电台的发展主要是增强功能，逐渐向手持式电台看齐。一般的手持式电台只比单兵电台稍大一些，但功能强得多，能与背负式和车载式主力战术无线电系统甚至通信卫星直接连通；而且，除传输话音和数据外还能传输图像。这种电台目前更多的是装备特种作战部队。但美、英等国军中流传着这样一句话："特种部队今天的装备，就是常规部队明天的装备"。这就是说，下车士兵将来可望装备能力更强的单兵电台。不过，在单兵级，用喊声通信的方法不会被完全取代，因为在嘈杂和危机四伏的战斗环境中，用喊声发布命令或传递信息往往最快，也最有效。即便如此，单兵电台仍然受到士兵的热烈欢迎。目前的第一代单兵电台虽然能力相对有限，但无疑已成为通向联网士兵路途上的第一座里程碑。

6.2 外军的移动通信系统

军事移动信息系统具有移动通信和移动计算两大功能，特别适用军事作战环境，因而在未来的高技术战争中具有重要地位和作用。美军在 20 世纪 80 年代利用商业 CDMA 和 GSM 网络成功实现部分军用特殊功能的基础上，结合军方 GloMo、Mosaic、WIN－T 等项目的开发，发展军事移动信息系统，为地理位置分散并移动的指挥员及指挥要素提供灵活、可靠的面向个人的移动通信连接。

6.2.1 全球移动信息系统计划

从 20 世纪 90 年代开始，世界形势和格局都发生巨大变化，经济上的激烈竞争已不允许甚至像美国这样的经济大国继续在世界各地保持庞大的武装力量，但由于利益的驱动，又不得不在缩减军备的同时，保持强大的军事潜力。全球移动信息系统计划（GloMo）就是在这样的背景下，由国防高级研究计划局（DARPA）于 1994 年提出的，其目的是在指挥、控制、通信和计算机（C^4）系统中应用先进技术，从而提高其网络的灵活性、通用性和互通性。它一方面要满足未来国防上有效的移动信息系统的需求，另一方面又能利用商用部门开发的技术。同时，它也迎合了实施"数字化战场"计划的实际需要。

GloMo 于 1995 年开始实施，2000 年底结束，试验了大量的由高等院校等提供的新工艺和新技术，内容涉及网络应用、自动组网和适应环境的无线电技术。

1. GloMo 的特点

GloMo 计划的主要目标是为全球移动环境中可靠的端到端信息系统开发技术,把基础的商用元部件综合进灵活、可靠、多跳的宽带系统开发中去。GloMo 系统具有实时收发信息的能力,强调覆盖所有运动单元的能力,利用以陆地及空间为基础的各种通信设施,通过大容量通信干线连接到全球陆地移动通信网络中,GloMo 计划是在 DARPA 原来研究项目的基础上进行的。

GloMo 计划开发的特点如下。

(1) 强调“军民协同”发展军事移动信息系统的重要性。

(2) 计划基本涵盖了移动通信发展的前沿课题,并与第三代移动通信系统发展目标相吻合。

(3) 强调网络的可快速部署能力。

(4) 重视系统的模拟与仿真。

(5) 强调将高、中、低轨道卫星及无人中继器作为长距离无线链路的重要性。

(6) 强调把 Internet 作为移动信息基础结构重要组成部分的必要性,并将移动信息系统作为 Internet 在无线领域的扩展,因为基于 IP 的网络是目前网络演进和融合的必然趋势。

(7) 强调硬件的模块化。

(8) 强调网络对信息流密度、带宽的不对称性以及自适应抗干扰能力。

(9) 通过“中间件”(Middleware)的研究和应用,达到无缝隙的互联互通,实现不同类型数据、不同移动终端和不同业务间的无线多媒体数据交换。

(10) 重视低功率、低成本技术的开发,并开发高效的便携式移动终端,实现非对称传输的目标。

2. 发展状况与意义

GloMo 的一个重要思路是使计划的成果综合进商用产品,从而使下一代军事移动信息系统能以商用产品和业务为基础,同时在 GloMo 计划中,为支持国防需求而开发的许多技术最终将转移到商用技术和基础设施中。GloMo 计划发展的特点是大量依靠非军事院校和研究机构参与军用通信的研究,参加该项计划的国际知名院校有 10 个,承担了 35 个研究课题中的 22 个。

GloMo 计划于 2000 年完成,其研究成果已成为一些后续计划的基础,如 2000 年开始实施的多功能移动保密自适应综合通信系统(Mosaic)计划,将充分利用 GloMo 的成果和产品,其中涉及工作协议、抗毁的移动 IP、命名和寻址、多频段天线、抗同址干扰等技术。此外,GloMo 计划及其子计划 WING 中研究的多跳分组无线网络(Ad Hoc 网络)等技术将是开发下一代战术互联网的基础。

6.2.2 多功能动中通保密自适应综合通信系统(Mosaic)

Mosaic 是美国陆军目前进行的一项先进技术演示计划,通过把无线技术和协议综合在一起,为下一代战术互联网提供基础。计划将进行两次演示,分别在 2002 年进行中期演示和 2004 年进行终期演示。Mosaic 进行的高级技术演示将用来论证下一代战术互联网,以支持话音、数据、视频和多媒体业务在地面平台和空中平台上的无缝隙流通。

多年来,改进战术作战中心(Tactical Operations Center,TOC)的移动性和抗毁性一直是美陆军的主要目标,随着新时期对可抗毁、能快速插入的应急部队需求的不断提高,移动性和抗毁性的要求愈加重要。因此,Mosaic ATD 计划将着重开发未来所需的通信体系结构,以便支持战术环境下移动 TOC 的分布和传到—回传(Reach - back)通信功能。同时,该计划的实施必须满足以下几项作战与技术要求。

(1) 与 JTA 一致。

(2) 完全受保护的保密网络和节点。

(3) 在 TOC 可支持多个移动主机。

(4) 用于移动系统的陆地、机载和空间的无缝多模式的通信基础结构。

(5) 当陆地和机载移动主机在战场移动时,使其能维持与数据网络的连接。

(6) 为动中通(OTM)的 TOC 提供自动的横向和纵向越区切换。

(7) 支持话音、数据、视频及多媒体业务的近实时要求。

(8) 网络管理可允许快速自动的网络初始化和重建。

(9) 支持未来指挥所的无线连接。

(10) 实现车载系统、下车系统、战术干线系统以及战略系统的完全连接。

6.2.3 WIN - T 中的个人通信

指战员信息网 - 战术(WIN - T)是美国陆军史上第二次大规模重建的战术通信计划,是采用商用技术、用于传输有线/无线话音、数据和视频的 21 世纪战术通信系统,将形成下一代高级战术互联网,是实现陆军 2010 年及以后作战概念最具竞争力的系统。

1. 计划的重组

WIN - T 计划已于 2001 年完成作战需求分析。但根据美国陆军向“目标部队”全面转型的发展需求,2002 年陆军对该计划进行了根本的改进。

目前计划的重组已完成,将着重通信结构的调整、风险、技术准备状况分析及与其他转型计划(如 FCS、JTRS)的协调。重新编写的 WIN - T 可操作需求文件(ORD)将与目标部队概念结合起来,因此,其重点将从原先为传统部队和过渡部队提供通信能力转为更强调下一代系统(如 FCS)的需求,更能反映新时期的作战方式。陆军要求企业界从头开始设计 WIN - T,希望它包括计算机、电信和无线通信及卫星通信。

新计划采取“在仿真的基础上进行采购”方式,这样可以预先让大家知道规划的 WIN - T 系统是如何工作,给部队一个机会去解决相关的问题(如人员配置、设备需求和资金问题)。WIN - T 已从现代化计划转变为革命性计划,更加强调移动通信和采用现成的新技术。WIN - T 计划目前正在开发战术级的个人通信设备(PCD),应用于单兵和指挥官(Soldiers and officers),PCD 可使合法用户实现移动中访问网络。网络在战术级上具有巨大的网络操作、网络管理、信息安全和信息分发管理功能。

2. 个人通信领域的最新发展动向

美国陆军通信电子司令部(CECOM)空间与陆地通信管理局于 2003 年 9 月 30 日发布的 25 项研究与开发建议项目(有效期为 2003 年 9 月至 2007 年 9 月)中,有几项与 WIN - T 和未来军用移动通信有关。

1) Tactical Personal Communications System/战术个人通信系统

希望提供用于试验和演示的 3G、4G 个人通信系统(PCS)样机的研究。要求该项研究要解决战术移动通信应用中的技术难点。特别是应用方面,要求满足陆军战术通信系统(如 WIN - T)的需求,WIN - T 必须提供机动行动单元(Unit of Action)与部署单元(Unit of Employment)和外部网络的连接。PCS 将提供移动、保密、抗毁、无缝和基于多媒体的 C^4ISR 的能力。感兴趣的技术包括符合 CDMA2000、UMTS 标准的设备。

对无线个人通信设备(PCD),如 PDA 或蜂窝电话也感兴趣。PCD 必须为整个战场的指挥中心提供保密的类似商用的通信功能(会议、定位信息、点对点、通播)以及各种扩展的网络业务(话音、数据、图像、视频/多媒体)。3G 的解决方案应后向兼容 2G 系统,4G 解决方案应把 3G 的容量提高一个数量级。项目应包括综合分析和描述 4G 系统如何完成无线移动和无线接入通信的交会(Convergence)。

该项目还应解决频谱效率、动态带宽分配、无线保密通信应用、改进 QoS、数字收发信机技术、软件定义电台等,举例说明小区制组网结构(pico、micro、macro)的新一代系统是如何集成并应用于 WIN - T 结构的。把 3G 战术个人通信系统发展成 WIN - T 结构的时间是 2012 财年,4G 的时间是 2015 财年。

2) IPv6 for the Tactical Army/IPv6 应用于战术陆军

设想中 IPv6 应用于军用移动通信的性能之一是本身(Native)移动 IP 支持。

WIN－T 系统的手持机将为战场的漫游者提供话音和数据通信。移动 IP 特别适合漫游设备。移动 IPv6 比 IPv4 有巨大的改进，它不再需要国外代理，避免了三角路由。因此，IPv6 对 WIN－T 计划具有潜在的价值。目前已通过“陆军科学技术计划”进行评估。

6.2.4 美军军事移动信息系统建设的经验与教训

1. 强调移动信息系统的军民协同发展

GloMo 计划的一个突出特点是强调军民协同的指导思想，成为 21 世纪“军民协同”发展移动信息系统的一个样板。Mosaic 计划则是通过验证和筛选，把商用产品和国防部的研究成果集成在一起，以满足未来战斗系统和目标部队（Objective Force）的通信需求以及战场指挥系统基础结构的可移动性，形成一个未来战场所需的无缝隙通信体系结构。WIN－T 作为革命性计划，更加强调移动通信和采用现成的新技术。

2. 充分利用高校、企业的技术成果

美军军事信息系统发展中的新技术插入、商用技术与产品军事应用性研究，大量交由高校演示、论证与模拟、仿真，从而避免了大规模基础性研究费用的投入。军方也积极参与民用标准的制定工作，对移动信息技术的发展方向施加影响，以便在需要时可充分利用民用技术与商用系统。

3. 特别重视系统的建模、仿真与测试

美军历来十分重视通信网络的建模与仿真研究工作。GloMo 计划中的许多研究项目都要进行计算机模拟与仿真；Mosaic 本身即是一个先进演示验证计划；WIN－T 中的 PCS 系统基本以仿真验证商用 3G、4G 产品与技术为主。这种开发方式有效避免将全部科研资金投入硬件开发，便于充分利用商业移动信息技术飞速发展带来的成果，通过进行计算机模拟、仿真和评估，有选择性地加以利用，以达到大幅度降低研发成本的目的。

4. 充分利用商业界研发的军民两用技术

由于民用与军用移动信息系统的应用环境与目的不同，二者之间存在许多差异，很多时候不是通过简单的军民协同可以解决的。从需求与使用方式出发，在系统层次，可归结为网络结构、安全性、互操作性、多模式、多频段系统；在部件层次，军用系统需要软件无线电、智能天线、高性能滤波器和智能波形等。另外，对军事应用环境中的高密度通信平台及同址干扰等问题也需要进行专门研究。但技术成熟、性能可靠、价格较低的商用现货如数字信号处理器、智能天线等产品都已被美军大量运用。

5. 注重论证和验证、及时调整项目进展

美军在其军事信息系统建设过程中根据项目需求，做出过几次重大调整。20 世纪 80 年代后期，高通公司提出 CDMA 设计方案时就开始研究 CDMA 的军事应用，并且参与了 IS－95CDMA 标准的制定。但在 GloMo 计划初期（1994 年），由于 CDMA 移动通信设备还未商品化而在移动信息站系统的设计中没有应用扩频技术，只采用了 TDMA 方案，使系统在安全性、抗干扰、系统容量、抗多径等方面的性能均受到限制。几年之后，随着商用 CDMA 扩频技术产品的成熟，DAPRA 迅速提出在移动信息站中采用 W－CDMA 技术，以弥补上述缺陷。

美国在"9·11"事件救援行动中意识到，基于固定基础设施的 GSM 网上建立的应急通信系统（如无线优先系统，Wireless Priority System，WPS）也有其局限性，且不同地区赶赴现场的救援单位移动终端间的互通也无法协调，而软件无线电技术、AD Hoc 网络等军事通信网络中的研究热点技术，对解决上述问题具有民用网络无可比拟的优势。

根据美陆军向"目标部队"转型以满足未来战斗系统的需求，WIN－T 也从现代化计划转化为革命性计划，强调结合、运用 3G 和 4G 的先进技术与产品为地理分散的、不依赖于地理位置的"无线指挥员"（Wireless Commander）提供不间断的面向个人的多媒体业务。

6.2.5 对军民协同的军事移动通信发展启示

美军发展军事信息系统的经验教训启示我们，在建设军事移动通信系统过程中，应以军民协同发展为主线，加强系统仿真、验证，分步、持续发展，并结合军事理论进步及时调整计划。

1. 军民融合的军事适用性分析

通过设立专门项目开展移动通信领域商业现货产品及技术发展趋势军事适用性研究，以判断在商业市场上，哪些技术、产品和业务有可能满足军事移动通信系统的发展需求。主要研究内容包括以下几方面。

（1）对发达国家军民协同移动通信系统已进行的工作，在现有跟踪研究的基础上，进行深入的分析、研究。

（2）对利用民用通信网络结构、业务与应用、通信协议与标准等满足军事通信系统需求的研究。

（3）加强对民用移动通信智能天线、软件无线电、低成本、低功率和小体积的移动终端等关键技术的研究以提高军事移动通信的性能。

2. 充分利用高校、科研院所及企业的成熟产品与先进技术

我国在短短十多年就已经发展成为民用移动通信大国，不仅是世界最大的移动通信市场，而且拥有了自主知识产权的国际3G标准TD－SCDMA，4G的理论支持LAS－CDMA也由我国率先提出。在民用移动通信的蓬勃发展中，国内市场也储备了巨大的技术资源可供军方选用。

3. 加强军事移动通信系统模拟、仿真与验证

通过计算机模拟、仿真降低对具体硬件平台的依赖，加快对新技术的引入，通过软件性能的提升提高系统的可扩充性、可重用性；同时，通过系统工程集成与协调验证各种成熟产品、先进技术对军事移动通信系统的支持程度，使有限的国防经费投入发挥最大的军事效益。

4. 分步持续地发展军事移动通信系统

由于对民用移动通信标准的掌握情况及国内器件生产水平的制约，军事移动通信系统建设应根据我国现状和发展规划进行长期规划、持续发展和分步进行，并结合军事理论发展、移动通信新技术的出现和国内关键技术的突破及时进行调整。

美军军事移动信息系统发展的历程与趋势为建设"军民协同"的移动信息系统提供了极具价值的参考；而信息技术革命的迅猛发展也启示我们：在信息和知识已成为社会和经济发展的重要战略资源和基本要素的时代，人们更需要"随时随地"获取信息。因此，为满足我国信息产业的发展与国防需求，迫切需要建设一个军民协同的、大量采用商业现货产品（COTS）的、能够满足战时军事需求的、军民两用的移动信息系统。同时，利用先进的军事技术研究成果促进商业移动信息技术产品的发展，对提高我国的综合实力也具有深远的意义。

6.3 战车通信

6.3.1 战车通信的含义

战车通信技术是借助电台、车内通话器、车际信息系统完成车内和车际信息交流的技术，是单兵作战的载体。

战车通信是由单兵和车载通信装置完成的。早期的车辆通信设备主要有坦克无线电台、车内通话器、信号枪和信号旗等。现代车辆通信系统可以简称为C^3I（指挥、控制、通信与情报系统），和以前狭义上的车辆通信系统相比，它所包括的内容更加广泛，不仅指各种车载电台，还包括各种探测器（用于获取战场信息）、常规观瞄设备；带有定位导航装置的数据通信系统；各种控制装置，如交互式话音控制器；自动化管理组件，如通信管理组件。对于车长和车队指挥人员而言，车辆通信系统是他们指挥车辆、部队高速推进和控制武器精确打击目标的保证。

车载电台是安装在坦克和装甲车辆上的无线电通信设备，主要用于收发无线电话，常与车内通话器配套使用。早期车载电台用电子管组装而成，体积大、耗电多、频段窄、工作波道数量少，目前已广泛采用由晶体管和集成电路组装的超短波调频电台和短波单边带电台，这些电台体积小、耗电少、频段宽、工作波道数多、抗干扰性能好、话音质量和通信距离均有明显提高。车载电台的主要发展方向是：采用微处理机技术；发展数字通信和跳频通信；逐步实现模块化、微型化、通信保密化；提高抗干扰能力和工作可靠性；增大通信容量、提高通信质量。

跳频通信是指在额定频段内，通信发射机按照指令或预置的时间间隔连续地发射不同工作频率的信号，而接收机同步地接收这些相应的频段信号的通信方法。它是通信抗干扰措施之一，靠载频的随机跳变，躲避干扰，将干扰排斥在接收通道以外来达到抗干扰目的，避免敌方电台的干扰、窃听和测向。跳频通信因具有良好的抗干扰性和保密性而广泛应用于军事通信中。为了有效地提高通信抗干扰能力，应采用中跳频或快跳频通信。跳频通信系统的一项重要参数是频率的跳变速率，它很大程度上决定了跳频通信系统抗跟踪式干扰（中继转发干扰）的能力，所以实用的战术跳频电台跳速一直向更高的速率发展。

6.3.2 外军的战车通信

1998 年美国国防部提出了联合战术无线电台倡议，开发一种可编程、模块化通信系统，联合战术无线电台计划的一个主要目的是通过引入民用技术对现役的各种无线电台进行调整。这一数字式、模块化无线电台应具有开放性系统结构，这样便于引入未来新技术，能够通过软件再编程来升级，可提供特高频卫星通信，并可与正在服役的“快相应Ⅱ”（Have Quick Ⅱ）抗干扰无线电台系统和“辛嘎斯”（Sincgars）单信道地面与机载无线电台系统的设备兼容。在此基础之上，通过采用“即插即用”设计和分别使用适合不同用途的模块化组件，该无线电台系统便能够满足特殊部队的特殊需求。新电台将具有全球定位系统接口和较强的纠错能力，数据传输速率比改进前提高一倍。同时还装备一定数量的具有多方式、多频段，能与 Sincgars 大讲堂和增强型定位报告系统等互通的数字化电台，以解决动态图像的传输问题。

美国 M1A2 坦克 SEP“系统改进组件”计划的重点放在坦克的 C^3 子系统和车际信息系统（Interactive Video Infornation System，IVIS）上，突出了指挥、控制与通信（C^3）子系统的重要性，依靠 C^3 组件（21 世纪部队指挥和控制组件），坦克和装甲车辆既可以作为传感器，又可以作为一种进攻武器。

“车际信息系统”由战区地图系统、定位导航系统、数字式电台系统、双重计算机系统、敌我识别系统组成(图6.8)。该系统实质上是采用了战斗机的某些技术,在车长控制下通过作战区域的综合方格坐标地图系统处理关键信息,显示敌我双方车辆的位置和指战员所需要的资料,提供当前态势及对关键系统的诊断结果。这些功能在一定程度上减轻了坦克乘员枯燥的事务性工作,同时使车长和部队的指挥官能更好地了解战场局势,以利于快速而又准确地作出战术决策。车际信息系统还增设了一个定位导航系统。该系统通过车长和驾驶员的一体式显示器向车长和驾驶员显示车辆位置和航向参数,减轻了车长以前繁重而费时的导航任务,极大地改善了总的态势感知,使驾驶员无须车长指挥就可以进行阵地转移,使车际信息系统大大提高了战场指挥与控制能力,使地面战斗中单车、部队的指挥与控制能力和协同动作的质量大大提高。

图6.8　车际信息系统

德国也在实施坦克/战车综合指挥与信息系统(IFIS)计划,并计划在21世纪初为“豹2”坦克安装具有数据传输、定位导航和远距离探测能力的IFIS,以增强其坦克/战车的可指挥性。

英国“挑战者2”和法国“勒克莱尔”坦克都安装了车载情报系统(战场管理系统),而且正在继续研制新的坦克C^3I系统。其中英国的MEL公司正在为英国陆军研制新的车辆综合情报与通信系统(IVICS)。

澳大利亚也在研制C^3I系统,以便为澳大利亚国防力量提供高效、有力的综合指挥、控制通信和情报系统。目前,澳大利亚有关部门已制造了一种研究性的车辆,形成一个实验性的C^3I技术环境。澳大利亚希望系统能在以下几个方面提高部队的作战能力,即作战指挥水平上具有绝对优势、具备完善的综合防务信息系统以及可靠的信息网。

数字化系统较少因受外部因素的影响而出现偏差,因此受到普遍欢迎。数字化可以促进更有效地利用带宽，增加信息通过速度以及有关战斗空间信息的快速分发。具有数字化通信能力的未来车辆将摆脱传统的作战与使用方式，具有数字化数据处理与数据分配的能力，能够接收并传送与通信、威胁对抗、武器控制、传感器控制、人工智能、训练、维修、后勤保障等各方面的有关信息。

6.3.3 战车通信发展趋势

21 世纪的战争是信息化战争，未来战争的胜负取决于对信息的优先掌握，有效的通信联络是任何现代化指挥、控制、通信和情报系统的基础，为了取得战场上的信息优势，在大力发展数字化装备、推进部队数字化进程的同时，也必须提高通信能力，因为通信能力是实现战场数字化的首要条件。21 世纪的战车将不再以精良的单一武器为主，而将运用一整套反应灵敏、具有多种通信手段的武器系统，以提高自身的整体攻防能力。车辆通信技术主要有以下几个发展趋势。

（1）采用综合抗干扰技术，提高抗毁及安全保密性，如提高跳频速度、开发变速跳频电台、采用自适应跳频技术、研制宽频段电台、采用抗干扰性强的码分多址技术等。

（2）加强战术通信互联互通的研究，建立互通规约，开发软件无线电技术。

（3）设备向多功能化、标准化、模块化、小型化方向发展。

（4）提高数据通信能力。

（5）充分利用现有民用技术。

随着数字化和其他通信技术的发展，车辆通信的发展已经步入了一个革命性的新技术时代，未来车辆将可以获得战场信息优势，实现真正“耳聪目明”，通信指挥畅通无阻，能够使作战人员可以更好地掌握作战形势，有效地进行协调一致的作战。

第7讲 数 据 链

信息化武器的一个重要特点是武器平台之间实现横向联网，并融入信息网络系统，做到信息资源共享，从而最大限度地提高武器平台的作战效能。享有“信息化武器中枢系统”之称的数据链正是能起这种作战效能作用的有效手段。

“数据链”是采用网络通信技术和应用协议，实现机载、陆基和舰载战术数据系统之间的数据信息交换，从而最大限度地发挥战术系统效能的系统。也可以将“数据链”理解为，在数据通信网络中，按照某种链路协议连接两个或多个数据节点的特殊通信设施。由系统与设施、通信规程和应用协议组成，主要包括信道机、链路控制与通信协议以及格式化信息。数据链的信道机实际上是指各类无线电收发信设备，主要用来提供数据通信的信道。链路协议是指建立、保持和释放一个逻辑数据链路以及经由链路传送数据的一组规则。数据链的链路协议和控制程序，主要用来建立通信网络，提供逻辑通信链路，并控制数据在逻辑链路中的传送，主要包括频率协议、波形协议、链路与网络协议加密标准以及信息交换标准。格式化信息是数据链系统传送的数据内容，如代码形式的目标位置与状态信息、战场态势和指控指令等。数据链传送的信息一般可以分为联合作战司令向各作战部队发送的作战命令、各作战部队之间传送的作战状态与能力、传感器到武器之间的目标位置等。

“数据链”可以形成点对点数据链路和网状数据链路，使作战区域内各种指挥控制系统和作战平台的计算机系统组成战术数据传输/交换和信息处理网络，为作战指挥人员和战斗人员提供有关的数据和完整的战场战术态势图。机载平台上的战术“数据链”系统的最大通信距离可达800km。如果使用卫星，则可进行全球通信。

“数据链”和野战无线电通信系统、信息分发系统既有联系又有区别，有了信道设施并不意味着有“数据链”缺少高层协议；同一“数据链”可以寄托在不同的通信链路上。“数据链”主要技术包括：高效、远距离通信；各种相关信息系统之间的互联、互通与互操作；用于抗干扰通信的多波束指零天线；数据融合技术以及自动目标识别等。

早在20世纪80年代，“数据链”就在战场上崭露头角。1982年的贝卡谷地空战中,叙利亚方面用的是米格-21战斗机,以色列方面是F-15和F-16战斗机。尽管双方面的飞机档次相差不大,但以色列方面以损失一架飞机的代价,取得摧毁叙利亚19个地空导弹阵地和81架飞机的战果。战后,世界各国军事专家对这次空战不约而同地得出了这样的结论,以色列空军之所以拥有令人望而生畏的能力,主要来自于一架预警和指挥控制飞机与若干架战斗机的高度协同和配合。

7.1 战场数据链

7.1.1 数据链的定义

未来战争是联合作战下的体系对抗,联合作战的本质是战场资源的有效共享。指挥、控制、通信、计算机、情报、监视与侦察系统(C^4ISR)发展的最终目标是使作战单元之间的信息无缝交换,高度互操作,为战略、战役、战术各个层次的指挥员快速、准确地决策提供保障。信息优势是现代战争制胜的先决条件,夺取信息优势使得战场态势感知、决策和交战的每一个环节对作战信息和数据交换的需求都有了前所未有的增长。作战信息包括敌我友等各方的目标信息、部队运动与部署情况、装备状况、补给水平、资源分配和环境信息等,作战信息必须适时地提供给联合作战指挥员及其作战平台,信息流能够遍及战役和战术各个层次。

数据链作为C^4ISR系统框架的基本组成部分,在传感器、指(挥)控(制)单元和武器平台之间实时传输战术信息,是满足作战信息交换需求的有效手段。数据链是现代信息技术与战术理念相结合应运而生的产物,是为了适应机动条件下作战单元共享战场态势和实时指挥控制的需要,采用标准化的消息格式、高效的组网协议、保密抗干扰的数字信道而构成的一种战术信息系统。数据链紧紧围绕提高作战效能的需要,以实现共同的作战目的为前提,将各种作战单元链接起来形成一个有机整体,数据链装备是数据链功能和技术特征的物化载体。数据链组网关系服从战术共同体的需要,以实现同一战术目的为前提,以专用的数字信道为链接手段,以标准化的消息格式为沟通语言,将不同地理位置的作战单元相组合构成一体化的战术群,能够在要求的时间内,以适当的方式,把准确的信息提供给需要的指挥人员和作战单元,形成“先敌发现、先敌攻击”的决策优势和作战优势,从而协同、有序、高效地完成作战任务。数据链链接了C^4ISR系统与武器平台,是C^4ISR系统功能的延伸和决策优势的体现,是将信息优势转化为战斗力的关键装备和有效手段。

美军参联会主席令(CJCSI6610.01B,2003 年 11 月 30 日)对战术数字信息链的定义为:"通过单网或多网结构和通信介质,将两个或两个以上的指挥控制系统和/或武器系统链接在一起,是一种适合于传送标准化数字信息的通信链路,简称 TADIL"。TADIL 是美国国防部对战术数字信息链的简称,Link 是北约组织和美国海军对战术数字信息链的简称,二者通常是同义的。国内通常将战术数据信息链简称为数据链。外军典型的战术数字信息链有 4 号数据链(TADIL - C/Link - 4)、11 号数据链(TADIL - A/Link - 11)、16 号数据链(TADIL - J/Link - 16)和 22 号数据链(TADIL - FJ/Link - 22)以及可变消息格式(VMF)数据链等。

7.1.2 数据链的特征

数据链一般由消息格式、链路协议和传输通道构成,完成传感器、指挥控制系统与武器系统之间实时信息的交换,并处理战场态势、指挥控制以及火力控制等战术信息。数据链是传感器、指挥控制系统与主战武器无缝链接的重要纽带,是实现信息系统与武器系统一体化的重要手段和有效途径,已成为提高武器系统信息化水平和整体作战能力的关键。数据链的应用可以形成传感器 - 指挥控制 - 射手(武器)的一体化。数据链与相关作战单元的关系可以用图 7.1 来表示。

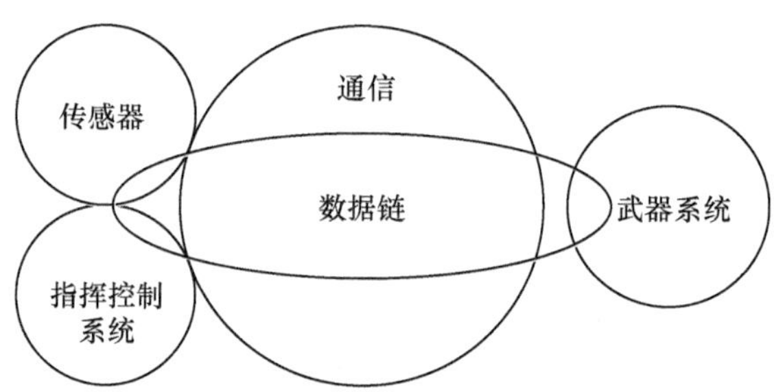

图 7.1　数据链与相关作战单元的关系

数据链依托通信信道,在规定的周期内、按规定的通信组网协议和消息格式,向指定的链接对象传输必要的战术数据信息。数据链的基本特征主要体现在以下几个方面。

(1) 信息交换实时化。信息的实时传输是数据链重要的特性,由于战场状态瞬息万变,如飞机、导弹等武器的飞行航迹的坐标方位等信息具有很强的时效性,如果信息传输达不到一定的实时性,时过境迁,信息也就失去了意义。为了达到战术信息的实时传输性能,通常要采用多种技术措施来设计数据链:一是采用面向比特的方法来定义消息标准,其目的是尽可能地压缩信息传输量,提高信息的表达效率;二是选用高效、实用的交换协议,将有限的无线信道资源优先传输重要且等级高的信息;三是数据链系统设计始终把握传输可靠性服从于实时性的原则,在满足实时性的前提下,才考虑如何提高信息传输的可靠性,比如,一般不采用交织技术和反馈重发等协议来提高抗误码性能;四是与常规的通信系统相比,采用相对固定的网络结构和直达的信息传输路径,而不采用复杂的路由选择方法;五是综合考虑实际信道的传输特性,将信号波形、通信控制协议、组网方式和消息标准等环节作为一个整体进行优化设计。

(2)战术信息格式化。数据链具有一套相对完备的消息标准,标准中规定的参数包括作战指挥、控制、侦察监视、作战管理、武器协调、联合行动等静态和动态信息的描述。信息内容格式化是指数据链采用面向比特定义的、固定长度或可变长度的信息编码,数据链网络中的成员对编码的语义具有相同的理解和解释,保证了信息共享无二义性。这样不仅提高了信息表达的准确性和效率,为战术信息的实时传输和处理节约时间,也为各作战单元的紧密链接提供标准化的手段;还可以为在不同数据链之间信息的转接处理提供标准,为信息系统的互操作奠定基础。

(3)传输组网综合化。由于飞机、舰船等武器平台具有高机动性的特点,数据链使用的传输信道一般是无线信道,采用综合数字化技术进行处理,具备跳频、扩频、猝发等通信方式以及加密手段,具有抗干扰、高效率和保密功能。数据链作用于有限的战斗空间,受地球曲率半径的限制,在地—空或空—空传输时,无线视距传输作用距离为 300 ~ 500km。随着卫星等远距离通信手段的引入或通过中继,这个距离是可以扩展的。传输资源按需共享是数据链组网的一个重要特征,传输按需共享是指数据链网络的各节点,既能接收和共享网络其他成员节点发出的信息,也能按照轻重缓急程度的需要分配总的信息发送时间、分配总的发送信道带宽。采用合理的发送机制或广播式的发送方式,保证数据链的链接对象能及时了解由数据链构成的信息“池”内的相关信息。

(4)链接对象智能化。在战术信息快速流动的基础上,链接对象之间通过数据链形成了紧密的战术关系。链接对象担负着战术信息的采集、加工、传递和应用等重要功能,要完成这些功能,链接对象必须具有较强的数字化能力和智能化水平,可以实现信息的自动化流转和处理,这样才能保证完成赋予作战单元的战术作战任务。数据链的紧密链接关系主要体现在两个层面:一是数据链的各个链接对象之间形成了信息资源共享关系;二是数据链的各个链接对象内部功能单元信息的综合,如飞机上可以将通信、导航、识别、平台状态等信息综合为一体,将指挥控制系统与武器平台在战术层面紧密交链是数据链的重要功能,链接关系紧密化便于形成战术共同体,大大延伸单个作战平台的作用范围,增强作战威力。因此,数据链是信息化战争条件下的“兵力倍增器”。

(5)传输介质多样化。为适应各种作战平台的不同信息交换需求,保证信息快速、可靠地传输,数据链可以采用多种传输介质和方式,既有点到点的单链路传输,也有点到多点和多点到多点的网络传输,而且网络结构和网络通信协议具有多种形式。根据应用需求和具体作战环境的不同,数据链可采用短波信道、超短波信道、微波信道、卫星信道及有线信道,或者这些信道的组合。

7.1.3 数据链的基本组成

数据链系统包括 3 个基本要素,即传输通道、通信协议和标准的格式化消息。其设备的基本组成通常有战术数据系统(Tactics Data System,TDS)、接口控制处理器、数据链终端设备和无线收/发设备等,如图 7.2 所示。

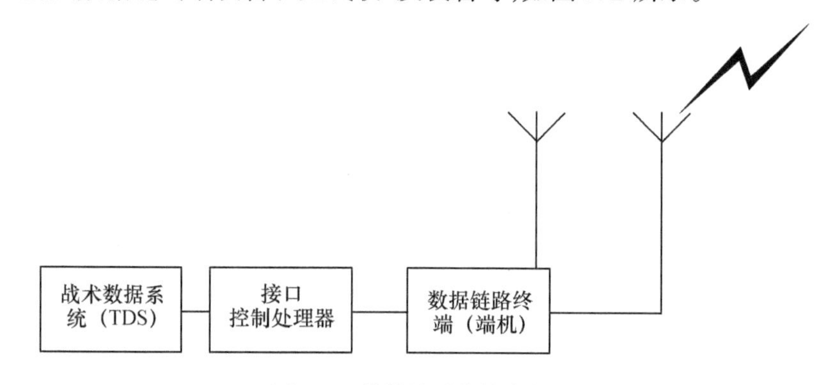

图 7.2 数据链系统构成框图

TDS 一般与数据链所在作战单元的主任务计算机相连,完成格式化消息处理。TDS 硬件通常是一台计算机,它接收各种传感器(如雷达、导航、CCD 成像系统)和操作员发出的各种数据,并将其编排成标准的信息格式;计算机内的输入输出缓存器用于数据的存储分发,同时接收处理链路中其他 TDS 发来的各种数据。

接口控制处理器完成不同数据链的接口和协议转换,实现战场态势的共享和指挥控制命令、状态信息的及时传递。为了保证对信息的一致理解以及传输的实时性,数据链交换的消息是按格式化设计的。根据战场实时态势生成和分发以及传达指挥控制命令的需要,按所交换信息内容、顺序、位数及代表的计量单元编排成一系列面向比特的消息代码,便于在指挥控制系统和武器平台中的战术数据系统及主任务计算机中对这些消息进行自动识别、处理、存储,并使格式转换的时延和精度损失减至最小。

传输通道通常是由端机和无线信道构成,端机设备在通信协议的控制下进行数据收发和处理。端机一般由收发信机和链路处理器组成,数据终端设备(DTS)又简称为端机,是数据链网络的核心部分和最基本单元,主要由调制解调器、网络控制器和密码设备等组成。密码设备是数据链系统中的一种重要设备,用来确保网络中数据传输的安全。通信规程、消息协议一般都在端机内实现,它控制着整个数据链路的工作,并负责与指挥控制或武器平台进行信息交换。一般要求端机具有较高的传输速率、抗干扰能力、保密性、鲁棒性和反截获能力,实现链路协议和动中通。数据链各端机之间需要构成网络便于交换信息,通信协议用于维持网络有序和高效地运行。

数据链的工作过程:首先由作战单元的主任务计算机将本单元欲发送的战术信息,通过 TDS 按照数据链消息标准转换为格式化消息,经过接口处理及转换后,由端机按照组网通信协议处理后,再通过传输设备发送(通常为无线设备)。接收方(可以一个或多个)由其端机接收到信号后,由端机按组网通信协议进行接收处理,再经过接口处理及转换后由 TDS 进行格式化消息的解读,最后送交到主任务计算机做进一步处理和应用,并通过图形符号的形式显示在作战单元的屏幕上。

数据链一般工作在 HF、VHF、UHF、L、S、C、K 频段。具体的工作频段选择取决于其赋予的使命任务和技术体制。例如,短波(HF)一般传输速率较低,但具有超视距工作能力;超短波(V/UHF)用于视距传输且传输速率较高的作战指挥数据链系统;L 波段常用于视距传输、大容量信息分发的战术数据链系统;S/C/K 波段常用于宽带高速率传输的武器协同数据链和大跨距的卫星数据链。

7.1.4 数据链与数字通信的关系

数据链与数字通信系统具有天然的渊源,可以说数字通信技术是数据链的重要技术基础,但并不等于说数据链就是数字通信。一般说来,数字通信的主要功能是按一定的质量要求将数据从发端送到收端的透明传输,即完成“承载”任务,通常不关心所传输数据表征的信息,数据需要由所在的应用系统来做进一步处理后形成信息。而数据链则不然,除了要完成数据传送的功能外,数据链终端还要对数据进行处理,提取出信息,用以指导进一步的战术行动。另外,数据链的组网方式也与战术应用密切相关,应用系统可以根据情况的变化,适时地调整网络配置和模式与之匹配。数据链消息标准中蕴含了很多战术理论、实战经验数据和信息处理规则,将数字通信的功能从数据传输层面拓展到了信息共享范畴。

数据链是紧密结合战术应用,在无线数字通信技术和数据处理技术基础上发展起来的一项综合技术,将传输组网、时空统一、导航和数据融合处理等技术进行综合，形成一体化的装备体系。在今后相当长一段时期内，无线数字通信技术仍然是数据链装备发展的主要技术基础之一。

数据链系统与数字通信系统的区别和联系主要体现在以下方面。

（1）使用目的不同。数据链用于提高指挥控制、态势感知及武器协同能力，实现对武器的实时控制和提高武器平台作战的主动性；而数字通信系统则是用于提高数据传输能力，主要实现传输目的，但数字通信技术是数据链的基础。

（2）使用方式不同。数据链直接与指挥控制系统、传感器、武器系统链接，可以“机—机”方式交换信息，实现从传感器到武器的无缝链接；而数字通信系统一般不直接与指挥控制系统、传感器、武器系统链接，通常以“人—机—人”方式传送信息。数据链设备的使用针对性很强，在每次参加战术行动前都要根据作战的任务需求，进行比较复杂的数据链网络规划，使数据链网络结构和资源与该次作战任务最佳匹配；而数字通信终端通常为即插即用，在通信网络一次性配置好后一般不作变动，不与作战任务发生直接的耦合。

（3）信息传输要求不同。数据链传输的是作战单元所需要的实时信息，要对数据进行必要的整合、处理，提取出有用的信息；而数字通信一般是透明传输，所有的措施是为了保证数据传输质量，对数据所包含的信息内容不做识别和处理。另外，为实现运动平台的时空定位信息被其他用户所共享，各数据链终端需要统一时间基准和位置参考基准；而通信系统一般不考虑用户的绝对时间基准（通信系统的相对时钟同步是解决传输的准确性问题）与空间位置的关系。

（4）与作战需求关联度不同。数据链网络设计是根据特定的作战任务，决定每个具体终端可以访问什么数据、传输什么消息、什么数据被中继，数据链的网络设计方案是受作战任务驱动的，从预先规划的网络库中挑选一种网络设计配置，在初始化时加载到终端上。数据链的组网配置直接取决于当前面临的作战任务、参战单元和作战区域。数据链的应用直接受作战样式、指挥控制关系、武器系统控制要求、情报的提供方式等因素的牵引和制约，与作战需求高度关联；而数字通信系统的配置和应用与这些因素的关联度相对较低。

总地说来，数据链是有针对性地完成部队作战时的实时信息交换任务，而数字通信是解决各种用户和信息传输的普遍性问题。数据链所传送的信息和对象，要实现的目标十分明确，一般无交换、路由等环节，并简化了通信系统中为了保证差错控制和可靠传输的冗余开销，它的传输规程、链路协议和格式化消息的设计都针对满足作战的实时需求。由数据链网络链接各种平台，包括指挥所和无指挥控制能力的传感器与武器系统等，其平台任务计算机需要专门配置相应的软件，以接受和处理数据链端机传来的信息或向其他平台发送信息。数据链与平台任务计算机之间必须紧密集成，以支持机器与机器、机器与人之间的相互操作。

可以将通信系统形象地比喻成商品流通行业中的集装箱运输,其功能是在一定的期限内,尽量无损地将货物从发货点运送到目的地,涉及交通线路(传输通路)、交通规则(传输规程)和中转(交换)等环节,承运方一般不关心集装箱里装的是什么物品(信息内容)。而数据链就像联锁店的鲜活品的物流配送,既涉及交通线路(传输通路)、交通规则(传输规程)和中转(交换)等环节,又要把不同种类(格式)、不同数量的物品(信息内容)配送到需要的商店(链接对象),而鲜活物品对环境条件和配送时间(实时性)有十分严格的要求。

7.2 数据链的参考模型

7.2.1 参考模型的作用

为了加深对数据链系统概念的理解和工程应用的需要,这里尝试采用层次结构表示方法对数据链模型进行探讨,通过数据链系统建模,对数据链物理设备进行逻辑抽象,定义其参考模型。

可以从功能、应用和技术 3 个方面建立数据链的参考模型,其目的是提供一种公共的概念框架,规定数据链各功能层次所包含的主要内容、提供的功能服务和接口、指标分类。以模型功能层次和接口为对象,标识出标准轮廓和指南,以满足特定数据链范畴的技术要求。对各数据链系统的功能进行分类,将具有共同技术特征的环节称为功能层。其目的是使各方面的人员在理解数据链系统的组成关系、概念内涵、功能指标、接口规范、标准体系以及设备分类等方面有共同的基础,便于达成共识,为数据链需求分析、功能综合、系统设计及设备开发奠定技术基础。建立参考模型也为各种数据链的应用之间实现互操作提供方便,为不同数据链设备的通用性、可重用性、可移植性以及为通过采用公共“部件”降低成本提供基础。

7.2.2 数据链的功能模型

在陆、海、空、天、电(磁)多维战场空间,数据链通过抗干扰实时传播、链路组网、格式化消息处理、武器平台应用集成等方面技术的应用,实现态势共享、精确指挥控制和一体化武器协同等方面作战能力。数据链是未来 C^4ISR 系统的重要组成部分,是 C^4ISR 系统向作战平台的延伸,与传感器和武器系统形成一体化的纽带,是实现战场信息感知、快捷指挥和精确打击的关键手段。其功能模型如图 7.3 所示。

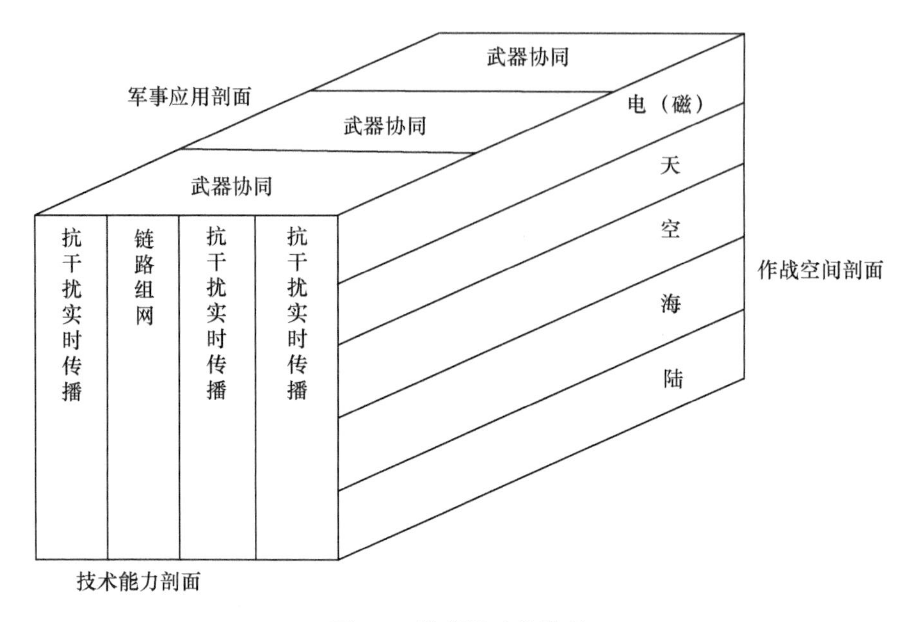

图 7.3　数据链功能模型

7.2.3　数据链的应用模型

传感器网络包括分布在陆、海、空、天的各类传感器，对战场环境进行不间断的侦察和监视，是部队作战的主要信息源，通过数据链将获取的信息实时、可靠地分发给各级指挥所和有关作战平台，形成实时、完整、统一的战场态势图，以提高战场感知能力，辅助指挥决策，并为武器平台实施有效打击提供情报支援。

指挥控制系统包括各级各类指挥所，是部队实施作战指挥的核心，需要在全面掌握战场态势的基础上，将指挥控制命令和情报支援信息实时、可靠地传输至各类作战平台，实现协同作战或联合作战。数据链系统的应用模型如图 7.4 所示。

武器平台包括各类陆基武器平台、海上武器平台、空中武器平台和天基武器平台。一方面要根据指挥控制命令和目标指示信息实施对敌攻击，同时遂行协同作战任务的武器平台之间需要直接传输协同信息，以提高武器平台的协同作战能力和整体作战效能。

数据链系统将大范围内的敌我分布态势信息实时分发到各参战平台，并指示、引导各作战单元做好准备，包括使各传感器做好准备，对准敌方目标可能出现的方向，一旦敌方目标出现便及时捕获；然后捕捉战机，在武器平台之间分发目标信息和武器协同命令，根据各武器平台的特点有效地运用火力，先于敌方下

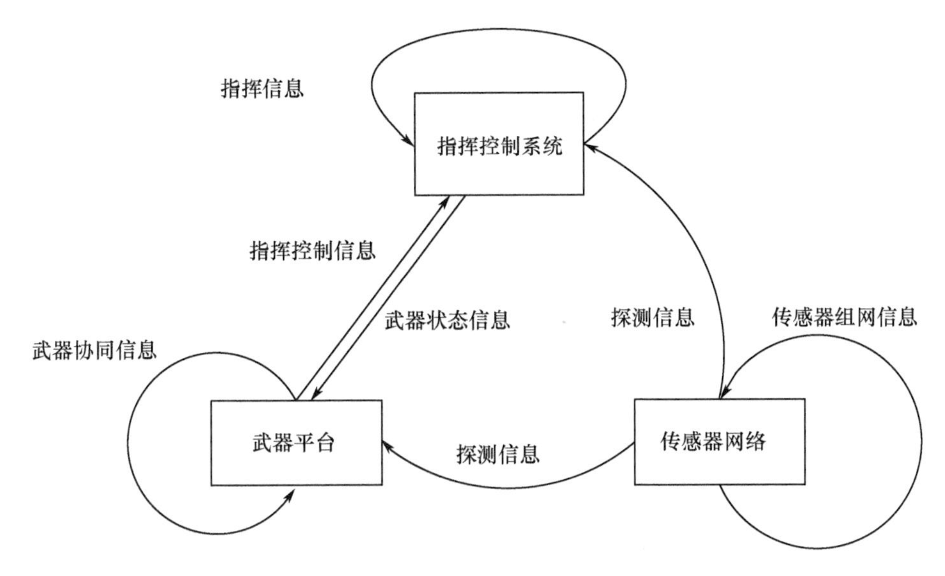

图 7.4　数据链系统应用模型

手,对敌目标发动攻击。这样将战场资源整体优化应用,形成一体化的作战能力,大大提高作战部队体系对抗的能力,实现 1 +1 >2 的效果。

7.2.4　数据链的技术模型

数据链技术模型可以划分为 3 个层次,包括处理层、建链层和物理层,如图 7.5所示。

1. 处理层

处理层主要完成战术数据系统的有关功能,把传感器、导航设备和作战指挥等平台产生的战术信息格式化为标准的消息,通过由建链层和物理层组成的数据链端机发送给其他相关的入网单元;恢复和处理接收到的格式化消息,转换为战术信息送到本平台武器系统的控制器或自动控制装置、指挥控制系统的显示装置或人机接口。

本层的主要功能包括数据过滤、综合、加/解密、航迹信息管理、时间/空间信息基准统一、报告职责分配、显示控制、消息格式形成等。多数据链组网时,本层还要实现多链互操作,包括时空基准统一、各类消息转换、地址映射、消息转发等功能。

2. 建链层

建链层将处理层送来的格式化消息经过成帧处理后送到物理层;同时接收物理层上传的数字流,经过分帧后,恢复成为格式化消息送到处理层进行处理。

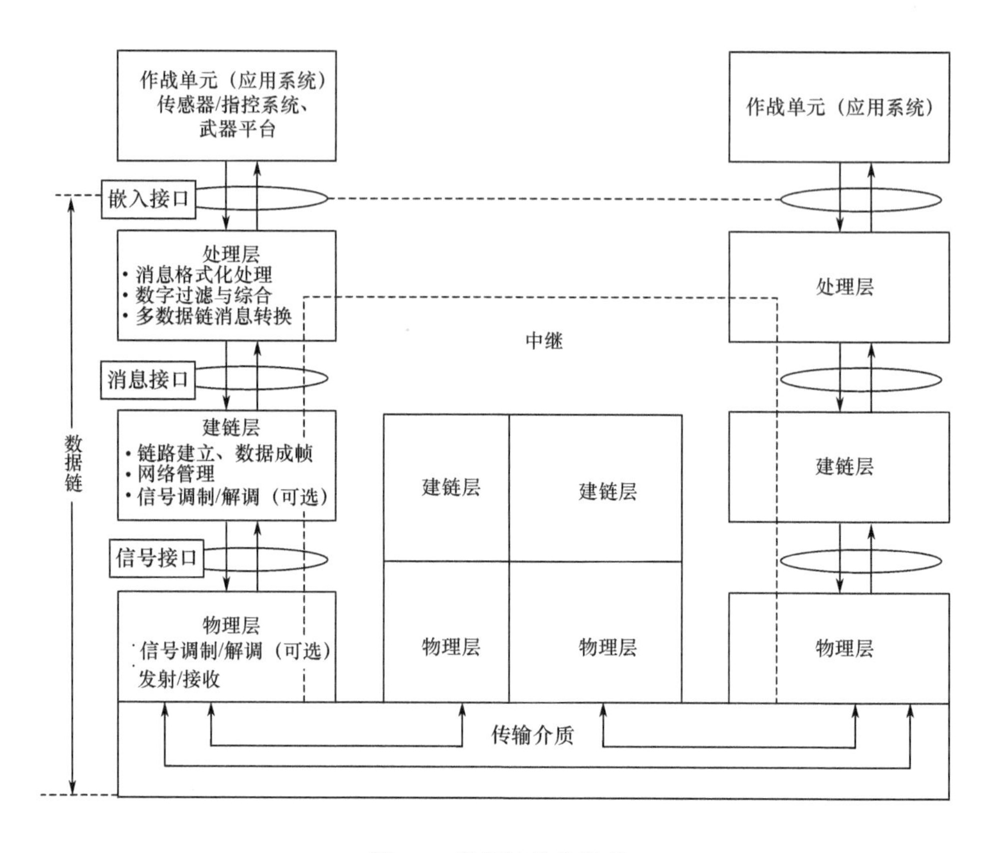

图 7.5　数据链技术模型

本层主要由数字处理模块、组网协议处理器、通信控制器等组成。其功能包括形成传输帧结构，实现网络同步、差错控制、接口控制、信道状态监测和管理、传输保密、多址组网和地址管理等。

3. 物理层

物理层主要完成数字信号传输功能，不对数字流的内涵做处理。它将建链层送来的数字信号，经过变频放大后，向其他网内单元发送；同时接收其他网内单元传来的信号，还原成数字信号，送到建链层做进一步处理。本层由无线收/发信机及天线等部分组成信道设备，包括传输媒体。调制解调器也可以在本层实现。

各功能层次之间有三类接口，具体如下。

（1）嵌入接口。嵌入接口是数据链与应用系统之间的界面。通过此接口明确数据链的边界条件及信息类型，涉及的主要应用系统包括传感器、武器控制系统、导航设备、自动驾驶仪、电子战系统、综合显示设备等，这些设备是产生信息的源头或是使用信息的终点。本类接口形式取决于具体的应用系统，如 LAN 接口、1553B 接口等，其应用功能也可以直接嵌入平台的主机。

（2）消息接口。消息接口是处理层与建链层之间的界面。逻辑接口要求遵从消息格式交换标准，物理接口有串行及并行形式，如 EIA－232、EIA－422、LAN 接口、1553B 接口等。

（3）信号接口。信号接口是建链层与物理层之间的界面。此类接口一般传送基带调制模拟信号；如果调制解调器功能在物理层实现，则透明传送二进制数字流。

7.3　数据链兴起的背景

由于作战形式与作战环境的变化，数据链的发展最早主要从防空与海、空作战的需求驱动而出现。第二次世界大战后，喷气式飞机的迅速发展与导弹的出现，使陆上、海上防空及空中作战的节奏大为加快，遇到多架飞机不断地改变航向、运动方式变化或多机同时交战状况时，若仅仅靠指挥员通过无线电话音持续通报敌机飞行路线和状态，并引导己方作战单元交战已经十分困难了，对分秒必争的防空作战更是无法接受；反之，若攻击方要以无线电话音指挥、控制高速飞机实施攻击，也变得很困难了。

此外，雷达等新式传感器的发展与广泛运用，也使军事情报的内容更为丰富，同时数据量也大为增加，无法以简单的话音报告来传递情报。在战场上需要迅速地传递、交换各作战单元自身的位置、状况以及所获得的敌情等各种情况和情报，将雷达等传感器所获得的情报数据及作战指令经处理后，以数字或文字形式直接使用无线电信号传送到接收成员的显示器上，以便及时掌握战场态势并采取相应行动；具有一定程度自动发报能力的数据链路也可降低无线电频道的阻塞情况，并大大降低了操作人员的负荷。

另外，以一定格式传递的数据（如雷达数据），也易于软件的处理转换，自动地与战场地图融合成实时的战场态势图，并呈现在显示器上，便于指挥人员的指挥决策。而话音则只能由接收方人员在心中形成抽象的状况态势，或者由人工将话音的信息转化成文字符号，再标注到图板上形成战场态势图，除耗费人力外，在时效性或数据更新速度上远远不能满足要求。

7.3.1　数据链的酝酿和产生

第二次世界大战后的 50—60 年代，在空军和防空方面，随着飞机性能的不断提高，加上导弹等新式武器的出现和发展，配合新军事理论的提出以及部队体制与作战方式的改变,使战争的速度有了飞跃性的提高,三维空间的战场上敌我态势瞬息万变,战机稍纵即逝,特别是雷达与各种传感器的迅速发展,军事信息中非话音性的内容显著增加,如数字情报、导航、定位与武器的控制引导信息等,其所产生的情报数据量已经非常庞大,只用话音传输已经远远适应不了需求了,此时数据链的雏形便应运而生。

为了对付不断增强的空中威胁,适应飞机的高速化与舰载、机载武器导弹化的发展,先进国家自20世纪50年代起就开始发展数据链。数据链最早雏形是美军于20世纪50年代中期以后,启用的半自动地面防空(Semi - Automatic Ground Enviroment SAGE)系统。这种以计算机辅助的指挥管理系统,使用了各种有线和无线数据链路,将系统内的21个区域指挥控制中心、36种不同型号共214部雷达连接起来,采用数据链自动地传输雷达预警信息。比如,位于边境的远程预警雷达一旦发现目标,只需15s就可将雷达情报传送到位于科罗拉多州的北美防空司令部(NORAD)的地下指挥中心,并自动地将目标航迹与属性数据等信息经计算机处理后,显示在指挥中心内的大型显示屏上;若以传统的战情电话传递信息并使用人工标图作业来执行相同的程序,至少须费时数分钟至10多分钟。数据链在SAGE系统中的运用,使得北美大陆的整体防空效率大大提高。

在海军方面也出现了对数据链的需求。可迅速交换情报信息的数据链,可以使海军舰队中各舰艇或舰载飞行编队中各机共享全舰队或整个飞机编队的信息资源,分享各作战单元传感器的数据,数据链可使各作战单元的感知范围由原先各舰或各机所装备的传感器探测范围,扩大到全舰队或全机队所有的传感器探测范围。编队内的各成员不再是单架的孤立飞机或单艘的军舰,而是通过数据链连接为一个有机的整体,大大提高了各单元的战场感知能力。编队内各成员可利用数据链自动回报自身的战术状况(如油料、弹药、位置等),也使指挥员更详细地掌握己方情况,扩大部队的掌控范围,也有利于部队战术的运用。利用数据链主动回报各单元战术状况的功能,也可增强敌我识别(Identification Friend or Foe,IFF)器的识别能力,可免去许多为避免误伤己方而设立的航高限制、飞行走廊或地面火力支援的种种禁飞区等作战管制措施,无形中也扩展了己方战术上的行动自由度。

20世纪60年代后,美国海军也开始使用数据链,建构了"海军战术数据系统"(Naval Tactical Data System,NTDS),使舰队内各舰艇间能通过数据链互相交换雷达情报、导航与指挥控制指令等信息。而传统陆军野战部队则因作战形式的改变较为缓慢,作战节奏的增加幅度较小,除了防空或部分炮兵部队外,其他陆军野战部队的情报或作战指令的传递,仍以有线、无线电话音为主,对数据链的应用相对海空军也较晚。

苏联于第二次世界大战之后首先发展了“蓝天”地空数传链 АЛМ－4。20世纪60年代苏联发展了作为第二代系统的蓝宝石系统 АЛМ－1。

7.3.2 单一功能数据链的产生和发展

20世纪60年代初至80年代中期出现了功能比较完善的专用数据链。最早发展的数据链是美军率先使用，后来又与北约国家联合发展了 Link－1、Link－4/4A、Link－11 与 Link－14。这些数据链自50年代后期开始研发，并于60年代初期投入陆地防空部队及海军舰艇上使用，而后再逐步扩展到飞机上。美国早期的数据链开发与应用是各军兵种各自进行的，如陆军的自动目标交接系统(Automatic Target Handover System，ATHS)；空军 F－16 的改进型数据调制解调器(Improved Data Modem，IDM)；只能供舰对舰联系的 Link－11；只能接收友舰信息而不能传出信息的 Link－14；只能供指挥控制中心与战斗机联系的 Link－4A 等。这些数据链已不能满足多军种协同作战的要求，以现代观点来衡量，这些数据链的缺点是：①各军种专用，不适用于联合作战；②数据链的数据吞吐能力低，影响数据链组网的容量数、数据精度和作用范围；③因系统结构单一而造成应用上的局限性。

同一时期，苏联发展了46и6系统。第一代46и6为СпК－68，它与蓝宝石相比，技术体制有了很大变化。46и6的第二代数据链是СпК－75。СпК－75是在СпК－68基础上的改进，它与蓝天、蓝宝石和СпК－68只是地面台对空发射指挥命令，飞机不回传任何信息不同，СпК－75还要求飞机通过机载的IFF应答机620д回传信息。

7.3.3 数据链的协同与整合

越南战争后，美军根据战时陆军、海军、空军和海军陆战队以及各军种内数据链各自为政、互不相通而造成的协同作战能力差，甚至常常出现误炸的严重情况，在20世纪70年代中期开始开发 Link－16 数据链/联合战术信息分发系统(JTIDS)，其目的就是要实现各军种数据链的互联互通，增强联合作战的能力，同时对该数据链的通信容量、抗干扰、保密以及导航定位性能也提出了更高的要求。

Link－16 是美国与北约各国共同开发的，它综合了 Link－4 与 Link－11 的特点，采用分时多工工作方式，具有扩频、跳频抗干扰能力，是美军与北约未来空对空、空对舰、空对地数据通信的主要方式，20世纪80年代初期首先用在美军E－3A预警机上，它具有高速与高效率等优点。当代西方军事大国正逐步将Link－16数据链应用在多军种联合作战中，已初步达到各军种配合接近无缝化。

Link－16 数据链于 1994 年在美国海军首先投入使用，实现了战术数据链从单一军种到军种通用的一次跃升，随后 Link－16 被美国国防部确定为全美军 C^3I 系统及武器系统中的主要综合性数据链。

20 世纪 80 年代中期至 90 年代末期，随着科学技术水平的发展，为适应现代战争要求，实现战区防空、导弹防御，美国海军开始研制"协同交战能力"（Cooperative Engagement Capability，CEC）系统，这是一种革命性的数据链，主要有复合追踪、识别和捕获提示以及协同作战三大功能，它的意义在于通过数据链第一次实现了多平台武器系统的协同作战，提高了武器的打击威力。

7.3.4 单一数据链完善和多个数据链的综合

20 世纪 90 年代末至 21 世纪，美军及北约的战术数据链朝着两个方向发展：一是发展和完善单一数据链系统；二是向多种传输信道、多种传输体制、多个数据链综合互操作方向发展，以满足作战使用需求。

随着现代武器装备和作战体制的不断改进，尤其是大容量战术信息和多武器平台协同作战的需要，单一数据链体制朝着高速率、大容量、抗干扰方向发展。其目的就是提高协同作战能力，实现对目标的精确打击。美军正在研制、部署适于未来战争应用的各种数据链并改进现有的一些数据链使其更好地服务于网络中心战，如正在考虑对三军联合的 Link－16 进行改进，延伸通信距离、拓展带宽并实现动态网络管理；陆、海、空三军都在针对自身的作战需求开发适用的通用数据链（Computer Design Language，CDL）和战术通用数据链（Tactics Computer Design Language，TCDL），如海军的 P－3C 战术通用数据链、轻型机载多用途系统（Light Airborne Multipurpose System，LAMPS）、陆军的战术通用数据链、空军的多平台通用数据链等。

数据链是全球信息栅格（Global Information Grid，GIG）的重要组成部分，也是实施网络中心战的重要信息手段。网络中心战的体系结构由 3 个可互操作又互有重叠的网络组成，即联合规划网（Joint Planning Network，JPN）、联合数据网（Joint Data Network，JDN）和联合合成跟踪网（Joint Combined Tracking Network，JCTN），其中 JDN 是由战术数据链组成的一种战区通信网，是主要基于 Link－16（JTIDS）数据链的近实时网络，用以提供整个态势感知和武器协调信息。JDN 基本构成单元是战术数据信息链 Link－16、Link－11、Link－22、Link－4A、战术信息广播系统（Tactical Information Broadcast System，TIBS）和战术接收设备（Tactical Receiving Eguipment，TRE）战术相关应用数据分发系统（TDDS）等，承载近实时跟踪数据、部队命令、打击状态和分配命令以及天基预警信息等。

现阶段，外军在大力发展 Link－16E，目标是采用统一标准、提高数据传输速率、采用多种传输手段扩大覆盖范围，形成通用数据链系统，计划于2030年前后全部取代目前使用的Link－4和Link－11数据链系统。在Link－16E中，为了实现Link－16信息的超视距传输，美军提出了TADIL J距离扩展（JRE）计划，其主要目标就是增加短波和专用卫星传输信道。Link－22数据链是北约对Link－11的改进型，Link－22有两大设计目标，一是取代Link－11，二是与Link－16兼容。

美军数据链发展历程如图7.6所示。

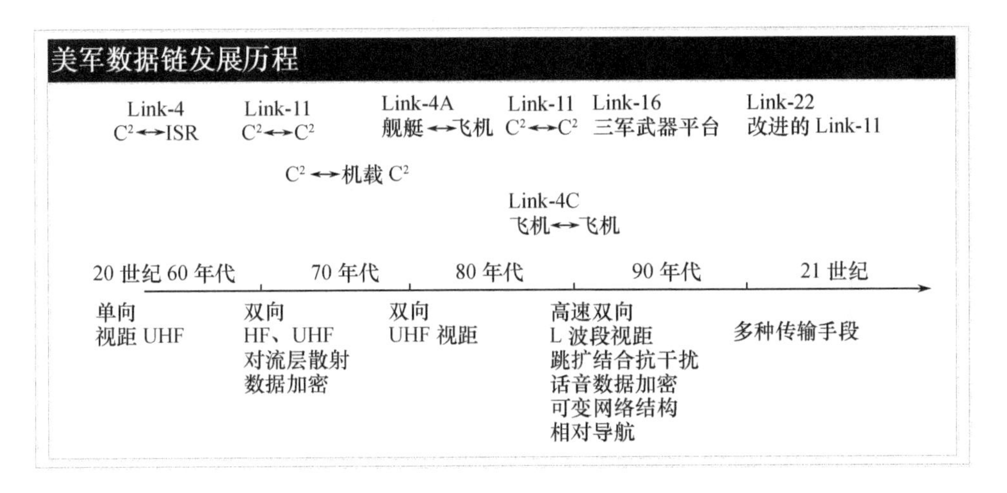

图7.6　美军数据链发展历程

7.4　外军数据链发展特点和趋势

7.4.1　根据技术的发展适时更新物理层设备

随着技术手段的发展，数据链采用的信道传输设备在不断地更新换代，如Link－11数据链中的短波电台已发展成为具有频率自适应能力的电台；支持的传输信道也不断增加，如Link－11的数据链中增加了卫星和散射，采用卫星信道实现JTIDS距离扩展计划目前正在实施；同时，使用的传输技术也在不断更新，如Link－11的短波Modem也由早期的16个单音并行体制发展为新型单音串行体制。但是建链层的通信协议和信号格式则基本保持不变。

7.4.2　实现地空数据链的互操作

为了满足不同的使用要求，外军已发展了多种战术数据链，这些数据链工作在不同频段(如L频段、UHF频段或HF频段),通信协议和信号格式也各不相同。为了使战术数据链系统联合工作,必须使不同类型系统之间能兼容工作。美军已经通过网关设备实现了JTIDS与Link-4A和Link-11之间的互操作。

7.4.3 以J系列数据链为基础实现多数据链的综合

JTIDS系统已经投入使用多年,但对JTIDS的改进和升级一直没有停止。Link-4及Link-11等都是为特定军兵种的需求而研制开发的,因此没有过多考虑互通问题,彼此之间的操作性也较差。为使这些数据链可以实现信息共享,通常采用转换器来实现信息格式的转化和信息共享。但这样做并不能完全解决问题,效率也不高。

Link-16/JTIDS的目标是为美国各军种和北约国家提供通用的数据分发系统,由于JTIDS功能上的限制,它无法完全替代原有数据链,仍然需要解决与原有数据链的互通问题。因此,以JTIDS为基础,实现多战术数据链综合使用,目前正得到完善;JTIDS将逐渐取代Link-4A/4C数据链,但Link-11数据链和卫星数据链路还将存在,以实现超视距通信,Link-11数据链将向Link-22发展,以融入统一的数据链体系之中。这种综合不仅是在硬件设备上的改进,更重要的是在消息标准和操作规程上的融合。VMF是以陆军为主要应用对象的数据链。Link-16、Link-22和VMF将构成一体化的J系列数据,成为战术数据链的主体,数据链向一体化演进趋势如图7.7所示。

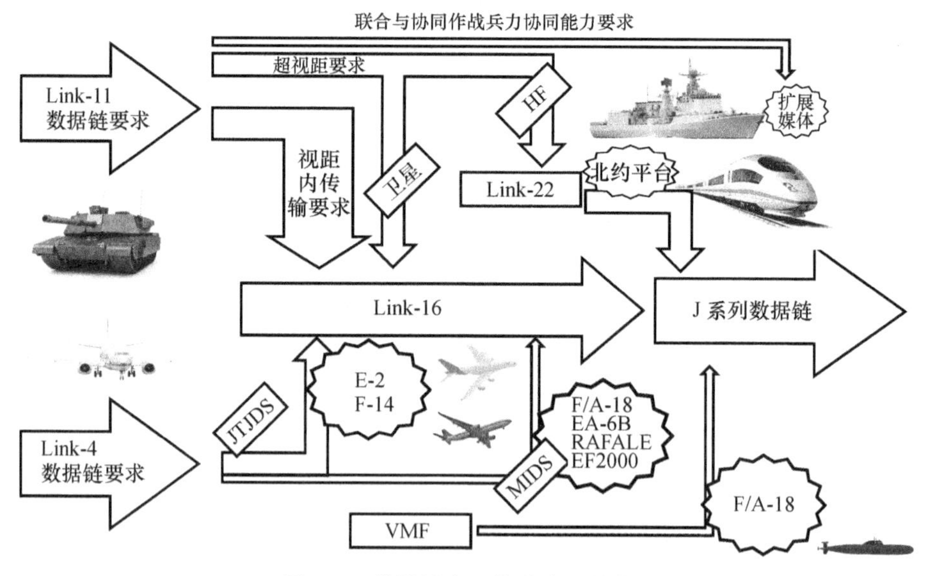

图7.7 数据链向一体化演进趋势

7.5　外军数据链应用情况

7.5.1　美军数据链的技术特征与应用

历经50多年，美军先后研制装备了40余种数据链装备，形成了适应信息化作战需求的较完善的数据链体系。按各种链的应用范围、通用程度、在作战体系中的作用分析，美军的数据链体系可划分为3个空间层次、3种功能类型。空间三层如下。

（1）卫星广域数据链。

（2）战区通用数据链。

（3）军兵种专用数据链。

功能三类如下。

（1）主要用于信息分发的数据链。

（2）主要用于指挥控制的数据链。

（3）主要用于武器协同的数据链。

各型各类数据链具有各自显著的技术特征和相互不可取代的独特功能特性，如表7.1所列。美军各层各类数据链的构成及主要特性在表7.2至表7.6中列出。

表7.1　各型各类数据链的特性

数据链类型＼特性		主要技术特征	功能独特性	空间/功能组合
空间域	卫星广域链	广播、点对多点	广域、大跨距	信息分发、指挥控制、武器控制
	战区通用链	网状网、多用户	综合、互通	信息分发、指挥控制
	军兵种专用链	机动、高效、经济	实时、定制	信息分发、指挥控制、武器控制
功能域	信息分发链	多用户、实时	观察、决策辅助	卫星、战区、军兵种专用
	指挥控制链	高可靠、实时	引导、控制/管理	卫星、战区、军兵种专用
	武器协同控制链	高精度、高实时	打击实施/调整	卫星、军兵种专用

表 7.2　卫星广域数据链构成及主要特性

主要特征 系统名称	用途	工作频段、 数据传输速率	组网方式	装备时间
S - Link - 11 卫星 11 号链	美国海军，用于中继 11 号链信息	UHF AN/WSC - 123	DAMA	20 世纪 90 年代
S - Link - 16 卫星 16 号链	美国海军，用于中继 16 号链信息	UHF 25kHz	DAMA	20 世纪 90 年代
STDL	英国海军，用于分发 16 号链信息	SHF	广播、群呼、TDMA	20 世纪 90 年代
JRE16 号链 距离扩展	美国空军，用于扩展 JTIDS 范围	UHF DAMA	广播、群呼、TDMA	20 世纪 90 年代后期
TIBS 战术信息 广播系统	作为 16 号链的补充，在战区内分发近实时态势信息	UHF E 系列格式	动态 TDMA192kb/s	1994 年
IBS 综合广播服务	TIBS/TADIXS - B/TRIXS 的综合系统	UHF E 系列格式	动态 TDMA	1996 年
S - CDL 卫星情报 侦察信息数据链	用于传输、中继情报侦察的图像信息	S、X 频段速率 137.08Mb/s、 274Mb/s	广播、点对点	2003 年后
JTAGS 联合战术 地面终端站	用于向战区传输 DSP 预警卫星的原始红外预警信息		点对点	1999 年

表 7.3　通用战术数据链构成及主要特性

主要特征 系统名称	用途	工作频段； 数据传输速率	组网方式	装备 时间
Link - 1	雷达站和管制中心间的空中监视信息传输	HF/UHF； (600b/s)/ (1200b/s)	点对点	20 世纪 60 年代
Link - 4	用于战斗机间导航、协同指令传输	UHF； 5kb/s	单向， 点对多点	20 世纪 50 年代
Link - 4A	舰载自动降落、空中交通管理、空中拦截、攻击管理、地面轰炸管理	UHF； 5kb/s，V&R 格式	双向，点对多点， 空空、空地	20 世纪 60 年代
Link - 4C	具有一定抗干扰能力的空空链	UHF； 5kb/s，V&R 格式	双向，点对 多点，空空	20 世纪 60 年代

（续）

主要特征 / 系统名称	用途	工作频段；数据传输速率	组网方式	装备时间
Link－11	交换预警信息、空中/水面/水下/电子战的目标信息，传递指挥指令、武器状况等信息	HF/UHF；（1364b/s）/（2250b/s），M 系列格式	轮询，网状网	20 世纪 60 年代
Link－1B	地面雷达站、防空部队等单位间分发空中目标航迹信息	有线 HF/UHF；（600b/s）/（1200b/s）/（2400b/s），M 系列格式	点对点	20 世纪 60 年代
Link－14	用于将 11 号链信息传输至未装 11 号链的舰船，非实时传输	HF 电报	点对点	20 世纪 60 年代
Link－16	通用综合数据链，具有 4A/4C/11 号链的功能	Lx；238kb/s，J 系列格式	TDMA	20 世纪 80 年代
Link－22	北约的 11 号链改进型，用 HF/UHF 频段传输 J 系列标准	HF/UHF；最高 126kb/s，J 系列格式	TDMA、DTD－MA，可同时在 4 个网工作	2003 年后

表 7.4　用于情报侦察信息分发的通用数据链及主要特性

主要特性 / 系统名称	用途	工作频段；数据传输速率	组网方式	装备时间
CDL 通用数据链	战区级以上应用，作为卫星、侦察机、无人机与地面处理中心间的 ISR 信息传输	X、S、Ku 频段；分 5 挡；最高速率 274Mb/s	点对点	1999 年
TCDL 战术通用数据链	将 UAV 雷达或其他传感器图像信息传输至舰艇	S 频段；最高速率 10.71Mb/s	点对点	2005 年
HIDL 高完整性数据链	UAV 与海上舰艇间传输信息的全双工链	UHF；最高 20Mb/s	广播	2002 年
SCDL 监视与控制数据链	美陆/空军 E－8J－STARS 传输 MIT、SAR 信息	Ku；最高 1.9Mb/s	TDMA	20 世纪 90 年代

表 7.5 各军种专用数据链构成及主要特性

主要特性 / 系统名称	用途	工作频段：数据传输速率	组网方式	装备时间
陆军专用数据链				
EPLRS 增强型位置报告系统	陆军师及师以下地面部队，是低价、移动、中速的数据分发手段，提供指令、定位/位置报告与导航、交换空中目标信息、地面火力请求与目标位置指示、敌我识别等	UHF：2500b/s	有中心 TDMA	1980 年
ATHS 自动目标交接	用于陆军直升机，实施近地对地支援，将直升机的目标数据自动分发给地面部队	UHF；1200b/s，改进型 16kb/s	点对多点	1984 年
VMF 可变消息格式	用于陆军旅及旅以下，在带宽有限条件下近实时传输战术数据，是未来美军地空协同的主要数据链	共有 51 条可变格式消息	可用于各种组网方式	20 世纪 90 年代
ATDL－1 陆军 1 号战术数据链	用于陆基雷达站与防空导弹之间传送实时预警、空中目标航迹及指挥控制命令。现用于爱国者与鹰式防空导弹营指挥协调中心间通信	有线、卫星或 HF、UHF 电台；速率最高 4800b/s	点对点，全双工，有保密功能	20 世纪 70 年代
PADIL 爱国者数据链	专为爱国者导弹营设计，在营指挥协调中心与导弹连交战站间交换命令、监视、目标、武器状态信息	有线、卫星或 HF、UHF；最高速率 32kb/s	点对点，全双工	20 世纪 80 年代
海军专用数据链				
CEC 协同交战能力	具有符合跟踪与识别、搜索提示和协同交战功能，用于海军近海防空作战时各舰艇间形成单一综合空中图像，分享雷达跟踪和交战射击信息，扩大交战范围，协同武器引导	C 频段；最高 10Mb/s	TDMA/SDMA	1994 年
LAMPS 舰载直升机数据链（轻型机载多用途系统）	用于海军海妖反潜直升机与母舰间声呐浮标反潜遥测信息传输	S 频段；改进后达 3.1Mb/s	点对点	20 世纪 80 年代

（续）

主要特性 系统名称	用途	工作频段: 数据传输速率	组网方式	装备 时间
海军专用数据链				
AN/ASN – 150 战术导航数据链	用于海军反潜直升机与母舰间以及直升机之间导航、声呐浮标反潜遥测、敌舰位置信息传输	S 频段	点对点	20 世纪 80 年代
MBDL 导弹连数据链	用在 NADGE 管制回报中心、区域作战中心与胜利女神导弹连间的指挥控制、状态消息传输	UHF;750b/s	点对点	20 世纪 80 年代
GBDL 陆基数据链	用于鹰式防空导弹、低空防御部队（LAAD）与防空通信平台（ADCP）间交换 Link – 16 及雷达信息	VHF	点对多点	20 世纪 80 年代
IBDL（炮兵）连内数据链	只限于鹰式防空导弹部队间的双向指挥控制数据链	VHF	点对点	20 世纪 80 年代
PPDL 点对点数据链	在防空通信平台与 AN/TPS – 59 雷达站间分发 Link – 16 战术情报	HF/VHF	点对点	20 世纪 80 年代
空军专用数据链				
RADIL 区域作战管制中心/机载告警与控制系统数字接口链路	在陆基各雷达站与管制中心间，预警机与地面区域管制中心间传输保密、超视距实时雷情数据	HF	点对多点	20 世纪 60 年代
VDL – 2 空中交通管理视距数据链（VHF 数据链）	国际民航组织新航行视距数据链，用于传输航管和监视信息	VHF	TDMA	20 世纪 90 年代
Mode – SS 模式监视数据链	国际民航组织新航行视距数据链，用于在终端区传输监视信息	Lx 频段	点对多点，TDMA	20 世纪 90 年代
UAT 航空移动卫星通信数据链	国际民航组织新航行卫星超视距数据链，用于在越洋、极地及沙漠地带传输航管和监视信息	UHF 卫星	点对点	20 世纪 90 年代

（续）

主要特性 系统名称	用途	工作频段： 数据传输速率	组网方式	装备 时间
空军专用数据链				
IDM 改进型数据调制解调器	三军通用机载数据调制解调器，可支持空军应用与发展计划、陆军战术火力系统、陆战队战术数据链等	VHF/UHF； 最高 16kb/s	点对多点	20 世纪 90 年代
AN/AXQ－14 精密制导炸弹控制数据链	用于将导弹寻的器目标红外信息或图像信息传回控制飞机显示，飞机向导弹传输修正航向控制指令	L(D)频段	点对点	1982 年
SADL 态势感知数据链	空军用于近地支援任务时的空地、空空协同、目标指示	HF； 支持 VMF 格式	点对多点 20 世纪 90 年代	

表 7.6　武器协同控制数据链构成及主要特性

主要特性 系统名称	用途	工作频段	组网方式	装备时间
KAATS 杀伤定位系统	用于恶劣气候条件下，非制导炸弹 JDAM 的精确制导控制		点对点	2003 年
AN/AXQ－14 精密制导炸弹控制数据链	用于将导弹寻的器目标红外信息或图像信息传回控制飞机显示，飞机向导弹传输修正航向控制指令	L(D)	点对点	1982 年
自主广域寻的导弹(AWASM)数据链	用于对自主广域寻的导弹的目标位置信息双向传输，使导弹在盘旋中可重新调整打击的移动目标	不详	点对点	2003 年
AN/AWW－13 精密制导炸弹控制数据链	更新处于飞行中的 SLAM－ER 导弹的瞄准信息，同时，导弹向飞行员回传寻的器的视频图像，实现“人在回路”控制功能	L	点对点	20 世纪 80 年代

7.5.2 北约国家和其他地区数据链应用情况

北约国家和其他地区数据链应用情况见表7.7。

表7.7 北约国家和其他地区数据链代号说明

用途	代号	说明	使用国家与地区
地—地	Link-1	北约用于NADGE系统的雷达情报数据传输	美军、北约
地—地	Link-2	功能类似Link-1,用于北约陆基雷达站间数据传输,已停止发展	
地—地	Link-3	类似Link-14的低速电报数据链	北约
空—地/空	Link-4	北约标准空对地/空数据链	美军、北约
空—地/海	Link-4A	美军称为TADIL-C,标准空对空、空对地数据链	美军、北约
地—地	Link-4B	地对地单位间地线通信数据链	美军、北约
空—空	Link-4C	F-14战斗机队间空对空数据链通信用衍生型	美军
海—地	Link-5	与Link-11特性相似的舰对岸通信数据链,Link-11曾被称为Link-5A,北约已放弃发展	
地—地	Link-6	陆基指挥控制中心、武器系统等连接用,现主要用于导弹系统控制	北约
地-空	Link-7	空中交通管制	法国
舰-地	Link-8	与Link-13特性相似的舰对岸数据链,Link-13曾被称为Link-8A,北约已放弃发展	
地—地	Link-9	防空指挥控制中心/空军基地指挥拦截飞机紧急起飞用,北约已放弃发展	
海—海/地	Link-10	北约部分国家海军舰用数据链,功能类似Link-11	英国、比利时、荷兰、希腊
海—海/空	Link-11	北约标准舰对舰用数据链,也可用于舰对空链接,美军称为TADIL-A	美军、北约、日本、韩国、以色列、埃及、新加坡、澳大利亚、新西兰等
地—地	Link-11B	陆上版本的Link-11,美军称为TADIL-B	美军、北约
海—海	Link-12	美国海军20世纪60年代早期发展的UHF数据链,速率9600b/s,1965年时已放弃发展	美军
海—海	Link-13	由法、德、比三国于1962—1964年间发展的舰对舰数据链,作为Link-Ⅱ外的另一个选择,但Link-13于1965年海上测试成功后被放弃,Link-10即以Link-13为基础发展的	德国、法国、比利时等

（续）

用途	代号	说明	使用国家与地区
海—海	Link - 14	低速单向电报数据链	美军、北约、日本等
海—海	Link - 15	低速单向电报数据链，将数据由非 Link - 11 装备送至 Link - 11 数据链，速率 75b/s，北约已放弃发展	北约
海—空—地	Link - 16	多用途保密抗干扰数据链，美军称为 TADIL - J	北约、日本、中国台湾、澳大利亚、新西兰等
海—海	Link - 22	由 Link - 16 衍生的舰对舰系统	美军，北约
海—海	LinkES	Link - 11 的意大利版本	意大利
空—地	Link - G	类似 Link - 4 的空对地数据链，由英国法拉第公司所发展，可以 VHF/UHF 波段传输数据和以 HF 波段传输话音，速率 1200b/s	英国
海—地	Link - R	用于英国皇家海军司令部与海上单位间的数据链接	英国
海—海	Link - T	台湾大成系统的西方代号，类似 Link - 11	中国台湾
海—海	Link - W	Link - 11 的法国版本	法国，中国台湾
海—海	Link - X	北约国家用的 Link - 10 别名	英国、比利时、荷兰、希腊
海—海	Link - Y	外销给非北约国家用的 Link - 10	埃及、沙特阿拉伯、科威特、阿曼、卡塔尔、巴基斯坦、阿根廷、巴西、马来西亚、泰国、韩国
海—海	Link - Z	外销版 Link - 14	美国出口到其他国家的型号
空—地	Link - δ	埃及 E - 2C 上用的外销版 Link - 11 代号	埃及
空—地	Link - Π	以色列 E - 2C 上用的外销版 Link - 11 代号	以色列
空—地	Link - σ	新加坡 E - 2C 上用的外销版 Link - 11 代号	新加坡
地—地	ATDL - 1	陆基雷达站与防空导弹单位战术数据传输用	美军、所有隼式与爱国者导弹使用国家和地区

7.5.3 苏联/俄罗斯数据链应用情况

苏联于第二次世界大战之后首先发展了“蓝天”地空数传链 AлM - 4。蓝天系统工作在 100 ~ 149.975MHz 的 VHF 频段，地面指挥所通过它向歼击机发出指挥与控制命令。蓝天系统一共可控制 3 个批次的飞机，发射每条指挥电文共需时 1.5s，飞机载设备只接收信息，对地面台不做任何应答。系统共有 20 个信道，采用调幅的连续波体制，数据传输速率为 72b/s。

20 世纪 60 年代苏联发展了蓝宝石系统 AлM-1；作为第二代系统，蓝宝石和蓝天系统的功能和频段都保持不变，但可控制的飞机从 3 批提高到了 12 批，对每个批次的飞机，控制命令的更新率有 5s、10s 或 20s 3 种。系统共有 40 个信道，采用调频—相移键控调制的连续波体制，数据传输速率提高到了 360b/s。

20 世纪 60 年代以后苏联发展了 46и6 系统。第一代 46и6 为 CпK-68，它与蓝宝石相比，技术体制了有很大变化。首先，它的工作频率从 VHF 提高到了 2560~2760MHz 的 Ls 频段，地面台不再使用全向天线，而采用连续圆周扫描的定向波束天线。只有当波束对准要实施控制的飞机时，地面台才发射信号。采用定向波束的结果，提高了系统抗干扰能力和防窃听能力，然而却需要预先知道飞机相对于地面台的方向，因而 CпK-68 系统需要有二次雷达 CA30 配合才能工作。为了进一步提高系统的传输可靠性和抗压制干扰的能力，地面台的发射功率提高到了 MW 级，而与此同时，信号从连续波改为脉冲调幅信号。CпK-68 一共可引导 12 批飞机，有 20 个信道，对每个批次的飞机指挥消息的更新率为每 5s、10s 或 20s 一次。每条消息中相同的控制命令重复 5 次，这又是一种提高传输可靠性的措施。为了在波束照射飞机的时间段内发完消息，数据传输速率提高到了 19kb/s。

46И6 的第二代数据链是 CпK-75。CпK-75 是在 CпK-68 基础上的改进，它一反蓝天、蓝宝石和 CпK-68 只是地面台对空发射指挥命令，飞机不回传任何信息的方法，CпK-75 还要求飞机通过机载的 IFF 应答机 620д 回传信息。CпK-75 的工作过程：根据二次雷达所提供的信息，当地面台波束对准飞机时发出询问信号，机载设备收到此信号后，通过 620д 应答其标号，地面台收到应答后再发出控制命令，这就提高了系统防欺骗的能力。控制命令的长度有 3 种，分别为 49bit、77bit 或 112bit，各种长度的命令中均包含有差错校验位，与重复发射相比，这种技术当然更为先进，从而提高了传输可靠性。当需要飞机发出回传时，地面发出 3bit 的 пBO 指令，可形成 8 种回传要求指令，相应的回传信息可以是飞机高度、弹药储量、准备程度及油量等，飞机的回传信号通过 IFF 通道传送。根据地面台天线的指向与回传信号的往返时间，CпK-75 地面台还可以测出飞机的方位与距离。

CпK-75 与 CпK-68 工作频段相同，但信道增加到 31 个，可以引导的飞机数也从 12 批增加到了 30 批，对每批飞机的指挥命令更新率仍为每 5s、10s 或 20s 一次。俄罗斯几种典型数据链技术性能如表 7.8 所列。苏联/俄罗斯海军数据链代号说明如表 7.9 所列。

表 7.8 俄罗斯几种典型数据链技术性能

项目名称 \ 系统名称	АлМ-4(蓝天)	АлМ-1(蓝宝石)	СпК-68	СпК-75
系统组成及工作方式	地面台: лa3ypb-M 机载设备: P-800л211г6	地面台: 6ирI03a 机载设备: P-800л211г6	地面台: СпК-68 CA3 机载设备: 11г6/Ay-511	地面台: СпК-75 机载设备: 11г6/620п
工作频段	VHF 100~149.975MHz	VHF 100~149.975MHz	Ls	Ls
指令种类	28 种	28 种	28 种	39 种
指令速率	1 条/1.5s	1 条/5s,10s	1 条/5s,10s	1 条/5s,10s
引导批次	3 批	12 批	12 批	30 批
通信方式	单向	单向	与二次雷达协同	双向有回传、确认
抗干扰能力	无	无	大功率、定向	大功率、定向
抗截获性能	高	高	低	低
生存能力	较强	较强	差	差

表 7.9 苏联/俄罗斯海军数据链代号说明

用途	装备平台	代号	说明
海—海	基辅级/莫斯科级航舰、基洛夫/光荣/卡拉/克瑞斯塔级巡洋舰、现代级/勇士级驱逐舰	Bell Crown	苏联标准舰对舰数据链,类似北约 Link-11
空—海	主要的水面/水下反舰平台	Bell Hop	"熊式" D 型巡逻机与水面舰/潜艇交换雷达数据用
空—海	基洛夫/光荣级巡洋舰	Bell Spike	类似北约 Link-4,用于海上指挥控制陆基战机
武器指挥控制	现代级驱逐舰,Dergach 级导弹巡逻舰	Bell Strike	用于接收 ss-N-22(3M-80)反舰导弹巡地器影像
武器指挥控制	光荣级巡洋舰	Bell Thumb	用于接收 SS-N-12(P-500)反舰导弹巡地器影像
武器指挥控制	基辅级/莫斯科级航舰、基洛夫/光荣/卡拉/克瑞斯塔/金达级巡洋舰、现代级/勇士级驱逐舰、克里法克级巡防舰、Mirka/Petya/Poti 级巡逻舰	Fig Jar	用于接收其他舰艇声呐数据,以指挥 PBU-6000 反潜火箭射击

（续）

用途	装备平台	代号	说明
武器指挥控制	南努契卡级导弹快艇	Fish BowL	用于传输 ss - N - 9(P - 120)反舰导弹控制指令
武器指挥控制	现代级驱逐舰、Dergach 级导弹巡逻舰	Light Bulb	用于传输 ss - N - 22(3M80)反舰导弹控制指令，也可以用于舰对舰通信
海—海		ShotDome/Shot Rock	舰对舰视距(LOS)通信，天线具有高方向性，信号不易遭截获

7.6 外军发展数据链的成功经验

7.6.1 形成统一的消息格式标准

经过多年的演变和完善，美军的通用战术数据链消息标准已逐步统一到 J、F/J、VMF 系列上；原来的 LAMPS、SCDL 数据链和近年发展起来的宽带 TCDL、HIDL 系统已统一到战术通用数据链 CDL 上；广域信息分发系统 TDDS、TIBS、TRIXS 及 TADIXS - B 已统一到 TIBS 的 E 系列标准上，显示出数据链体系各层中各型装备 "从分到合" 的趋势。

7.6.2 形成较完备的数据链装备体系并发挥重要作用

由于技术原因和作战应用对象的不同，没有一种数据链能够满足所有作战要求，多种数据链并存是一种必然。各种数据链通专结合、高低搭配，同时满足了应用的普及性与系统的经济可承受性、传统系统与新研系统兼容性、信息分发的实时性、网络配置管理的合理性等要求；保密、抗干扰和多种传输手段并用，体现了数据链的军用特色，满足在对抗条件下系统的可靠性、顽存性要求；数据链使作战指挥系统能力极大提高，体现在以下方面。

1. 实现单平台作战发展为多平台协同作战

数据链系统实现平台中心战向网络中心战的过渡，可使平台作战能力成倍增长。美军 F - 15C 实验结果表明，装备了 JTIDS 系统的 F - 15C 战斗机比未安装 JTIDS 系统的 F - 15C 昼战能力提升了 2.61 倍，夜战能力提升了 2.59 倍。数据链系统使作战模式发生质的变化，由传统单一的平台作战发展为多平台的协同作战。作战单元除了充分发挥本平台战术性能之外，还可以克服本平台武器能力的缺陷，共享系统和协同作战单元的信息资源、武器资源、决策资源，从而成倍地增强战斗能力。数据链支持探测平台和武器平台协同运用，能对威胁目标实施远近平台火力协同打击和对导弹的接力制导，打击能力比单平台提高10倍以上。

2. 监视目标信息量增大

数据链功效之一是使平台通过信息交换获得其他成员的目标探测信息，尤其是从预警机、监视雷达获得的目标监视信息，较本平台单一探测信息成十、成百倍地增长，这些高质量、高价值信息是形成战场态势、作出决胜决策的基础。

3. 监视目标范围扩大

单平台作战时，目标探测距离、作战范围及指挥控制区域通常受限，通过数据链联网可扩展平台作战范围，为战区与战区间的协同作战、作战单元的远程指控提供目标信息和早期预警信息。

4. 提高监视目标精度和可靠性

单平台作战时，平台雷达探测目标的精度和数据可靠性常常受到诸多因素的影响，包括以下内容。

（1）本平台雷达设备的精度限制。

（2）目标距离（目标远、精度差、分辨力差）。

（3）目标探测角度（目标重叠、分辨力差）。

（4）目标探测环境（目标背景、地物反射）。

（5）受到干扰环境（本雷达受到特定干扰）。

（6）雷达使用限制（禁止发射）。

在上述因素影响下，平台雷达探测目标精度下降，甚至目标丢失。数据链可使各平台能共享目标信息，而这些信息资源都是立体的、交叉的，对每一个目标有不同探测器获得的相当精确的信息，通过数据加权、相关及融合、复合跟踪处理就能获得可靠而精确的目标信息，从而弥补平台探测精度的不足。

5. 公共态势图为平台作战和协同作战提供决策优势

战场形势风云变幻，诡异多端，迅速、果断、睿智的决策是克敌制胜的关键，准确一致的战术态势图是正确、快速决策的前提条件。数据链为相关战斗单元提供统一的战场综合态势、战术和武器协同作战态势、威胁告警态势以及根据态势和作战规则自动形成的攻防策略，供指战员选择。

6. 极大提高部队的快速反应能力

数据链实现指挥中心、探测平台、火力平台数字化连接，使观察—定向—决策—攻击周期（OODA环）大为缩短，美军已做到“从传感器到射手”的延时小于10s，协同作战任务完成时间为平台中心战的1/2，战术决策时间为平台中心战的1/12，动态规划时间达到分钟级。由此可见，美军已形成通专结合、高低搭配、远近覆盖、保密、抗干扰、多频段的数据链装备体系，为获取信息优势奠定了技术基础。

7.6.3 加强对武器平台的信息化改造

美军以数据链为突破口，着力于为各级参战人员提供高级公共作战图像(COP)，将各种数据链综合集成于各军兵种的指挥控制系统中，解决了传统指挥控制系统自动化水平低、信息传输环节多、横向沟通困难、决策迟缓的难题，取得了显著的信息优势和决策优势；同时，为提高传统武器平台的作战效能，在各种作战平台上广泛加装数据链，解决信息系统与武器系统脱节的问题。经试验表明，歼击机上加装 JTIDS 后，空战中对空目标的杀伤率白天可提高 3 倍，夜间可提高 4 倍。

7.6.4 形成一套行之有效的政策法规和操作规程

除制定各型数据链的技术和工程标准外，美军还结合实战需要，出台了一系列数据链作战应用的政策、法规，在 CJCSM 及 AdatP(盟军数据处理出版物)系列标准中具体明确地规定了各型数据链网络的规划流程和操作规程，解决了数据链装备在部队使用中的部署、管理、操作问题，从而形成了一套行之有效的政策、法规、规划及操作规程，确保数据链装备的广泛、高效应用。

7.6.5 确立战术数据链系统的显著地位

从 20 世纪 50 年代赛奇系统开始，至 JTIDS 应用、海军 CEC 的研制，各种数据链系统的主要应用无不针对空中高速机动目标的实时反应。美军以防空作战应用为主，针对解决对高速机动目标的发现、跟踪和打击，突出对高价值、高机动武器平台和指挥控制节点的实时信息保障，确立了战术数据链系统的独特、显著地位。同时，美军将 JTIDS、GPS、Internet 这 3 个系统列为当今最为成功和得意的军事信息系统。GPS、Internet 在军事和商用领域的应用和作用已广为人知，而 JTIDS 在各种平台上的逐步推广应用，正在推动以网络中心战为特征的新军事革命的具体实施。美军近年在海湾战争、阿富汗战争和伊拉克战争中取得的骄人战绩，很大程度上都归功于这 3 个系统的成功应用。

7.7 外军数据链的发展教训

7.7.1 前期未明确协同作战要求

数据链最初从 20 世纪 50 年代开始发展，当时的主要出发点是防空系统的监视雷达联网、空情信息传输，以后发展的各型数据链大多有防空作战应用背景。由于各军种作战环境和需求不同，没有统一的管理机构协调各军种的需求，更缺乏诸如网络中心战这样的联合、协同作战理念，因此美军的数据链基本上是各军种根据自身作战要求独立发展起来的。以联合作战应用为背景的 JTIDS 系统，先由空军、海军各自研制，后由空军牵头，再后来 MIDS 项目由海军牵头，军兵种间争论不休，谁也说服不了谁。因此，美军的数据链在消息格式标准确定、组网协议选择、接口设计等方面均缺乏整体性、开放性考虑，将平台加以改装、系统集成难度较大，各种数据链的互通只有通过指挥控制系统在高层进行转换，使多链格式转换的网关多、设备堆积，影响数据链系统的推广应用。

7.7.2 未能达到统一各军种的原定目标

作为美军数据链体系中的经典系统，JTIDS 在研制初期极为不顺，技术体制和项目管理存在分歧。空军提出 TDMA 体制，而海军坚持 DTDMA 体制，经过 10 多年的争执，最后因技术难度大，无法拿出实用样机海军才放弃，由空军主持研制。由于 I 类端机体积大、成本高、可靠性差，空军又花费近 10 年时间开发小型 Ⅱ 类端机，通过技术简化来解决上述难题。其间，陆军和陆战队一直未能有效介入项目的管理实施。随着作战需求的变化，各军种都放弃了利用 JTIDS 来统一指挥控制系统体制，实现全面互通的想法，陆军后来发展了基于 EPLRS 和 SINC - GARS 电台的陆军数据分发系统（Army Data Distribution System，ADDS），构成其 ATACS 的通信核心；陆战队也构造了陆战队战术指挥控制系统（Marine Tactical Command and Control System，MTACCS），其功能和范围均比 JTIDS 广泛。JTIDS 系统实际上仅在防空作战领域实现了三军互通，而在 C^3I 的其他领域，各军种仍是各自发展，无法互通。

7.7.3 形成初始作战能力周期过长

美军从 1975 年开始开展 JTIDS 研制，直至 1992 年仍未在任何军种形成初始作战能力（Inftial Operation Capability，IOC）。除了在项目研制开始阶段空军和海军在组网方式、话音功能、消息格式等方面存在分歧，造成各自独立研制影响进度外，端机本身的技术难度大、功能繁多造成的技术状态多次更改、调整、反复，是影响系统成功装备的主要原因。空军最早研制出来的 JTIDS Ⅰ类端机先在预警机上应用，由于体积大、成本高、可靠性差，基本无法推广使用。于是美军便对系统的技术要求进行简化调整，减少同时工作通道数、取消话音功能、降低输出功率、剥离 TACAN 功能等，开始研制小型的 Ⅱ 类端机。即使如此，也未能解决可靠性和成本问题。又经过近 10 年攻关,可靠性问题仍未突破。最后,美军决定利用最新的商用技术,联合北约其他 7 个国家,对Ⅱ端机功能进一步简化,开始了 MIDS 端机研制,希望能将其用于 14 种主战飞机。但进度推延,价格严重超出预算,离推广使用目标仍有较大差距,且技术体制与现今商用组网技术相比存在许多不足。

7.7.4 各军兵种专用数据链未能制定统一的标准

在各军种专用数据链装备中,美军基本上各行其是。如用于导弹指挥控制的数据链就有 IBDL、GBDL、PPDL、MBDL、PADIL 各种型号;在指挥控制链中,有 IDM、EPLRS、ATHS、RADIL 多种;连近年来开始研制的用于情报侦察的通用数据链 CDL 系列,各军种也未能完全统一,仍需进行技术体制和消息格式的统一。由此可见,实施一体化数据链体系建设的难度和阻力十分巨大。

7.8 数据链发展面临的挑战

7.8.1 数据链融入全球信息栅格体系中难度较大

严格说来,数据链系统是针对特种应用进行设计的专用、封闭系统,在协议分层、消息格式选择、网络规划与管理等方面都以实时、实用、高效为优先考虑因素,与现代商用信息系统以及全球信息栅格体系要求的开放性、即插即用、端对端互操作等要求相矛盾。正如美国国家研究委员会研究小组对美国海军网络中心战系统体系进行研究评价时指出的那样,美国海军网络中心战系统体系中的战术数据传输层以 JTIDS 和 CEC 为核心,但 JTIDS 是一种"烟囱、封闭、专用的系统,缺乏灵活性、频谱利用率低、缺乏信息网络的全局观念、没有整体的网络安全措施"系统。该研究小组提出,要将 JTIDS 和 CEC 融入 GIG 中,第一步是要对其接口和协议进行增强、改造,增加 IP 协议层;第二步是采用软件无线电技术,将原有 JTIDS 端机的功能融入 JTRS 中。图 7.8 说明了由美国国防高级研究项目局(Defense Advanced Research Projects Agency,DARPA)提出的将 Link-16 集成进一体化信息系统体系的敏捷信息控制环境项目(Agile Information Control Environment Program,AICEP)设想,说明了美军将数据链纳入全球信息栅格的构思。近年来,美军也正对 JTIDS 端机进行协议增强,陆续推出 Link-16 与 IP 协议的转换和接口装置。上述改进涉及大量的应用层、中间层软件改进,工作量十分巨大。

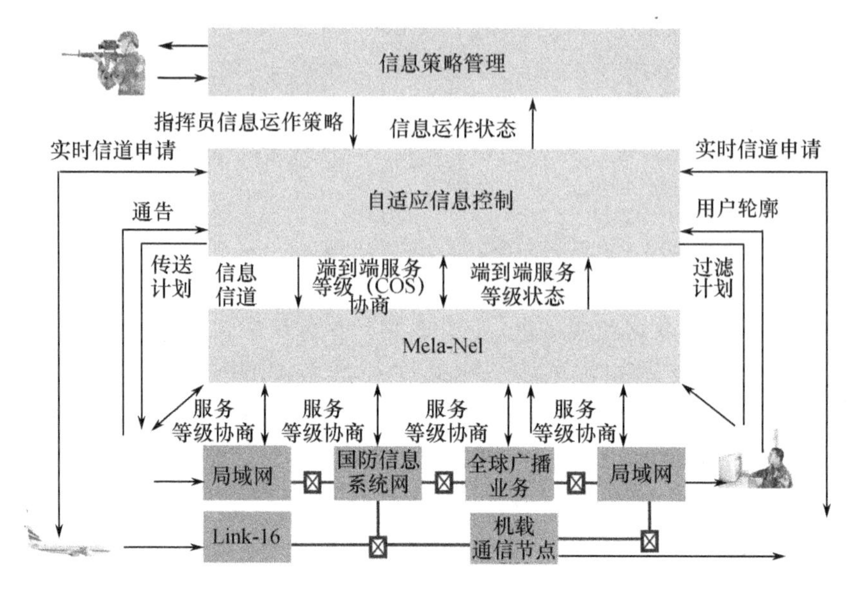

图 7.8　DARPA 的敏捷信息控制环境项目设想

7.8.2　协调数据链性能的统筹发展难度大

体系设计的关键是协议的选择。数据链系统中传输的信息可分为武器战术指控信息、公共战术态势信息、控制信息、传感器信息、协同交战信息等几大类，各类信息的主要特征如表 7.10 所列。

表 7.10　数据链传输各类信息的主要特征

信息种类 \ 性能要求	共享用户数	可接受延迟	可靠性要求	带宽要求
战术指挥信息	少数平台	高	高	低
公共战术态势信息	所有平台	一般	一般	一般
武器控制信息	单个平台	低	很高	低
传感器(图像)信息	部分平台	高	一般	高
协同交战	部分平台	极低	很高	高

美军原有数据链装备的协议设计主要针对指挥、态势、武器控制、协同交战四类信息，协议选择的出发点是效率和实时性，忽略和牺牲了灵活性。由于技术的快速发展，各种新型作战模式不断涌现，近年来对传感器图像(如合成孔径雷达(SAR)、红外、CCD 等)的需求已日益强烈。可以预料，未来作战还将需要各

种未知的新型消息业务，对服务质量提出更高要求，传统封闭的数据链装备体系难以适应技术和需求的不断变化，在协议选择、体系设计时，必须转变观念，重视开放性、灵活性和通用性，统筹发展。

7.8.3 对频谱资源的需求和抗干扰相矛盾

一方面，信息资源共享的层次范围（从战略层至单个平台）不断扩大，新型信息业务（如 SAR 图像信息）不断涌现，对频谱资源和带宽的需求永远迫切；另一方面，数据链系统的传输效率却极低，JTIDS 的传输速率仅为商用无线局域网（WLAN）的 1%。军用系统特殊的抗干扰、低截获概率和安全要求也只能以牺牲频谱资源得以满足。要兼顾这些矛盾，必须在无线空中接口协议设计上进行创新。美军近年来提出了未来通信系统（Future Communication System，FCS）设想，一方面拓展应用 3GHz 以上的高频段频谱资源；另一方面采用高定向天线，设计基于空间多址复用、无线 AD Hoc 组网、空中平台中继等技术的新型战术通信网络，以同时满足对带宽和抗干扰性能的矛盾需求。这些设想的实现，无疑会对传统和现役数据链系统体系产生重要的影响。

7.8.4 平台集成和综合难度大

美军在实施 MIDS 计划时碰到的最大难题就是数据链端机的接口软件设计。在软件体系架构上，美军将 MIDS 端机软件划分为核心软件和接口软件两层，核心软件用于处理数据链内部的组网协议，接口软件用于适配不同飞机平台的接口差异。计划装备 F－15 飞机一种平台的 FDL 端机接口软件有 24K 行代码，而用于配装 F－16 等 14 种平台的接口软件却达 300K 行代码之多，几乎与装机平台数量成比例增加。更为麻烦的是，如果要事后扩展装机平台种类，必须对原来所有端机的接口软件进行重大改动。

数据链网络的规划管理也十分复杂，频率分配、时隙分配、密钥分配、地址分配、身份指定、初始化参数加载等在各用户群间相互关联，必须精心统筹考虑。JTIDS 的网络规划管理需提前 4～7 天，如果要临时增加或改变，必须向总部提前申请。新的网络配置库必须经过模拟仿真验证才能使用，耗费的时间长，涉及的管理程序繁琐。

数据链的出现是各军兵种的作战需求牵引和高新技术推动的结果，伴随着武器装备和作战体制的不断改进和深化而产生和发展。

从战术数据链发展历程来看，先后发展了 Link－4、Link－11、Link－16 和 Link－22 等重要数据链系统，可以看出在这个发展过程中传输速率、系统容量、抗干扰、保密、抗毁性能等都在逐步提高，这是与其武器装备和作战体制（思想）

的发展紧密相关的。随着现代武器装备和作战体制的不断改进,战术数据链也朝着高速率、大容量、抗干扰方向发展,为满足上述要求,将由点对点通信向网络化发展,由单一通信功能向通信、导航、识别综合功能发展。

外军数据链发展过程中,各种数据链的共存和不断完善,经历了相当长一段时间;数据链的替代过程还存在着过渡问题。

作为 C^4ISR 的有效支持、作为现代军事电子信息系统的核心技术,数据链是各种军事信息系统和网络的互联和信息业务互通的技术基础,也在走系统集成的道路,即由相互独立工作的数据链向体系化、网络化方向发展。数据链之间的互联,包括物理上的连接和数据链消息标准的互操作。

通过伊拉克战争进一步得到了启示,从数据链的发展趋势和 C^4ISR 对数据链的需求来看,一是向系统集成方向发展,二是未来的新型数据链将向着具有更好的实时性、更大的传输容量、更高的保密性、更强的抗干扰能力和抗摧毁能力的方向发展,以解决现代战争中的多平台/多种类的探测器/传感器信息资源共享、多平台/多类型武器协同所要求的实时性、联合作战指挥协同所需的保密/抗干扰等问题。

数据链不是一个孤立的系统,而是作为指挥控制体系里的一种手段,作为传统话音通信的延伸与补充,配合指挥控制等系统以保障部队实施有效的作战指挥和控制。

7.9 数据链技术在陆军航空兵信息化建设中的应用

本节是结合军事科研基金课题研究过程中选用的研究资料进行节选,通过研究美军陆军航空兵借助数据链技术进行信息化建设的过程,试图对我军陆航部队空中信息平台的建设提供一些有益的建议。

基于军事目的,20 世纪 50 年代美军开发了多种数据链,它可将战场上 C^4KISR(C^4ISR + Kill,美国防部 2001 年提出,意为杀伤、摧毁)系统与武器平台连成一个有机整体,形成战场统一态势,共享互通各类信息资源,是现代战争中作战力量的“倍增器”和“黏合剂”。直升机作为使用最普遍的陆基平台,要想实现精准打击协同作战,就必须利用数据链同有人飞机、无人机和地面部队实现实时视频图像、元数据传输和资源共享。目前,我军武装侦察直升机上的数据链主要是应用在将直升机上光电瞄准具收集到的图片、己方(敌方)目标方位/速度、本机武器站位、数量、种类等信息发送传输到地面控制指挥系统,还没有实现像美军/北约部队那样应用到指挥直升机与舰船护航、着舰、同无人机编队和兵种协同作战上,可以说加快发展直升机战术数据链技术是今后我军陆航信息化建设的一个重要课题。

7.9.1 美军陆航数据链的应用对我军陆航信息化建设的启示

我军应充分利用数据链技术，依据网络中心战任务需求，借鉴 Link/TADIL 数据链有关报文标准、技术规范和路线，发展适合陆航直升机作战特点的专业数据链，要同空军、海军、火箭军搞好协同，采取统一报文格式和规范，与其他专业数据链、空中无人机作战指挥网络、地面控制台站等相链接，可以是同一条链（陆—空/空—空互联），也可以是同一条链上的不同分支，但不能出现发展出的数据链互不兼容、互不沟通。

美陆军直升机从数据链获益最大。先是 AH－64C/D“长弓阿帕奇”攻击直升机上加装了 VUIT－2（Video from UAS for Interoperability Teaming Level Ⅱ）新型数据链，与无人机系统的地面指挥控制站之间建立了互联，实时接收无人机视频传输。NH－900 战术数据链是我军自行研制的数据链，已经装备了“旅大级”“旅沪级”“江湖”型导弹护卫舰等所有国产新型水面战舰，整体功能同美军 Link－16 大致相当。但是，目前陆军航空兵除了在武器平台、侦察探测系统加装有数据链外，陆航部队的作战指挥系统、直升机平台同其他作战单元之间还没有构建完整意义的战术数据链来引导联合作战、协同作战。因此，未来陆军航空兵战术数据链设计中要注意以下几点。

1. 高度重视直升机战术数据链的标准化建设（直升机数据链的兼容性）

50 多年来，美军先后研制了如 Link 通用战术数据链、S－CDL 卫星情报侦察信息数据链、VDL－2 空中交通管理视距数据链（VHF 数据链）等 40 多种数据链，种类多、数目大。但这些数据链工作在不同频段（如 L 频段、UHF 频段和 HF 频段），各数据链通信协议和报文格式也各不相同。为了解决互容互通、兼容工作，美军只能研制网关设备才实现了 JTIDS 与 Link－4A 和 Link－11 之间的互联。美军数据链多年的演变，表明由于当时各军种作战环境和需求不同，又没有统一协调各军种需求的管理机构，更缺乏对网络中心立体战这些联合作战、协同作战理念的认知，所以，美军初期的数据链是各军兵种根据自身需求独立发展起来的。早期数据链在消息格式标准确定、组网协议选择、接口设计等方面均缺乏整体性、开放性考虑，使得在各种武器平台加改装上、系统集成上难度加大，各军种数据链互通兼容最终只有通过 C^4ISR 指挥控制系统在高层进行转换，使得格式转换的网关增多，设备增加，影响了数据链系统的推广应用和效率。因此，我军陆航在战术数据链研制一开始，就要注意消息格式和技术体制的统一、系统的集成、与其他武器平台和作战单元体要留有接口，要加强数据链的需求管理和与其他军兵种协调，研制的战术数据链要与控制指挥、网络中心、其他各武器平台、军兵种实现联合协同、相互兼容。

2. 防止“烟囱”式发展

从研制 Link－4 开始，到 20 世纪七八十年代，随着信息革命的深入，美国海军、空军根据作战需求各自研发各种数据链。针对不同兵种、使用范围，各数据链都有自己的优、缺点，但是都没有统一的标准，也不互联。20 世纪 90 年代，随着联合作战、协同作战等概念的进一步发展，美军为解决同北约各国、各兵种、不同武器平台之间的协同联合作战问题，同北约合作开发了旨在实现“大一统”的 Link－16/TADIL－J 数据链。然而，到目前为止，Link－16 也只是美军/北约三军联合作战系统，还没有形成真正意义上统一的战术数据链。这跟美军最初缺乏对数据链的统一规划、统一标准，缺少协同作战理念，实行“烟囱”式发展有关。考察美军数据链发展模式，早期一般都是各军兵种独立研发，没有站在统一整体的大局规划数据链的设计、通信协议和报文标准，导致 40 多种数据链相互竞争，互不兼容，互不适应“共同繁荣”的局面，浪费了不少军费并最后必须由网关设备来解决兼容互通问题。我军经费开支有限，数据链技术还处于探索阶段，因此要充分吸取美军、北约数据链发展经验教训，从全局整体三军联合协同作战角度出发，认真规划我军数据链的发展，防止冒进粗放式经营、高低不平“烟囱式”发展。同时，为节约军费，我军还需要大力进行数据链组网规划仿真、效能评估仿真、模拟训练仿真等数据链仿真技术研究，运用仿真技术检验数据链性能，训练作战人员的熟练程度，也为我军数据链装备的研制开发、合理使用和作战训练提供实验数据。

3. 发展综合一体化的通用数据链系统

陆军航空兵不能走“纯陆军”发展思维模式，构建战术数据链时，除了从自己本身的专业背景需求出发研制战术数据链以外，还要注意同地面装甲部队、二炮、海军、空军等军兵种搞好联合协同，发展起来的陆军航空兵战术数据链要能够与空军、海军、二炮、地面、导弹部队、装甲部队、无人机、预警机以及导航卫星实现战场信息资源共享互访，有标准统一的协议格式；同其他武器平台、作战单元、控制指挥系统要留有接口，同时也要注意与自己内部的作战指挥控制信息系统、战场机务维修保障信息系统、油料车辆战勤卫生信息系统等的兼容互通；要集作战指挥、情报侦察、攻击行动、机务维修保障、后勤保障于一体的战术数据链系统。我军直升机数量虽不多，种类却不少，既有国产的直八、直九、直十、直十一、直十八、直十九、HC－120，又有引进美国的黑鹰、法国的小羚羊/松鼠、俄罗斯的米格系列和卡系列直升机，如果再加上空军、海军、武警和地方公安系统、打捞公司等，直升机型号就更多了，这就涉及战场上、非战争军事行动中，各直升机作战共同体之间、直升机和地面控制指挥之间、同无人机之间的联合协同作战问题,在将来还要考虑到直升机远程医疗救助、远程机务维修、中继通信和低空航空管制等问题,直升机要同卫星、预警机、GPS/北斗等之间进行数据链传输等问题。因此,必须发展能够兼容各战术数据链、专业数据链的综合一体化的通用数据链系统。

7.9.2 陆航战术数据链的构想

1. 构建陆航专业战术数据链

目前,我军直九 WZ 直升机上加装了 STC-1 型图像传输系统(简称图传),用于把超低空飞行的任务机上视频探测传感器(FLIR 或 CCD)输出的图像实时、连续、可靠地通过无线 RF 信道传输到地面接收车,或者以直传方式对高空飞行任务机实行同步传输机载状态信息,为地面指挥决策提供直观信息依据。但是,就实际应用来说,我军直升机上的数据链技术只能进行简短、低格式的数据链通信传输,传输速率低、工作可靠性差、保密性也不强、抗干扰能力弱、视距传输范围有限,各系统、各作战单元相互兼容性也不理想,还不能满足战场上信息资源的共享互通。直升机主要以低空、超低空为主要作战区域和作战方式,具备较强的低空突击、机动、空中保障以及突然发起进攻“打完了就跑”的特点,是陆军联合作战中配合地面坦克、装甲、人员车辆等机动作战的重要力量;在舰船上也是实施随舰船编队巡航、海上救援、空中侦察、摄像、视频转播等不可缺少的力量。根据这些作战任务需求,直升机要实施大纵深、全范围、立体化灵活机动的作战,就必须实时、精准地获取大量的战场态势情景和作战指令情报。因此,在直升机上加装战术数据链,可以增强“战场态势”情境感和作战指令情报等各种战术数据信息的快速传递,提高直升机快速反应、协同作战和精确打击能力,最大限度发挥陆军航空兵作战效能。

2007 年,哈里斯公司为美国海军制造直升机高速数据链——CDI“鹰链”(Hawlink)系统,用于 MH-60R 直升机向其主要搭载舰艇传输战术视频、雷达、声学传感器或其他数据完成情报侦察。“鹰链”将安装在 350 架/艘飞机/舰艇上,传输速度超过 100 海里,速率超过 21Mb/s,实现“平面中心战”向“网络立体战”结构转型。对此,我军陆航要充分引起重视,加强同类研究。

2. 构建直升机网络指挥中心

直升机地面指挥所负责收集、转发、存储、感知战场的各种态势信息、作战指令、敌方火力、方位、作战意图等各种情报资源,同时还负责己方直升机作战人员编配、作战单元的兵力部署、远程战场机务维修、数字化战勤卫生保障以及其他武器平台的协同沟通,也要与气象卫星、北斗导航、上级指挥所相连,相当于本级的 C^4ISR(指挥、控制、通信、计算机、情报及监视与侦察)系统。直升机网络控制指挥中心可以设置在地面、车辆甚至是直升机上，其他用户如作战直升机、运输直升机、救护直升机、直升机空中管制、远程机务维修、远程医疗救助、后勤保障平台等都在其控制范围之内，各控制站与陆基数据系统之间的数据交换也在其控制之下工作，由本级首长掌控实施。

3. 组建无人直升机战术分队

无人直升机可以完成有人直升机无法完成的任务，如长航时、隐身、微型化的无人直升机可以完成航拍、侦察监视、中继通信、实时“战况转播”、为己方作战直升机提供任务导航，甚至可以完成自动攻击轰炸。为了配合网络中心作战，美军 AH－64DⅢ直升机加装了“无人机系统战术通用数据链组件（UTA）”通信系统。通过 UTA 可控制和引导无人机执行攻击任务。在无人直升机上加装战术数据链，与直升机地面指挥所链接，可以完成直升机作战单元的引导、中继通信、情报传递与监视侦察、战况直播和战斗损毁评估等任务。2009 年，美军陆军航空兵第二次大讨论认为：美军陆航在现有的基础上要组建“全谱航空旅”（FS－CAB），其中包括一个攻击侦察中队，装备 21 架 OH－58D“基奥瓦勇士”直升机（可与武装直升机或地面炮兵、地面指挥中心等密切协同完成空中侦察、目标截获和指示等任务），8 架“阴影”无人机。2010 年 4 月，美国陆军发布的《美国陆军无人机路线图 2010—2035》认为，要大力发展支援旅及旅以下部队作战的中航时、中航程无人机，实现有人直升机同 RO－7“影子”无人机混合编队。实现无人机、有人直升机混合编队、协同作战就必须要有战术数据链链接。有了无人机系统，必然涉及无人机同有人机之间的协同作战问题。20 世纪 90 年代，美军在公共数据链（Common Data Link，CDL）基础上又为战术无人机开发了战术公共数据链（Tactical CDL，TCDL）。它是全双工、点对点、视距微波通信数据链路，在 RC－135、E－8C、P－3、SH－60 直升机和陆军低空机载侦察系统等上使用。一般来说，无人直升机数据链系统应该由整个无人直升机系统机载飞控系统和地面站监控系统组成。无人机直升机通信系统主要由控制数据链和任务数据链组成，数据链是实现无人直升机、有人直升机有效链接的神经中枢。因此，我军要在陆航团（旅）尽早组建无人直升机战术分队，解决无人机同有人机之间的协同问题。

作为 C^4ISR 的有效支撑，战术数据链是各种武器平台、作战单元之间信息系统网络互联和信息数据互通传输的技术基础。从美军阿富汗战争和伊拉克战争中，对 Link－16/JTIDS、GPS、Internet 3 种手段的使用、数据链的发展趋势以及 C^4ISR 对数据链的需求来看，数据链技术向着更强的系统集成性、更快的实时性、更大的吞吐量、更高的保密性、更强的抗干扰性和抗摧毁能力方向发展，以解决信息化战争多平台、多兵种、跨区域之间的联合作战协同作战问题。陆军航空兵要建立起自己的专业战术数据链,实现直升机战术共同体、无人机、各武器平台、机务维修保障、航材四站供给、战勤卫生保障、远程维修、远程医疗等之间的信息资源传输共享以及同其他兵种的联合协同作战,从而最大限度地发挥陆军航空兵整体作战效能。

第 8 讲　卫星通信系统

8.1　卫星通信系统的组成与特点

早在 1945 年,英国人 A. C. 克拉克提出了利用地球静止轨道卫星通信的设想。1957 年,苏联把人类第一颗人造地球卫星送上蓝天,人类第一次叩开了宇宙的天窗。1958 年美国发射了世界上第一颗通信卫星——“斯科尔”,开始了卫星通信的实验阶段;1965 年美国发射对地静止卫星——“国际通信卫星 - 1”(又名“晨鸟”)号及苏联发射对地非静止卫星“闪电 - 1”的成功,标志着卫星通信进入实用化阶段。

卫星通信的频段一般分为三类,即特高频(UHF)、超高频(SHF)和极高频(EHF)频段。大体而言,军事固定通信一般使用 8GHz/7GHz 的 SHF 频段,如美国的国防卫星通信系统(DSCS Ⅰ、Ⅱ、Ⅲ);军事移动卫星通信通常使用 400MHz/250MHz 的特高频频段,如美国的舰队卫星(FLTSAT)通信系统;为增强抗干扰、抗截收能力,重要的指挥控制链路逐渐向使用频率更高的极高频/超高频(44GHz/20GHz)系统发展,如美国的军事战略与战术中继卫星以及激光卫星通信。卫星通信频段有时也按波段划分,如 C 频段(3.9 ~ 1GHz)、K 频段(20 ~ 40GHz)、Ku 频段(12.5 ~ 18GHz)、X 频段(5.2 ~ 10.9GHz),L 频段(40 ~ 60GHz)等。X 频段或特高频频段可同时用于战略和战术通信如表 8.1 所列。

表 8.1　卫星通信常用的频段

频段	卫星通信常用频段(上行/下行)
UHF	400/25GHz(军用)
	(L)1.6/1.5GHz
SHF	(S)4/2GHz
	(C)6/4GHz
	(X)8.5GHz
	(Ku)6.4/11.12GHz
	(Ka)18/20GHz
EHF	44/20GHz(军用)

一个卫星通信系统主要由空间分系统、地球站、跟踪遥测及指令分系统和监控管理分系统等四大部分组成。前两个分系统主要用于通信,后两个分系统一般起支持保障作用。

自20世纪60年代以来,军事卫星通信成为了战场上最富生命力的通信手段,是军队实施指挥控制、完成众多的远程通信任务不可替代的通信方式,如传送大量的话音、数据、照片以及活动图像,提供情报、定位信息、预警信息、气象信息等。目前,卫星通信已成为世界各国,尤其是各军事大国竞相发展的大容量、远距离传递信息的军事通信重要手段。

8.2 美军军事卫星通信系统

美国堪称世界头号军事卫星大国,美军的军事情报约70%来源于卫星,美国所有的军用长途通信70%的信息是由卫星传送的。通信卫星为军用电话、电子邮件、因特网、邮政和多媒体业务提供通信线路。20世纪90年代美国参与的几场高技术局部战争中,军事卫星通信系统让美国人大出风头。图8.1所示为美军的各类卫星系统和终端。

图8.1　美军的各类卫星系统和终端

美军现用于战略和战术通信的主要是国防卫星通信系统。它为美国国防部和陆、海、空三军提供保密的话音、数据、图形和图像通信业务。此外,还有舰队卫星通信系统、空军卫星通信系统、卫星中继系统、军事战略战术中继卫星通信系统和轻卫星通信系统等。

美军拥有的卫星通信系统的频率范围:空军主管的国防通信卫星(DSCS),

其中主用频段为超高频；海军主管的舰队卫星（FLTSAT）、租借卫星（Leasat）、“填隙”卫星（Gapfiller）及特高频后继卫星（UFO），它们主用频段为特高频；空军主管的军事战略/战术中继卫星（MILSTAR），极高频是其主用频段。表 8.2 列出了美国主要军用通信卫星的主要性能。

表 8.2 美国主要军用通信卫星性能

型号	频（波）段	转发器数目	转发器输出	轨道重量/kg	天线
DSCS-2	X	4	20/40W	600	全球喇叭， 点波束（2.5°/6.5°）
DSCS-3	X，UHF	6	X：10/40 UHF：70W	1170	多波束透镜，点波束， 全球喇叭
FLTSAT	UHF，X（收）	23	25~43W	912	UHF：螺旋，抛物面；X：喇叭
Leasat	UHF，X（收）	13	EIRP； 16.5~28dB	1400	UHF：螺旋；X：喇叭
UFO	UHF EHF	UHF：39 EHF：11	50W		UHF：螺旋 EHF：全球波束，点波束（5°）
MILSTAR	EHF/SHF UHF	EHF：50 UHF：1	40W	2300~3600	全球，点波束， 扫描波束，螺旋

从表 8.2 中可以看出，军用通信卫星及其数据链路工作在 3 个频段，即特高频（UHF）、超高频（SHF）和极高频（EHF）。自 20 世纪 60 年代以来，军用通信卫星主要使用特高频。特高频终端能全天候工作，能穿过密集的树丛，能支持单路单载波（SCPC）和按需分配多址（DAMA）通信，而且不需要定向天线，即使功率较小的背负式电台也能通过特高频连接。不过特高频终端的数据率很低，只有 2.4~19.2kb/s，而且此频段非常拥挤且易受干扰。直到 80 年代，美军卫星通信仍大半使用特高频。超高频主要用于频分多址和按需分配多址通信。超高频在 X 频段能支持高数据率，可使用多波束和点波束天线，其窄天线波束抗干扰能力强。美军的国防卫星通信系统（DSCS）就工作在超高频频段。极高频主要用于时分多址通信，支持低数据率和中数据率，也能支持高数据率。极高频是抗毁和保密性能都比较好的频段，其缺点是传输易受气候影响。美军的军事战略、战术与中继卫星（MILSTAR）和美海军的特高频后继卫星（UFO）都工作在极高频频段。

8.2.1 国防卫星通信系统

美国防卫星通信系统（Defense Satellite Communication System，DSCS）所使用

的通信卫星已几经更迭，由20世纪60年代的第一、二代国防通信卫星，发展到现在使用的第三代卫星。第三代国防通信卫星将工作到2010年左右。

第三代国防通信卫星，无论在抗干扰性能还是抗核辐射性能方面都优于前两代卫星。只要星载传感器检测到干扰信号，地面控制设备就能使用卫星可调波束天线抗御各种电磁干扰。第三代国防通信卫星的后续星将是第四代卫星，这一代卫星通信系统的抗干扰能力将比第三代卫星通信系统更好。同时，它还有星际链路（即通信卫星与通信卫星之间的电路连接），使用激光通信技术。第四代国防通信卫星将具有极高频（EHF）通信能力，频率容量大和频带宽，能使更多的用户收发更多的信息。

地面机动部队卫星通信系统（GMFSCS）也使用X频段（8/7GHz）的国防通信卫星。地面机动部队卫星通信系统是一个供地域移动通信使用的战术卫星通信系统。该系统的空间段现使用国防通信卫星的点波束天线。随着战区的建立与迁移，此点波束天线可接收地面指令指向需要覆盖的战区，使战区内的节点或非节点终端很方便地建立起全双工多路干线通信联络。该系统的X频段地面终端包括节点终端与非常终端两类，用以增强战区内视距与对流层散射通信能力，扩大军以上、军和部分师的中继距离。为了提高战区通信能力，20世纪90年代又生产了三波段（X/C/Ku）军用卫星终端，其特点是可以利用民用卫星提供战区干线传输，传输速率可达8.192Mb/s。

8.2.2 舰队卫星通信系统和特高频后续卫星系统

舰队卫星通信系统是一个主要供美海军使用，同时也供美陆军使用的特高频（UHF）卫星通信系统。该系统包括5颗卫星。第一颗卫星于1978年2月发射，第5颗卫星于1981年8月发射。第一批4颗卫星组成覆盖全球的星座。这4颗卫星入轨后都运转良好，工作时间是设计寿命的2倍多。第5颗卫星在升空阶段损毁，没能使用。

20世纪90年代后，在轨部分通信卫星逐渐退役，特高频通信容量日显超载。然而，军队对特高频战术/移动卫星通信的需求有增无减。采取的对策是发展一种改进型的特高频通信卫星（即特高频后续星UFO）。UFO的设计重点是增大通信容量，而不是提高抗干扰性能。如果存在强烈干扰，战时的海军可以转用军事战略、战术与中继卫星系统。UFO系列原计划发射9颗卫星，在2005年左右最终取代原特高频卫星。特高频后续星能与舰队卫星通信系统使用的终端兼容，这样原有的特高频地面终端均可继续使用。另外1998—1999年发射的第8~10颗UFO卫星上还搭载了采用Ka频段的全球广播系统（Global Broadcasting System，GBS）转发器，使通信能力大增。

美军现拥有 8000 部以上多种型号的特高频卫星通情终端，到 2010 年会有 11000 部投入工作。这些终端中有许多型号且有较强的兼容性，能在多种通信系统中工作。

8.2.3 空军卫星通信系统（AFSATCOM）

AFSATCON 是一个在战时供空军核力量使用的特高频卫星通信系统，是美国最低限度应急通信网（Minimum Emergency Communication Network，MEECN）的一个组成部分。它为国家指挥当局与核打击部队之间提供抗毁、抗干扰、低截收、高效的双向通信，为国家指挥当局与执行核战计划的部队提供应急通信能力。该系统要求的传输速率不高，一般是简短的低速报，但因所传信息极为重要，必须采取跳频扩频等抗干扰措施。

空军卫星通信系统没有自己的专用卫星，它使用搭载在各种宿主卫星上的通信载荷，主要是使用前述 FLTSAT、Leasat 和 UFO 卫星上的 5kHz 信道、DSCS－3 上的 5kHz 单信道转发器，以及装载在高斜椭圆轨道的卫星数据系统（Satellite Data System，SDS）卫星及其他一些秘密卫星上的单信道转发器。

8.2.4 军事战略、战术与中继卫星通信系统（MILSTAR）

1981 年岁末，美国里根政府宣布了实施战略力量现代化计划。提高战略指挥、控制、通信和情报系统的能力是该计划主要内容之一。其中军事战略、战术与中继卫星通信系统（MILSTAR）又是现代化计划中通信领域的一个核心项目。军事战略、战术与中继卫星通信系统是一个多军种卫星通信系统，其最大特点是生存能力强，能在数周乃至数月的核战争中有效地工作。即使地面控制中心被摧毁，它也能在无指令的情况下自主工作达 6 个月之久。因此，它被认为是长期核战争中唯一可用的通信系统。图 8.2 所示为 MILSTAR 卫星天基部分。

MILSTAR 由三部分组成，即空间部分、控制部分（地面和机载）与终端部分。最初设计中的 MILSTAR 空间部分由 8 颗卫星组网：4 颗位于赤道同步轨道上的工作星，3 颗位于高椭圆形轨道上的工作星（用于覆盖北极地区），1 颗在超同步轨道上的备份星。20 世纪 90 年代决定只部署 6 颗卫星。这些卫星轨道相互交叉，覆盖全球。

MILSTAR 的有效载荷包括多台星载计算机，用于控制通信资源，实现星上处理，完成“天基交换机”的任务。

MILSTAR 的地面主控设施称为任务控制中心。它设在美空军的联合空中作战中心内。控制室的主要设备是 IBM 3090 计算机。控制中心能控制最多 10 颗卫星。此外，还有移动式任务单元，安装在国家紧急机载指挥所等处。

图 8.2　MILSTAR 卫星天基部分

MILSTAR 的终端部分提供全球范围的双向抗干扰、抗摧毁的保密话、电传和数据通信。各军种装备的终端由各军种研制。例如,陆军就有地面指挥所终端(安装在作战中心、指挥部和特定用户所在地,另一种是安装在一个 S－280 方舱中的移动式指挥所终端);单信道目标战术终端(SCOTT);单信道抗干扰背负式终端(SCAMP);保密、移动、抗干扰、可靠的战术终端(SMART)等。海军、空军也装备了军事战略、战术与中继卫星通信系统终端。E－4 国家紧急机载指挥所上的军事战略、战术与中继卫星通信系统终端,通过机载任务控制单元,可在必要时控制军事战略、战术与中继卫星整个系统。

军事战略、战术与中继卫星通信系统具有以下功能:保证国家指挥当局在持续的核战争中指挥控制战略和战术部队;保证对投送至全球各地的美国部队实施灵活的指挥控制;全球覆盖及多个战区支援,包括对北极的持续覆盖,以支援在北极附近作战的轰炸机和潜艇;在所有军种间提供信息互通;保证“动中通”;在盟国部队间提供抗干扰、抗窃听通信;为战术部队提供受保护的通信;具有极强的抗各种威胁的能力,如遭到反卫星武器袭击时,能自动从原部署的地点机动转移以及提供受到高度保护的可视电话会议能力等。

军事战略、战术与中继卫星通信系统集先进通信技术和电子技术之大成,是名副其实的尖端科技的产品。在它的设计和研制中有许多“第一”,如它是第一个采用极高频频段的卫星、第一个具有星际链路的卫星,也是第一个能在长期核战争中独立工作的卫星。

MILSTAR 的每颗星重 2300～3600kg。主要工作在极高频频段,上行线路(卫星地球站至通信卫星)的传输频率为 44GHz,下行线路(通信卫星至卫星地球站)的传输频率为20GHz。星际链路的传输频率为60GHz。采用极高频频段有许多优点,首先是该频段的通信设备能够很快从高空核爆炸造成的传播衰减中恢复。其次,极高频能用较小的天线阵进行高定向发射,这样就降低了遭敌截收概率。44GHz上行线路可使用直径为1m的小型天线,从而结束了以往必须使用直径为12~15m地面大型天线的历史。MILSTAR也有部分工作在特高频和超高频频段,以便与其他通信卫星兼容。例如,装配有MILSTAR终端的机载指挥所为避免干扰,可用极高频把信息发送给MILSTAR,然后卫星再用超高频和特高频将信息发至地面。这种能力使非MILSTAR终端也能收到信息。

MILSTAR在本系统自身的卫星之间建有星际线路,这使卫星能在高于大气层的空间环绕全球对信息进行中继,或进行路由选择,而无须依赖脆弱的地球站和中间下行线路。这种能力可保证诸如E-4国家紧急指挥所或总统专机在太平洋上空飞行时与欧洲核部队的通信联络,甚至在所有地球站被摧毁后卫星仍具有这种能力。而且,星际线路工作在60GHz,而大气对60GHz的信号几乎是不传导的,所以可有效防止敌方地球站的窃听和干扰。星际链路也简化了对卫星的控制,地面任务控制中心可以通过交叉链路的连接控制整个星群,从而降低了系统寿命周期的操作维护费用。

MILSTAR采用先进的跳频技术,以防止未来可能出现的大功率极高频干扰发射机的干扰。其调频图案(变频顺序和速率)可以周期性地变化。卫星根据信息开始时发送的标识码判定所使用的调频图案。为使传输同步,卫星和终端都备有时钟。目前,新的能干扰跳频的技术业已出现。其中一种办法是侦测出发射频率,然后快速将干扰发射机调到该频率上;另一种办法是连续干扰窄带,从而使通过该频带的一部分信息被搞乱。为与这种干扰技术相对抗,MILSTAR的发射机跳频带宽达1GHz,而且跳频速率也非常高。

MILSTAR的星上信号处理设施进一步提高了系统的抗毁性和抗干扰能力。卫星接收到每条信道传来的信号时,都对信号解扩频、解调、解码,而在把这些信号重发给地面接收终端之前,再对信号进行编码、调制、扩频,这样就可除去进入上行线路中的任何干扰信号,而把下行线路的功率全用于重发正确信号,避免了把干扰信号放大并发送给接收终端的可能。卫星传输的信息均经过加密,保密性能好。此外,MILSTAR采用的纠错码技术也非常先进,即使半数信息被敌方干扰或丢失,纠错码也能使信息复原。

为使多个用户共享卫星资源,MILSTAR采用两种不同的多址技术。上行线路采用频分多址技术,即给每个用户都分配一个传输频率。由于用户实际上是从一个频率跳到另一个频率上以避开干扰信号,因此采用这种技术时需要严格协调,以防止用户间的相互干扰。下行线路采用时分多址技术,用户传输按预定时间表在信道上交替进行。因为这种技术只用一个载频发射,所以可简化接收机的设计。

MILSTAR 的星体和通信载荷均经过核加固处理,能抗电磁脉冲和其他核效应干扰,能承受激光辐射攻击。

1991 年美国国防部对 MILSTAR 计划做了重大调整,除星座总数由 8 颗减少为 6 颗外,更强调要满足战术用户的需求。从第三颗星起,在星上要安装中数据率载荷。同时,为降低成本,还减少了核加固方面要求。尽管如此,MILSTAR 仍是一个很昂贵的系统。据称,如果一盎司一盎司地算,它比黄金还贵 16 倍。

1994 年首星发射成功。现在在轨工作的共 4 颗星。头两颗只有低数据率载荷,这 2 颗星主要覆盖太平洋和大西洋地区,包括中东、非洲、欧洲、地中海、美国本土直到夏威夷群岛等大部分地区。1995 年在美军的海地行动中 MILSTAR 首次投入使用。从第 3 颗星起增加中数据率载荷。中数据率载荷有 32 个信道,每个信道可提供 4.8kb/s ~ 1.5Mb/s 的数据率。这使战术用户能接收大量数据,包括图像和巡航导弹的目标刷新信息等。

由于 MILSTAR Ⅱ 型增加了中数据率载荷,各军种在已装备的各种低数据率终端外,又重新研制中数据率终端。陆军装备的保密、移动、抗干扰战术终端(SMART - T)能以低数据率和中数据率传输数据和话音。海军和空军也已经把低数据率终端改为中数据率终端。

MILSTAR 在美军获得了广泛应用。其主要用途包括以下内容。

(1) 扩大移动用户设备(Mobile User Equipmeut, MSE)的通信距离。

在“沙漠风暴”行动期间,地面部队的机动区域迅速超过了视距无线电通信的覆盖范围,从而使美军的地面部队在实施地面作战期间的关键时刻,失去与上级指挥所的联系。MILSTAR 投入使用后,可避免这种情况,部队使用相应的终端可扩大移动用户设备的覆盖范围,为支持空地一体战提供所必需的超视距通信能力。按照空地一体战的要求,机动部队的协同是关键问题,而且需要移动终端。为此,终端装在标准的高机动多用途轮式车上,可迅速开通和拆收。终端设计具有遥控功能,可实现远距离通信。

(2) 传送空中任务命令。

海军和空军部队在作战中飞机出动的架次很多,并要求能够实施准确的打击。每天的空中任务命令包含作战行动所需要的打击规划和目标信息。联合特遣部队所属空军指挥官将空中任务命令发给旗舰、对地攻击舰、防空作战平台和地面战斗部队。在海湾战争“沙漠风暴”行动期间,由于卫星通信缺乏互通的通信系统,美空军仍依靠直升机和军邮班机以及人工复制的方式,将空中任务命令传送给海军部队、驻扎在利雅得的联合特遣部队指挥官将空中作战命令复制的副本分发给作战部队。

（3）支持总指挥官互联网。

在全球势态变化多端的情况下，为迅速评估正在形成的危机和有效地协调部队、要求在国家指挥当局和战区总指挥之间提供可靠的通信。总指挥官之间互联网通过 MILSTAR 在全球范围内提供保密、抗干扰通信，以确保危急期间迅速、可靠地通信联络。

从发展的观点看，MILSTAR 有两个可能替代的方案：一个是采用高级极高频通信卫星（Advanced Extremely High Frequency Communication Satellite，AEHF-CS）。此计划将发射 4 颗具有星际链路的卫星，用来向国家指挥当局和战区指挥官提供战略、战术通信。每星有 50 多个信道和多个下行链路，数据传输速率为 8.2Mb/s，容量比现有的系统大 5～10 倍，可与现系统兼容，因此可使用现有终端。另一个可能的替代系统是采用多路径超视距通信卫星（MUBLCOM）。多路径超视距通信卫星将在低地球轨道上运行，可能由 64 颗星组网，类似“铱”通信卫星系统的配置。不采用现系统那样复杂的跳频抗干扰技术，而是采用多个接收机接收多路径传输，从而形成一个可靠的空间中转系统。

8.2.5 美军高级极高频卫星通信系统

美军高级极高频（AEHF）卫星是一个后续通信卫星计划，它于 2005 年左右开始取代 MILSTAR（军事战略、战术与中继通信卫星）。AEHF 计划由美国空军负责采办。

1. 发展过程

1993 年，美国国防部“自上而下的评审”概述了美军将部署一个成本较低的高级军用卫星通信系统的决定。该计划拟最大限度地采用商用运载舱的研究成果，以减少轨道支持和发射集成费用。1995 年，在 PE#0603430F 高级军用卫星通信（MILSATCOM）项目下拨出专款，为下一代军用通信卫星系统的研制提供基础。

该计划的目的是补充加强现有的极高频（EHF）及特高频（UHF）MILSTAR Ⅱ和超高频（SHF）国防卫星通信系统Ⅲ（DSCSⅢ）。AEHF 系统的每颗卫星都将拥有标准化的星体组成部分和模块式 EHF 和 SHF 载荷，它们将用一种中等发射器分别发射。

1996 年，TRW 公司和洛克希德·马丁公司发表声明，称他们正在联合研发 AEHF 卫星。这两个公司组成联合体是它们此前在 MILSTAR 计划中合作的自然延伸。1997 年春，TRW 公司和波音卫星通信系统公司（原休斯电子公司）分别与军方签订了合同，为 AEHF 卫星计划研制处理器样机。

合同签署后不久，美空军建议把 AEHF 卫星的首次发射从 2006 年推迟到 2007 年。然而，国防部长办公室不但不同意推迟发射时间，而且也不同意空军提出的有关经费的建议。1999 年，洛克希德·马丁导弹与空间公司和休斯空间与通信公司分别赢得了金额为 2200 万美元的 AEHF 计划的择优选用合同。每家公司在 18 个月的系统定义阶段内要设计和研制出 AEHF 卫星。

1999 年 4 月，第三颗 MILSTAR 卫星发射失败，致使卫星覆盖范围出现了空白区。要补上这一空白，国防部必须再购买一颗 MILSTAR 卫星，或者加速实施 AEHF 计划。而要加速实施 AEHF 计划，国防部将不得不取消购买卫星过程中的择优选用阶段。2004 年 4 月，国防部批准 AEHF 计划的三大竞争对手合作开发该系统，这样该计划可提前 18 个月实施。于是，这三大竞争对手（洛克希德·马丁公司、波音公司和 TRW 公司）组成了研制卫星的联合体。

最初，这 3 家公司定于 2004 年 12 月交付第一颗称为“探路者”（Pathfinder）的卫星。它们打算把“探路者”设计成一颗过渡的 AEHF 卫星，它具有 MILSTAR Ⅲ的最低能力，但能升级到未来 AEHF 卫星的水平。不过，由于已经获准合作，3 家公司对所有的卫星都进行相同的配置，以获得更多的能力和灵活性。此外，设计底线中将包括相控阵天线，以提高效用 MILSTAR Ⅱ通信卫星比较，AEHF 卫星的总容量要大 10 倍，数据率高 6 倍（8.2Mb/s）。由于数据率较高，AEHF 卫星能传输实时视频信号、战场地图和目标数据等战术信息。尽管取得了这些进步，但要满足美空军不断增长的要求，仍然存在问题。随着计划的发展，空军提出需要更多的带宽。由于 AEHF 计划的加速实施，技术的确定要比原定时间早得多。因此，该计划目前确定采用的技术不如原来预期的 18 个月后可以使用的那些技术先进。使问题复杂化的还有日益增长的对宽带通信的需求，这是随着视频会议等的兴起而出现的。此外，来自 U－2 飞机和“全球鹰”无人机的情报、侦察、监视数据也需要大得多的带宽。空军与洛克希德·马丁公司、波音公司、TRW 联合体一直在就这些需求进行磋商。

2001 年 3 月，联合体宣称，AEHF 卫星的造价很可能会超过双方预定的 26 亿美元的固定价格。联合体说，为了生产一颗“成熟型”AEHF 卫星，需要增加 3 亿美元。但空军不接受“成熟型”卫星；反之，它要求联合体修改设计，使卫星造价不超过 26 亿美元。就在 2001 年 3 月，洛克希德·马丁公司和 TRW 公司获得了 8600 万美元固定价格的合同，要求对原合同进行修改，从而延长了系统定义阶段。后来，空军援引造价和进度的原因，宣布把 AEHF 首星预定发射时间推迟一年，即从 2004 年 12 月推迟到 2005 年 12 月。但当时的最新消息是首星将于 2007 年 6 月发射。这样一来，空军为 AEHF 计划组织一个国家联合体的理由基本上失去了价值。

当该计划的预算短缺9～10亿美元被确认时，对空军采办策略的审查也不及时。空军对该计划似乎尚未充分拨款。考虑到美国负责采办的国防部副部长E·奥尔德里奇曾宣布，他将不会批准各军种未予充分拨款的计划，空军的做法明显有问题。而对AEHF卫星计划的国防采办执行审查已于2001年9月结束。

空军通过推迟发射时间能削减AEHF计划的费用。把购买第3～5颗卫星的时间平均推迟3年将把该系统的全面作战能力从2010年推迟到2012年。与头两颗卫星有关的初始作战能力将不会受到影响。国防部副部长奥尔德里奇在2001年10月10日公布的采办决定备忘录中已批准AEHF卫星计划进行系统开发和演示（即SDD，以前称为工程和制造开发，即EMD）。在备忘录中，奥尔德里奇指示空军研究购买另外的AEHF卫星的替代方案。一个称为全球通信系统的方案正在审查中，这个方案是让头两颗AEHF卫星与诸如空军的宽带补网卫星和国家侦察局的通信中继太空飞船等星座共同工作。如果这样的系统可行，AEHF卫星的总数可减到2～3颗。

在得到奥尔德里奇的批准后，AEHF国家联合体赢得了该计划系统开发和演示阶段的27亿美元固定价格和成本加奖金的合同。根据合同将生产两颗卫星，同时将改进军事卫星通信地面指挥控制部分，以支持AEHF在签订该合同前夕波音公司决定退出AEHF计划。整个2001年，波音既未参与有关工作，也未获得经费，这使波音公司在该计划上无利可图。于是，AEHF卫星计划的主承包商就只剩下了洛克希德·马丁公司和TRW公司。

表8.3是AEHF计划的时间表。

表8.3 AEHF计划的时间表

时间	主要进展
1999年4月	第3颗MIKSTRAR未能到达轨道，致使覆盖区出现空白
1999年10月	洛克希德·马丁和休斯公司获得AEHF卫星择优选用的设计研究合同
2000年4月	五角大楼批准洛克希德·马丁公司、波音卫星系统公司和TRW公司合作，使计划提前18个月开始实施
2000年9月	三公司联合体宣布，他们能使所有的AEHF卫星具有相同结构，因而需要先研制一颗能力较弱的“探路者”过渡卫星
2000年10月	TRW公司为AEHF卫星研制的数字式处理器样机成功通过了功能测试，证实该处理器符合政府要求
2001年10月	国防部副部长奥尔德里奇批准AEHF卫星计划进入系统开发和演示阶段
2001年10月	波音公司退出AEHF国家联合体

(续)

时间	主要进展
2001 年 11 月	AEHF 国家联合体获得该计划系统开发和演示阶段合同
2007 年 6 月	预定发射首颗卫星
2008 年	系统具有初始作战能力
2012 年	系统具有全面作战能力

2. 技术数据与设计特点

AEHF 卫星系统的主要技术数据如下。

(1) 频率:EHF(44GHz)上行链路;SHF(20GHz)下行链路。

(2) 数据传输率:75b/s ~ 8.192Mb/s。

(3) 系统保密:终端至终端的通信保密。

(4) 采用跳频技术的传输保密。

(5) 天线覆盖:1 个地球覆盖波束,4 个可变波束,24 个时分点波束,2 个调零点波束,6 个静态点波束。

(6) 交叉链路:每颗卫星有两条双向交叉链路,与 MILSTAR 和 AEHF 的要求(60Mb/s)兼容。

在设计特点方面,新的 AEHF 星座原打算由覆盖北纬 65°和南纬 65°的 4 颗卫星组成,第 5 颗星备份。然而,成本的上涨使卫星数减到 3 颗。AEHF 卫星是下一代军用卫星通信系统的基石,它能为战略和战术作战人员提供保密、抗毁、抗干扰的全球通信。由于卫星载荷较小,它们将由中等体积的发射器发射,而不必使用现在发射 MILSTAR 的"大力神"火箭。

AEHF 计划将为 MILSTAR Ⅰ、Ⅱ 提供后续能力。对 AEHF 卫星的要求是使用现有 MILSTAR Ⅱ 中数据率波形,一个受保护的单信道数据速率为 6 ~ 8Mb/s。通过多条下行链路,每颗 AEHF 卫星可使用 50 多条通信信道。至于全球通信,AEHF 系统将使用星际交叉链路,因而无须依靠地面子系统传送信息。

8.2.6 美军特种部队的卫星通信

1. 背负式和手持式卫星通信

对美军特种作战中的单兵和小部队而言,目前有 3 种多频段多模式无线电台提供 UHF DAMA 卫星通信,分别为雷声公司提供的 PSC - 5D 多频段多模式电台(MBMMR)、哈里斯公司提供的 PRC - 117F 电台和 Thales 公司提供的 AN/PRC - 148 多频段班内/班际电台(船 ITR)。雷声公司提供的 30 ~ 512MHz MBMMR,自 1998 年以来一直为美军特种作战司令部提供 UHF - FM 卫星通信。根据特种作战部队手持式电台(SOF - HHR)计划,目前,美军特种作战司令部正打算采购新的具有卫星通信能力的手持式电台。它们希望采购 JTRS“群集 2”电台,即 JTRS 增强型 MBITR 电台(JEM)。特种作战司令部对新的 JEM 电台的需求为 5000 部,并希望对现有的 47000 部电台更换零部件,以确保这些电台还能在特种司令部范围内沿用若干年。

就目前情况而言,在 UHF 卫星通信领域 MBITR 非常流行。第 82 空降师第 1 旅特种作战部队发现,与其他多频段电台相比,步兵用户更喜欢 Thales 电台,因为当配备 Viasat VDC－400 个人数据控制器卡时,该电台在战术卫星通信方面拥有“移动卫星通信”的美称。赢得这一美称有两条经验:消除时延方面,专用线比 DAMA 更好;在战斗期间保证话音质量方面,宽带比窄带通信更优越。ViaSat 还能对 MBMM 提供增强型 UHF 卫星通信 DAMA 调制解调器。

美军特种作战司令部的 AN/117(V)C 使用 DAMA181－183 以及高性能波形,该波形可使卫星通信保密数据的数据率达到 48kb/s,地面视距通信的数据率达到 64kb/s。与其他特种作战产品一样,AN/PRC－177 正在向常规部队普及。鉴于伊拉克作战的经验,为进一步增强超视距通信能力,美陆军与哈里斯公司签订了价值 3000 万美元的合同,生产几百部 AN/PRC－117F(C)背负式和车载电台。AN/PRC－117F 配置有 AM－7588 多频段功率放大器。AN/VRC－103(V)1 车载系统输出功率达 50W、重 55 磅。

轻型专用卫星通信设备(如 LST－5D 和窄带 URC－110 设备)还有库存,但它们已被多功能电台逐出历史舞台。据称,这些设备将被 JTR“群集 5”所取代。“群集 5”的第 1 代电台,即 Spiral I 背负式电台,比 117F 或 PSC－5D 小且轻,运行 UHF 卫星通信 181/182/183 波形,能提供嵌入式 GPS,并使通信和 GPS 这两个信道同时工作。JTRS SpiralⅡ背负式电台将扩展到 17 种波形,并将采用卫星通信波形,涵盖移动用户目标系统(MUOS)240～320MHz 的频率范围。MUOS 将支持 64kb/s 的数据传输速率和 IBS－M。IBS－M 工作在 225～400MHz 的频率范围,数据传输速率达 19.2kb/s。将 IBS 扩展到背负式,并用在“群集 1”车载终端上,将能取代目前使用的联合战术终端(JIT)情报终端,支持 1.16～2GHz 移动卫星业务和背负式的目标需求。移动卫星业务(MSS)支持 2.4～9.6kb/s 的数字话音,并将符合新的低轨卫星(LEOSAT)和中轨卫星(MEOSAT)标准。

SpiralⅡ还将引进一个或两个信道的手持式电台,以取代“群集 2”JEM 和其他具备现有卫星通信能力的电台。像背负式电台一样,它将增加 MUOS 和当前的 UHF DAMA(按需分配多址)卫星通信能力,成为 $40in^3$、重 2.2bl 的单信道电台,或 $70in^3$、重 3bl 的双信道电台。“群集 5”将进一步把 UHF DAMA 卫星通信和 MUOS 扩展到嵌入式或 SFF 电台,包括未来供美军特种作战司令部使用的、类似于“地面勇士”的 2.2 磅双信道电台。

美军特种作战司令部使用的“神鹰”,手机能提供全球蜂窝业务,其卫星通信链路数据吞吐率达2.4～4.8kb/s,可同时支持2000个用户。部署较密集的特种作战部队可使用AN/TSC－135(V)1卫星终端。特种作战基站和海军特种作战部队改进型通信车也可用于提供局域网基站,从而通过HF和UHF DAMA卫星通信,把战斗网电台与BLOS链路连接起来。

2. 战斗搜索与救援

供美军特种作战部队渗透作战时的通信能力,通过选用通用动力公司的Hook 2系列电台得到了进一步增强。该系列电台是战斗搜索与救援(CSAR)的主要通信系统。目前,该系统开始提供双向卫星通信信息传送。除了Hook系列外,还有波音公司的战斗幸存者脱险定位器(CSEL)。目前,Hook系列开始配发给驻伊拉克第3步兵师的陆军航空兵机组人员,并供空军特种作战司令部使用。截至目前,交付使用的CSEL超过4000部。CSEL能提供超视距信息传送,但因功率有限,话音通信仅限于视距范围。CSEL能搜集来自远程资源、使用低截收概率和低探测概率波形的广播信号。这种波形还被应用于特种作战部队需要卫星通信的应用中,如特种作战司令部和海军陆战队部队在阿富汗和伊拉克作战使用的蓝军跟踪(Blue Force Track,BFT)系统。这种跟踪系统小而轻,非常适合在各种配置,包括背负式和车载式配置中使用,用于超视距发送BFT信息。这种只发送信息的跟踪系统使用3.5in天线、重5bl、$54in^3$的应答器,体积小,便于携带,也容易增配到军用车辆或飞机上。

3. 应用情况

美国特种作战司令部新的应用需求表明,该司令部对卫星通信的需求正在日益扩大。例如,战术局域网(TACLAN)可部署式网络设备的使用,TACLAN主要是一个部署部队的网络基础设施计划,它使特种作战部队、主要的作战阵地、战术分队和联络分队实现互联,为其提供C^4I网络。

TACLAN能捕捉和集成来自全球通信网络的几种现行卫星通信。全球通信网络包括SCAMPI、特种作战部队战术保证连接系统、联合基站(fiBS)、心理战广播系统和特种作战部队可部署节点(Canbe Deployed Node,SDN)。TACLAN与特种作战部队现有的和计划装备的多种传输系统,包括3/4频段多信道卫星系统、特高频卫星和全球广播业务(Global Broadcasting Service,GBS)接口,将通过国防部现在配置的标准战术入口点(Standard Tactical Entry Point,STEP)和远程端口站点对DISN网关提供入口,以利用民用卫星通信。

SCAMPI是一个租用宽带(T1)载波网络,由商用设备和连接部件组成。但是,其吞吐量有限,正被其他系统取代,其中之一是手提箱式的特种作战部队可部署节点设备。该设备仅重53磅,使用NERA环球通信公司的调制解调器和天线，以及 ADRTAN ISU 2×64kb/s 双口调制解调器和天线。该节点可为司令部设施提供基本业务，甚至提供回传通信能力，堪称一流。

自 20 世纪 80 年代以来，美国特种作战司令部就通过 AN/TSC－85B 和 AN/TSC－93B 战术卫星（TACSAT）通信系统终端，以及大量的 AN/USC－60 终端提供部队部署所必需的回传能力。这些终端通过标准战术入口点接入 DISN。这样做的一个重要经验是，传统系统笨重，因此需要较小型的系统。据称，SWE－DISH 公司正为特种作战司令部提供这种系统。2004 年 12 月，该公司已为特种作战司令部提供了几种地面站。

此外，该公司还向国防部和其他各种政府机构销售这类产品。其中之一是 0.9m 的 AN/USC－68，这是一种 Ku 频段的终端，其商用名称是 IPT 手提箱。另一种产品是 AN/USC－67，也称为 FlyAway－150，是一种包含 Ku、X 和 C 这 3 个频段的 1.5m 多频段终端。DISA 已准许 AN/USC－67 使用 X 频段/SHF DSCS 军事卫星通信系统。以上两种终端体积都非常小，重量很轻。

4. 实验进展情况

美国特种作战司令部继续寻求卫星通信和军事卫星通信解决方案，以满足其新的需求。雷声网络中心系统公司于 2005 年 3 月宣布，再用 7 个月的时间继续研制加固嵌入式国家战术接收设备（RED）。RED 是一种小而轻的综合广播系统（Integrated Broadcasting System，IBS）接收机，用于为全球部署的空中、海上和地面特种作战部队（Special Operations Forces，SOF）提供途中接收近实时情报数据的通信能力。

美国特种作战司令部还将采用 Ku 频段 VSAT 解决方案。这种解决方案要求从已部署部队的设备到中心的回传传输速率至少达 512kb/s。卫星通信天线变得越来越小，这在一定程度上是因为 Ku 频段卫星具有较强的信号，还因为“动中通”能力的需求日甚。VertexRSI 公司的 Ku 或 Ka 频段卫星通动中通产品已被美海军陆战队和陆军采购，用于伊拉克作战，并安装在 HMMWV、“斯特赖克”和更小型的车辆上。

2004 年 9 月，美国特种作战司令部对 24in 的天线进行了加固性能试验。在试验期间，该天线一直跟踪卫星，支持数兆比特的吞吐率。美国特种作战司令部也正在使用通用动力公司提供的车载 2.4m、4 频段（C、X、Ku、Ka）“自动弹出”式天线。通用动力 C^4 系统公司正在将尺寸小至 1.2m 的天线推向市场，该天线引起了美国国防部的关注。

美国特种作战司令部率先开发并应用了许多通信技术，这些技术后来逐渐被常规部队采用并受益。但是，在卫星通信等一些关键领域，美国特种作战司令部也在日益受益于其他部队或机构的投资，如 JTR “群集 5” 和商用卫星通信计划。

8.3 俄罗斯卫星通信系统

俄罗斯的卫星通信系统包括以下卫星。

（1）“闪电－1”、“闪电－3”战略通信卫星：采用62.8°～65.5°倾角的大椭圆轨道，通常由8颗卫星分布在相隔90°的4个轨道面上组网工作。

（2）“宇宙”战术通信卫星：一般由12颗卫星分布在两个轨道面上工作，主要用于军舰、飞机与基地间的战术通信。

（3）“急流”静止轨道卫星：用于为俄第五代照相侦察卫星提供数据中继通信。

（4）“宇宙”转储型卫星：主要用于俄在世界各地的间谍进行远距离通信。

（5）军民合用的静止轨道通信卫星：主要包括“虹”“地平线”和“荧光屏”等通信广播卫星。图8.3所示为俄罗斯熊湖卫星中心。

图8.3　俄罗斯熊湖卫星中心

2015年2月，俄罗斯成功发射“雪豹－M1”（Bars－M1）测绘卫星，这也是俄罗斯首颗传输型测绘卫星，用于取代“琥珀－1KFT”（Yantar－1KFT）胶片返回式测绘卫星，可为俄罗斯国防部提供全球立体图像和数字高程数据，从而绘制小区域高精度地图。该型卫星是俄罗斯在2007年重启“空间制图”计划研制的新一代卫星，计划研制6颗卫星。“雪豹－M1”卫星设计寿命5年，质量4t，运行于高度551km、倾角97.63°的太阳同步轨道。卫星由进步国家火箭与航天科研生产中心（TsSKB Progress）研制，采用“琥珀”卫星平台，带有两个名为“卡拉特”（Karat）望远镜、两个激光发射器和激光测距仪，分辨率为 1.1m。俄罗斯计划于 2016 年和 2018 年各发射一颗 Bars - M 卫星。

2015 年 6 月，“角色 - 3”（Persona - 3，编号“宇宙” - 2506）光学侦察卫星成功发射，并进入高度约 700km × 730km、倾角 98.1°的太阳同步轨道。这也是第三颗“角色”卫星。该系列卫星沿用了“资源”卫星平台，发射质量超过 7t，设计寿命为 7 年；光学系统主镜口径为 1.5m，全色分辨率可达到 0.33m。前两颗卫星（编号“宇宙” - 2441/ - 2486）分别在 2008 年 7 月和 2013 年 6 月发射，但均出现在轨故障。首颗卫星在入轨后电源系统失效，第 2 颗卫星的星载计算机发生故障（近 1/2 内存失效），但在 2014 年软件更新后恢复运行。与前两颗卫星相比，“角色 - 3”卫星增加了激光通信中继终端，可通过地球静止轨道中继卫星及时回传数据。

2015 年 2 月，俄罗斯在位于北极圈附近的航天发射场利用“联盟”号火箭将一颗“巴尔斯 - M”侦察卫星发射升空。该卫星重 4t，将通过在轨机动进入高度约为 700km 的太阳同步轨道。俄罗斯计划利用“巴尔斯 - M”卫星采集广域数字图像数据，用于制图等目的。这颗“巴尔斯 - M”卫星是俄罗斯第一颗用于向地面控制人员传输高分辨率数字图像的卫星。

8.4　北约卫星通信系统

北约卫星通信系统可以说是美国国防卫星通信计划的一个组成部分。1966 年，北约决定直接参与美国的初期国防通信卫星计划（Initial Defense Communications Satellite Program，IDCSP）。“北约”（NATO 1）卫星计划实际上是北约的两个可运式 X 波段地球站，于 1967 年到 1970 年建成。在这段时间，主要是积累经验，为开通北约卫星系统做准备。

北约卫星定位于同步轨道，有位置保持能力，还有消旋天线，能提供较高的天线增益。2MHz 和 20MHz 的信道使它既能与大终端工作，又能与小终端工作。另外，它还有遥控功能。

1970 年 3 月和 1971 年 2 月先后发射了“北约 - 2A”和“北约 - 2B”两颗卫星。前者用于建立北约司令部与北约成员国首都之间的通信链路。“北约 - 2B”为轨道备份，在“北约 - 2A”失效后，通信业务转到它上面。“北约 - 2B”于 1976 年 8 月关闭。通信业务转移到当年发射的“北约 - 3A”上。“北约 - 3A”也是自旋稳定星，呈圆柱体，所载的设备都安装在圆柱体内，通信容量显著增加，卫星的设计寿命为 7 年。

“北约－3A”卫星于1976年4月发射。“北约－3B”发射于1977年1月，为在轨备份。从1976年到1984年共发射了4颗“北约－3”，并建成21个固定式地面终端（包括“北约－2”计划建成的12个地面站），以及一些可运式终端。1991年和1993年北约又分别发射了“北约－4A”和“北约－4B”两颗卫星，“北约－3C”和“北约－3D”随即退为备份。“北约－4”的通信有效载荷包括3个超高频转发器（每个功率40W，提供4个带宽60～135MHz的信道）和两个特高频转发器（每个功率25W，提供一个25kHz的信道），其抗干扰能力有了新的提高。

8.5 英国“天网”卫星通信系统

英军“天网”（SkyNet）卫星通信系统中的“天网1”卫星是美国1969年英军发射的一颗同步卫星。第二颗星是备份星，未能进入轨道。1973年发射的“天网2A”也未进入轨道。“天网2B”于1974年发射成功。后因英军拟依靠北约和美军的通信卫星满足其需要，“天网3”计划中止执行。然而随着英军尤其是英海军对卫星通信的需求日益增加，1981年英国国防部决定开始实施“天网4”计划，从1988年到1990年相继发射了“天网4A”“天网4B”和“天网4C”这3颗卫星。此后英国国防部开始实施“天网4”二期计划，准备发射“天网4D、4E、4F”3颗卫星。最近一次发射是1999年2月的“天网4E”（图8.4）。目前，英国国防部正在考虑从“天网5”开始购买卫星通信服务，而不再购买卫星。

图8.4　英国“天网”的移动地面终端

“天网 4”通信模块含 4 个超高频信道：工作在 7/8GHz（即上行链路的传输频率为 7GHz，下行链路的传输频率为 8GHz），覆盖北大西洋、印度洋和欧洲地区；两个特高频信道，工作在 250～300MHz，主要用于对潜艇通信；一个极高频上行信道，工作在 44GHz，用于试验未来极高频系统的传播性能；此外还有一个保密广播信道。该卫星具有信号处理和抗干扰能力，能在电子战环境中可靠地工作，尤其是超高频主要通信频段受到充分保护，完全可满足战略和战术通信的需求。但“天网”卫星通信系统最初是为了在欧洲与苏联作战而设计的，并未形成全球覆盖。因此，1982 年英阿马岛之战时，“天网”不能覆盖马岛地区。英军有些军舰也未安装卫星通信终端。这使英国本土的战时内阁与远在 1 万多公里外的特混舰队的通信联络受到影响。幸而英军大部分卫星终端在设计上可与美军的系统互通，所以，在马岛之战中，英国政府和军方都大量使用了美国的国防卫星通信系统，才得以保障英国本土与特混舰队的通信联络。英国潜艇“征服者”号击沉阿根廷“贝尔格拉诺将军”号巡洋舰，正是借助美军侦察卫星发现目标，又是依靠美军通信卫星在英国本土诺思伍德特混舰队的总部和“征服者”号之间来往传递信息。如果没有美国通信卫星的支援，马岛之战中英国的战略通信不会如此顺利。

8.6 法国“锡拉库斯”卫星通信系统

法军的通信卫星称为“锡拉库斯”（Syracuse）。“锡拉库斯 1”卫星通信系统由法国军方租用“电信－1A”和“电信－1B”通信卫星上的转发器和军方拥有的 20 多个地球站组成。

1987 年法军实施了“锡拉库斯 2”计划。该计划使用“电信 2”系统卫星。其军用有效载荷包括 5 部能同时工作的转发器和一副天线，能提供全球覆盖；一副固定的点波束天线覆盖包括法国在内的中欧地区，还有一副可调点波束天线和一个保密链路用于抗干扰通信。“锡拉库斯 2”卫星容量是“锡拉库斯 l”卫星的两倍，地球站更多，通信保护措施更加完善，而且能对整个系统资源实行自动管理，并与法军其他通信网建立了端至端链路。现在轨工作的“电信 2”系列卫星共有 4 颗。到 2001 年两颗“电信 2”将丧失工作能力，2004 年第三颗“电信 2”也将服役期满，因此，法军已开始考虑选择“锡拉库斯 3”的承包商，以保证在 2004 年之前完成卫星替代工作。根据目前法军的计划，“锡拉库斯 3”将纯粹是供军用的，它包括 X 频段和极高频频段。其他特性有：利用频带宽，大功率多点波束，为用户提供高数据率直播业务和能把已部署部队与其指挥部连接起来的多业务干线；利用装有高速处理器的有源天线阵以增强抗干扰能力；即使卫星的静止轨道位置不直接处在作战地区的上方，其覆盖范围也能与作战地区相适应等。图 8.5 所示为法国“锡拉库斯”卫星通信系统。

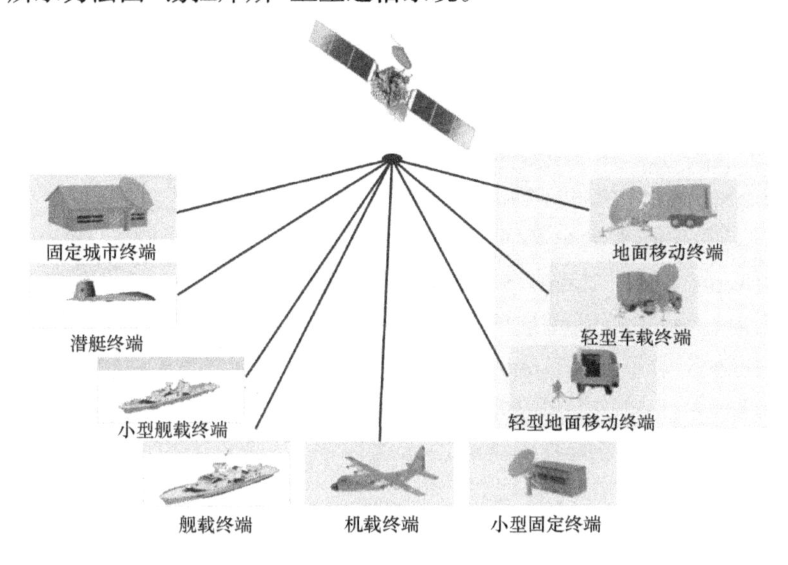

图 8.5　法国“锡拉库斯”卫星通信系统

8.7　美国、俄国、英国战术卫星通信系统

20 世纪 80 年代以来，由于局部战争增多，通信卫星也越来越多地用于战术通信，成为战术通信的重要手段。战术卫星通信中使用的空间部分（即卫星）就是前文中介绍的那些卫星系统，终端种类颇多，功能也各不相同。

卫星通信在陆军战术作战中用于提供大容量、高可靠性的通信线路，传送探测系统获取的信息作为远程通信及应急通信手段。美国、英国、俄罗斯、法国、印度及日本等很多国家和中国台湾地区都加强了战术卫星通信的建设，建立战术卫星通信线路以支持部队作战。其中比较突出的是美国、俄罗斯和英国。

美国陆军战术卫星通信系统主要是一个多路系统和两个单路系统。多路卫星通信系统（Multichannel Satellite Communication System，MSCS）工作于超高频频段，现已装备到 95% 以上的部队。其空间段是第三期国防卫星通信系统（DSCS－3）卫星，地面节点终端是 AN/TSC－85A，支线终端是 AN/TSC－93A，在地域通信中主要用于扩大移动用户设备的通信范围，为美国陆军旅和支援基地之间提供数据和话音通信。单路系统中有一个工作在特高频频段，装备美军快速部署部队、特种部队和远程巡逻分队。另一个单路系统工作于极高频

(EHF)频段,空间段是军事战略、战术及中继卫星;地面终端有可在紧急时用于师到战区级的抗毁移动通信的小型车载终端 AN/TSC－124;将在移动用户设备中取代 AN/TSC－85A、－93A 的保密、移动、抗干扰、可靠的战术终端 SMART－T、陆军分队用的先进单信道抗干扰背负式终端 ASCAMP 和廉价终端 LCT,如图 8.6 所示。此外,它还用跟踪与数据中继卫星系统(Tracking and Data Relay Satellite System,TDRSS)实时转发中、低轨道航天器获取的战术情报,用卫星数据系统(Satellite Data System,SDS)中继 KH－11 侦察卫星获取的情报。轻卫星则被用于应急发射构成系统弥补战术通信系统的不足。

图 8.6　美军使用的战术卫星地面终端

俄罗斯用以支持战术作战的军用通信卫星主要是低轨道上由 3 颗“宇宙”卫星组成的存储—转发卫星网;由分布在两个轨道面工作的 12 颗卫星组成的战术通信卫星、同步轨道上的“地平线”卫星以及中继第 5 代照相侦察卫星和第 4 代大型电子侦察卫星等组成的“急流”(Potok)数据中继卫星系统等。

英国陆军应用军事通信卫星“天网－4”(SkyNet－4)进行战术通信。“天网－4”星载通信有效载荷含 4 个超高频(8/7GHz)信道,两个特高频(300/250MHz)信道和一个实验性极高频(44GHz)接收信道。地面移动终端工作在超高频,能提供一路 50 或 75 波特电报和一路 16kb/s 保密话或 2.4kb/s 数据;可空运的终端 ATES21 可提供 6 路数字话或相应数据率的电报一人操作的轻小型超高频终端(MANSAT)开通时间不超过 2min,可传 50 波特电报或一路电话;手持式特高频专收终端 MIL/UST－1 与数据终端 MIL/DDT－1 一起使用接收卫星数据。

海军卫星通信已成为海军战术通信的重要手段,在美国,它承担了海军 95% 的通信业务。美国用以支持海军战术作战的卫星通信系统主要是舰队卫星通信系统。在岸舰通信中,它用于传送窄带保密话和在指定舰只与岸站间传送一般公务电报。有时也在核动力潜艇与海军基地间传送密话或电报。

俄罗斯用以支持海军战术通信的低轨卫星是由用一箭 6 星发射、分布在两个轨道面工作的 12 颗“宇宙”卫星组成的战术通信卫星网。俄罗斯大多数水面战舰,如“基洛夫”级战列巡洋舰“伏龙芝”号、导弹巡洋舰“光荣”号等,都装备有用于卫星通信的收发信设备。

法国海军战术作战利用的卫星通信系统是“锡拉库斯”;英国海军利用的卫

星通信系统是“天网－4”；日本海上自卫队则利用美军“超鸟”卫星上的调波段转发器与岸基站和舰载站构成卫星通信系统网支持战术作战。

空军卫星通信是一种比较可靠的地空超视距通信方式，在空军用于战术作战的飞机中，目前仅限于预警机等重要的大、中型飞机。美国空军用以进行地地通信的卫星通信系统主要有两个：一个是军事战略、战术与中继卫星通信系统；另一个是地面机动部队卫星通信系统（GMFSCS）。日本航空自卫队利用本国的通信卫星、美国海军舰队卫星和国际海事通信卫星进行通信。俄罗斯空军的战术卫星通信网络全部混编在俄罗斯军民共用的卫星系统中，“虹”“地平线”和“闪电”等卫星系统中都有空军的线路。此外，英国、印度、澳大利亚、印尼和泰国等国家空军都有相应的卫星通信线路。

8.8 美军未来卫星通信系统的发展

信息技术的进步从根本上改变了军事冲突的解决方式。迅速而可靠地从世界各地接收详细的信息或把详细的信息传到世界各地将有助于军事指挥与控制的顺畅，并确保信息优势，保证根据战场态势的变化迅速部署高速机动部队。卫星通信在为未来作战提供实时的作战空间态势感知、指挥与控制和信息传递方面将起到至关重要的作用。

美军未来的军事卫星通信系统是一个可以为各个不同任务区域的广大用户提供平衡的宽带、窄带及安全通信能力的多个系统组成的一个大系统。美国国防部已批准的从当前系统向这一未来架构转变的战略包括最大限度地利用商业卫星通信系统，同时调整对固定和移动地面终端的投资，以利用新的卫星和频段提高其容量、保护能力和频谱利用效率。宽带通信系统可以迅速传输大量的指挥、控制、通信、计算机与情报信息，包括情报产品、视频材料、图像和数据，重点是强调大容量；安全通信系统对保证各级作战的指挥与控制至关重要，其重点是抗干扰、隐蔽性及核生存性；窄带通信系统可以为数万个运动中的作战人员提供网络化多用户和点对点窄带网络链接服务，它支持需要声音或低数据速率通信的用户，这些用户可能是机动的或受到终端能力、天线尺寸以及环境等限制而处于劣势的用户。

关于宽带通信，美国正在实施宽带填隙卫星项目及先进宽带系统，并将最终取代国防卫星通信系统（Defense Satellite Communications System，DSCS）。新的卫星每秒将传输数吉比特的数据，是现在的卫星数据流量的 10 倍。安全通信将使用全球极高频系统，全球极高频系统由先进极高频系统和先进极地系统组成。预计这些系统提供的通信容量将是现有安全卫星的通信容量的 10 倍。窄带通信需求现在由 UFO(特高频后继星)星座支持,未来将被先进窄带系统所取代。

8.8.1 宽带通信

军用宽带通信卫星的主要目标是保证容量。宽带数据速率被定义为大于64kb/s。美国军事卫星通信系统(MILSATCOM)先进宽带计划由宽带填隙卫星(WGS)和目标宽带系统即先进宽带系统(Advanced Widoband System,AWS)组成。目前,美国军用宽带卫星通信由国防卫星通信系统、全球广播服务卫星以及商用卫星提供。这些卫星系统加上计划中的宽带填隙卫星,将组成过渡宽带系统,并在2010—2012年先进宽带系统出现前提供宽带服务,过渡宽带系统最终将让位于先进宽带系统。

1. 宽带填隙卫星

宽带填隙卫星项目是美国国防部下一代宽带通信卫星。美国发展 WGS 系统的目的是在新一代更先进的通信卫星系统投入应用之前(2010—2012 年),对美国空军的国防卫星通信系统和海军的全球广播服务系统的工作进行补充和加强。WGS 较现有系统技术更先进、能力更强、容量更大,且与现有控制系统及终端兼容。该星座将提供军用双向 X 频段(为 7 ~ 8GHz)通信能力(现在由 DSCS 提供)以及全球广播服务的军用 Ka 波段(下行为 20 ~ 21GHz,上行为 30 ~ 31GHz)通信能力。此外,宽带填隙卫星还具有支持移动及战术个人通信用的高容量双向 Ka 波段的通信能力。

容量:WGS 所提供的瞬时可交换带宽为 4.875GHz,由于战术用户所使用的地面终端,数据传输的速率以及调制方式的不同,WGS 所提供的传输容量为 1.2 ~ 3.6Gb/s,这一容量是现有 DSCSⅢ卫星数据流的 10 倍多。

覆盖区域:WGS 计划包括 19 个独立覆盖范围,为南北纬 65°之间的美军提供通信服务,其吞吐量被分为 9 个 X 频段波束和 10 个 Ka 频段波束。其中,8 个 X 频段波束由可控制的发射和接收相控阵天线形成,它们提供覆盖区域的形成及调整能力,第 9 个 X 频段波束提供地球覆盖。10 个可控制的 Ka 波段波束由用万向架固定的抛物面天线形成,并包括 3 个可逆极化的波束。

连通性:WGS 强大的连通性使用户之间可以高效地使用卫星带宽进行交流。有效载荷高度灵活的关键是数字信道机(或数字信号处理器)。信道机把上行链路的频宽分为 1872 个子信道,每个子信道为 2.6MHz,并对子信道进行路由交换。信号频带彼此交叉,上行覆盖与下行覆盖相连。另外,一个覆盖区域内的任何一个上行信号都可以与一个或全部下行覆盖区内的信号连接。这样,在任一覆盖区域内可实现灵活的互连通性,包括 X 频段与 Ka 波段的频带交叉。此外,信道机还支持多点传送和广播服务,并为网络控制提供高效、灵活的上行链路频谱监控。

WGS 计划：WGS 计划包括 6 颗波音 702 卫星以及相关的航天器和有效载荷地面控制设备。即其实现计划要求最少 3 颗地球同步卫星以及相关的地面控制软件，外加多至 3 颗辅助卫星。有效载荷将与商用卫星总线集成在一起。每颗卫星的发射重量大约是 5900kg，功率大于 10kW，使用二元化学推进剂提高轨道高度，并使用氙离子推进剂清除轨道偏心距，以保持轨道姿态。每颗卫星的平均任务寿命为 11.8 年。卫星系统设计：2001 年 1 月，美国国防部选定波音公司作为 WGS 系统的主承包商和总系统集成商。目前，波音公司与其他卫星通信业巨头签订了子承包合同，哈里斯（Harris）公司负责提供卫星 Ka 频段天线子系统及地面终端接口系统；ITT 工业公司负责卫星通信网络的管理与控制系统、有效载荷的控制部分的集成；诺斯洛普·格鲁曼公司负责网络管理软件及系统安全；国际科学应用公司（SAIC）对 WGS 系统工程提供全面支持。首颗 WGS 已于 2004 年第二季度发射。

不同宽带填隙卫星的同步工作正在进行中。预计 2010 年前将推出 1700 部可以使用的宽带终端。宽带终端可在几个频带使用，这是宽带结构的基本特点。最近一份授予哈里斯公司的合同是生产多至 200 部轻重量、高容量 4 波段的地面多波段终端。这将保证通过宽带填隙卫星、目前的 DSCS 以及未来的先进宽带系统、商用卫星系统提供通信服务。另外，未来 10 年美国陆军的多波段/多模式综合卫星终端将为移动通信提供每秒达数兆比特的通信容量。

卫星控制：卫星控制可以通过 X 频段链路、Ka 频段链路和空间地面链路来完成，由不同军种的有关部门共同承担，其主要控制机构为陆军宽带卫星运行中心和空军卫星运行中心。陆军负责网络控制，主要依靠分布在世界各地的地面设施。地面控制部分主要利用现有的商用软件及硬件设备，如 Raytheon 公司的 EclipseTM 遥感探测与指挥系统。卫星运行控制则由空军负责，使用一体化的指挥与控制系统（CCS－C）。CCS－C 是正在开发的支持所有现在的与未来的军用通信卫星星座的一体化指挥控制系统，它将取代替目前所使用的空军卫星控制网络。

2. 全球广播服务

“沙漠风暴”行动清楚地说明了需要向前线用户快速分发大量的信息。“沙漠风暴”期间，由于可用通信带宽的不足，空中任务命令和情报报告有时是通过人工发送的，这使美军多次失去了对战场稍纵即逝机会的把握能力。针对这一情况，1995 年 4 月，美国国防部验证了建立全球广播服务的必要性。全球广播服务的出现，使绝大多数关键信息能在数秒内发送。例如，1Mb 的空中任务信息通过军事星或 UFO（2.4kb/s）传输需要 1h，而通过全球广播服务则用不了 1s。

大功率卫星转发器和直接广播服务技术等商用技术的进步，直径为 1m 的小型移动终端或其他战术终端可以接收数兆比特的数据。广播管理中心负责管理、传输信息数据包,并对用户的请求做出响应,信息通过固定的初始注入点或流动的战区注入点上行至转发器进行传输。典型的全球广播服务信息包括视频、绘图、测量、成像、天气及数据。全球广播服务的第一个、也是很成功的应用是在1996年支持波斯尼亚战争。当时,商用卫星用来传播军事数据,并使用改装的商用定向广播机顶接收机和解码器。

全球广播服务将分3个阶段完成:第一阶段是在波斯尼亚和美国本土租用商业卫星,利用商业频段测试其性能;第二阶段是建立全球范围内的全球广播服务;第三阶段将更稳定可靠的全球广播服务系统并入军事星座的体系结构中。

目前,全球广播服务是由美海军在UFO8、9、10这3颗卫星上加载的有效载荷提供的。每个有效载荷由4个Ka频段(上行30.0~30.5GHz、下行20.0~20.7GHz)转发器构成,功率130W,传输速率为24Mb/s,总共能提供96Mb/s的通信能力和3个可控波束。其中两个可控波束的覆盖范围为500海里(926km),接收速率最大达24Mb/s,另一个可控波束的覆盖范围为2000nmile(3706km),接收速率最大达1.5Mb/s。地面终端天线直径为0.6~1m。全球广播服务系统的接收设备和广播管理设备由雷声公司提供,它们支持军用Ka频段以及商用Ku频段操作。

目前,全球广播服务正处于第二阶段,宽带填隙卫星将通过Ka波段转发器提供全球广播服务,未来的发展正在参照先进宽带系统进行规划。

3. 先进宽带系统

先进宽带系统是继国防卫星通信系统与宽带填隙卫星项目之后的卫星通信系统。由于军事卫星通信系统正处于改革阶段,所以,AWS的最后体系结构尚未确定。但是其构思仍是利用技术和工程使作战通信不再受到容量的限制。国防信息系统局及联合参谋部的分析表明,为了满足2005年前后的军事通信需求,全球宽带卫星通信的容量将超过15Mb/s。

先进宽带系统将利用未来商用技术及政府技术满足预期要求,其中包括激光交叉链路、空基数据处理与路由选择系统以及高灵敏度的多波束/相控阵天线。预计由先进宽带卫星组成的星座将于2010年前首次发射。

军事通信要求在适当的地方获得足够的容量进行通信,但受国际间分配给国防部的X波段及Ka波段的带宽限制,使得较小的终端获得足够的容量变得越来越难。目前,美国国防部正在考虑解决措施,包括使用更高的频率(特别是40~75GHz的频率或更高频率)。此外,增加某一地区上方宽带卫星的数量也可以使拥有定向天线的用户使用某个已分配的频段。另一个有效利用带宽的方法是通过使用小型独立波束同时重复使用已分配频率,这可以利用多波束/相控阵天线来实现。频率复用是陆基与空基蜂窝系统的一个重要特性。同时,还使用具有高效与高功率的射频元件,以使小型终端得到更多的数据。全球广播服务也采用了类似商用定向广播服务转发技术。

美军不同先进宽带系统的同步工作已经开始。为支持这一工作，美军将陆续推出新型终端，如地面多波段终端等，并采用一体化的指挥控制系统（CCS－C）。

8.8.2 安全通信

安全通信服务对保证各级作战的指挥与控制至关重要。安全通信系统具有避免、预防或减轻通信服务的降级、中断、拒绝、非授权接入或被敌人利用。未来的安全卫星通信系统包括先进极高频系统与先进极地系统。

1. 先进极高频系统

先进极高频（AEHF）系统作为军事星的补充与改进，将为美国的战略和战术力量在各种级别的冲突中提供安全、可靠的全球卫星通信，它是美国军事卫星通信体系的重要组成部分，为陆军、海军、空军、特种部队，战略/战术导弹部队、战略防御、空间对抗等服务。

2001年11月，美国国防部将研制生产先进极高频系统合同授予洛克希德·马丁空间系统公司与TRW空间与电子公司组成的联合小组。依据合同，该小组将对该项目进行系统开发与演示，并将制造3颗卫星及相关的地面指挥与控制系统。所有新的安全卫星都将与军事星实现互操作。美国国防部最初的采购计划包括4颗先进极高频卫星以及1颗备份星。在国防部改革方案的推动下，其他的安全军事卫星通信系统方案也正在考虑之中，但是，如果改革方案不能及时达到全面作战能力的要求，国防部将恢复最初的采购计划。

先进极高频系统由空间段、任务控制段、地面终端段三部分组成。上行链路及交叉链路为极高频段（EHF），下行链路为超高频段（SHF）。数据通信频率范围为75b/s～8Mb/s。在某些情形下，先进极高频系统的吞吐量将是军事星吞吐总量的12倍。单用户数据速率将从1.544Mb/s（中等数据速率）增加到8Mb/s（高数据速率）。除了容量外，新的系统还将为改善用户接入提供近10倍的点波束数量；同时，这些小型波束将集中能量来增强可靠性和提高数据速率，使遭受地区敌人拦截与干扰的概率降至最小。总之，先进极高频系统的网络能力将比军事星战术网扩大一倍，保证了与国际军事伙伴通信能力的兼容性，系统内的交叉链路将增加路由选择，避免陆地传输中断的发生。先进极高频卫星还可以通过星间通信链路实现全球服务，从而降低卫星对地面系统的依赖程度，使整个系统在地面控制站被破坏后还能自动工作6个月。

2010年以前，美国国防部为空军、海军、陆军及海军陆战队提供大约2500部安全通信终端；地面装备、飞机、舰艇与潜艇拥有高、中、低数据传输速率的便携式、移动与固定终端；标准天线的尺寸从几厘米到3m左右。可应用的军事卫星通信终端包括先进超视距终端系统（FAB－T）、单信道抗干扰背负式终端（SCAMP）、安全移动抗干扰可靠战术终端（SMART－T）以及潜艇高数据速率（SubHDR）系统。

卫星任务控制系统由通信管理系统、移动指挥与控制中心、卫星地面链路标准/统一S波段卫星控制系统以及EHF卫星控制系统四部分组成。一体化指挥控制系统（CCS－C）也将与先进极高频卫星控制系统接口，以提供卫星地面链路标准/统一S波段的指挥能力。

2. 先进极地系统

在过去的几十年里，在高纬地区执行任务的潜艇、飞机、其他平台以及部队对安全极地卫星通信的需求呈稳步增长之势。1995年，五角大楼联合需求审查委员会批准了极地作战需求文件，这一举措为建设极地通信需求项目铺平了道路。因此，有关部门做出决定：在主卫星上搭载一系列改装的极高频（EHF）有效载荷，并于1997年发射了首颗卫星，另外两颗极地卫星将在3年内发射。2010年以前，尽管这些有效载荷将提供急需的服务，但这仅能满足"1995年战需求文件"中所规定的一小部分需求。因此，美国国防部在2008—2010年间推出一个替代方案。最近，美国空军太空司令部和军事卫星通信联合项目办公室完成了一项极地概念研究，它包括极地卫星通信能力的35个备选方案。作为研究成果，方案推荐使用两颗倾角较大、高椭圆闪电轨道卫星。此外，国防部还提出了建立国家战略卫星通信系统的建议，该建议将使全球与极地卫星组成一个高生存性的通信系统。

8.8.3 窄带通信

过去，窄带通信是指数据速率小于64kb/s，但随着较高数据速率的小型终端的实现，未来这一指标要求可能更高一些。移动与其他小型终端用户依靠高功率、低数据速率卫星系统从广播（如美国海军舰队广播）接收数据，并进行双向通信。通常传输超高频信号的窄带通信由UFO星座支持，它将被先进窄带系统所取代。

先进窄带系统是美国国防部下一代窄带战术卫星通信系统，其目标是为战术用户（典型的战术用户是快速移动部队）提供全球窄带通信服务。先进窄带系统由六部分组成，即国防部空间部分、商用空间部分、遥感跟踪与指挥部分、网络控制部分、用户接入部分以及网关部分。

美国海军目前所使用的系统是波音公司制造的UFO（特高频后继星）系统，移动用户目标系统（MUOS）是UFO系统的后继者，最终将取代UFO星座，它是先进窄带系统的重要传输部分。MUOS的主要目标是向作战人员提供有保障的通信访问、联网通信和点—点通信、全球（包括极地）覆盖、联合互操作和移动通信。它是由空间卫星、卫星控制系统和网络控制系统组成的一个大系统。移动用户目标系统将提供超视距通信，以支持各个部队的作战任务。

空间与海军作战系统司令部通信卫星项目办公室进行概念研究后提出了满足窄带系统需求的几种方案。航空与航天部门支持美国海军对这些方案进行评估，并着眼于先进窄带系统的未来，开展可行的商用卫星通信方面的合作。

目前的 UFO 星座有 8 颗卫星，外加一颗备份卫星。每颗卫星提供 38 个特高频（UHF）通信信道：其中 37 个信道为 5 ~ 25kHz，还有一个 25kHz 的舰队广播信道。目前正在使用的 UHF 终端有 7500 部。2010 年以前，该系统的吞吐量将无法满足计划需求。考虑到 2010 年混合主战区需求大约是 42Mb/s，并且同时接入的用户将超过 2300 户，因此，对先进窄带与移动用户目标系统的需求迫切。在 2010 年，美国国防部开始实施其发射计划，为 2013 年前实现全面作战能力铺平道路。2010 年各种类型的窄带卫星通信终端的数量已接近 82000 部。其中一半是手持式作战生存者救生定位装置，剩下的主要是现有系统及先进的联合战术无线电系统终端。

移动用户目标系统利用商用技术实现与使用大型终端或手持式终端的用户之间的通信。商用系统，如中东的 Turaya 卫星以及东南亚的 AceS（亚洲蜂窝卫星系统）的运行表明，某一地区上的一颗卫星可以为 10000 个以上的低速率手持式终端用户提供服务。大型多波束天线（有的直径大于 12m）可以使用数百个点波束以提高其信噪比，并获得高达 30 倍的频率复用。具有这些能力的通信系统目前工作在 L 波段（1.5GHz 下行）。

除了移动用户目标系统外，美国海军还有几个满足先进窄带系统需求的备选方案。其中一个方案是在商用卫星市场足够成熟的条件下，使用或租借商用卫星；另一个方案是利用改进 UFO 卫星，使商用卫星发展成熟，增加政府的选择余地。美国海军把这种替代卫星称为“UFO - E”，这也表明海军通过逐步改进的办法使 UFO 星座运行下去。

2002 年早些时候，国防部的通信改革研究加速了应用现代技术提供先进通信能力的进程。这项研究虽然是由国家安全空间结构（NSSA）领导的，但却跳出了 NSSA 的任务信息管理结构。该研究核查了通过光学链路增加系统间互联的可能性，尽可能地依靠地面光纤，适当地使用商用通信资源。美国政府所有的计划或开发中的卫星通信项目都受到这一研究的影响。

要想获得先进的通信能力，必须在研制的项目中应用最好的技术。为了确保军用卫星通信技术在卫星通信中的优势，军事卫星通信项目办公室成立了军事卫星通信创新中心，以促进先进技术在新系统中的应用。航空与航天、MITRE、麻省理工学院林肯实验室、国家航空和宇航局喷气推进实验室都对该中心给予了支持。可以预计美国军事卫星通信将呈现出崭新的面貌。

第9讲　战场指挥与作战自动化

9.1　军队指挥自动化概述

军队指挥自动化系统根据其指挥、控制的范围通常分为战略级指挥自动化系统和战术级指挥自动化系统两大类。战略级指挥自动化系统一般指军以上部队或战区级以上指挥自动化系统;战术级指挥自动化系统通常指军以下部队使用的指挥自动化系统。按军种划分可分为陆军、空军和海军指挥自动化系统。各个指挥自动化系统相互链接,共同构成一个完整的作战指挥体系。

9.1.1　军队指挥自动化概念

战争离不开指挥与控制,从某种意义上来说,一部战争史就是指挥作战与控制手段不断改进的历史。世界上自从有了战争以来,无论它多么原始或现代化,都存在着如何指挥作战的问题。指挥是否正确,直接关系到战争的胜负。纵观人类战争史,弱军之所以能战胜强军,主要依赖于正确的指挥;反过来说,如果指挥失误,即使是武器装备精良之师,同样会招致失败的厄运。“指挥不灵,全盘皆零”颇有其理。

伴随着科学技术的发展及其在军事上的应用,作战指挥也由简单到复杂、由低级到高级,经历了一个漫长的演变过程。从指挥手段和方式看,大致可分为3个历程,即手工指挥、半自动化指挥和自动化指挥。

古代战争中,参战军队数量少,作战主要在地面进行,而且空间有限。将帅们站在高处或骑在马上,就可通观战场,直接指挥军队。当时指挥方式主要借助旌旗、金鼓、烟火等传递号令。士兵们目视耳听将帅的动作和简单信号,就知道是攻是防或进或退。

进入19世纪后,由于科学技术的迅猛发展,火炮、坦克、飞机等武器相继登上战争舞台,许多国家纷纷建立了庞大的陆军、海军和空军。战争空间空前扩大,作战进程日益加快,仅靠简单的听、视觉信号示意已日益不敷作战指挥的要求。随着电报、电话和无线电通信的广泛应用,使作战指挥方式发生了一次质的飞跃。

1946 年，第二次世界大战结束不久，号称"现代神算手"的电子计算机问世，军事家们很快使它与战争结缘。20 世纪 50 年代，美国率先在北美大陆建立了"赛其"防空系统，这是世界上指挥自动化系统的雏形。

"赛其"系统可以自动收集、传输、处理和显示关于北美地区的空中情况，但由于当时控制地面高炮部队向敌机射击或指挥己方飞机升空击敌主要还是靠手工进行，所以"赛其"系统仍属一种半自动化的指挥控制系统。几乎在同一时间，苏联也建立了"天空 1 号"半自动化防空指挥系统。

伴随着高新技术广泛步入军旅，使现代战争呈现出了 4 个空前增大的特点：战争爆发的突然性空前增大；战争范围空前增大；战争的杀伤、破坏力空前增大；战争情况的变化空前增大。仅仅依靠传统的指挥手段已难以完成任务，享有兵力倍增器之称的指挥自动化系统正是在这种情况下应运而生(图 9.1)。

追寻指挥自动化系统的发展轨迹，在以美国为首的西方发达国家大致经历了以下几个阶段：$C^2 \rightarrow C^3 \rightarrow C^3I \rightarrow C^4I \rightarrow C^4ISR$。

图 9.1　军事指挥自动化

20 世纪 50 年代，出现 C^2 这一缩略词，即指挥与控制(英文 Command、Control两个单词的缩写)，奠定了指挥自动化的基础。60 年代随着通信技术的发展，在 C^2 的基础上增加了"通信"，形成 C^3，即指挥、控制与通信(Command、Control 和 Communications)。其中指挥、控制是目的，通信是手段。进入 70 年代，随着信息技术的迅速发展，情报的即时获取与传递已成为作战制胜的重要因素，因此，1997 年美国设立 C^3I 助理国防部长，正式推出了 C^3I（指挥、控制、通信与情报）这个缩略词，在 C^3 中增加了“情报”（Intelligence）。

1983 年，由于电子计算机在指挥自动化系统中的地位和作用日益增强，美武装部队通信电子协会（Armed Forces Communication and Electronics Association, AFCEA）在 C^3I 基础上加上了计算机（Computer），并得到了美国军方的认可，成为 C^4I。C^3I 与 C^4I 这两个概念无本质区别，后者旨在突出高性能计算机在系统中的地位与作用。20 世纪 90 年代中期以来，美军越来越多地使用 C^4ISR 这一新的缩写词，其中 S 是英文 Surveillance（监视）的缩写；R 是英文 Reconnaissance（侦察）的缩写，目的在于强调探测侦察与预警的作用，同时也表明人们对指挥自动化认识的深化，并逐渐丰富其内涵，扩展其外延。

C^4ISR 共有 7 个要素，军事家们认为 7 者应融为一体才会相得益彰，而“一体化”对应英文单词 Integrated 的第一个字母是“I”，因此，国外媒体上又出现了 IC^4ISR 一词。从指挥自动化系统英文缩写的演变中不难看出，军队指挥自动化是指在军队指挥系统中运用以电子计算机为核心的自动化设备和软件系统，使指挥员和指挥机构对所有在部队和其行动的指挥实现快速和优化处理的措施，目的是提高军队指挥效能，最大限度地发挥部队的战斗力。故指挥自动化系统，是指在军队指挥中综合运用以电子计算机为核心的各种技术设备，实现军事信息收集、传递、处理自动化，保障对军队和武器实施指挥与控制的人机系统。建立指挥自动化系统的目的是提高军队指挥和管理效能，从整体上增强军队战斗力。

在西方国家，指挥自动化的概念目前还在继续发展之中，可能还会有新的名称诞生。C^4I 不过是被多数人所公认的指挥自动化的代名词与统称而已。在俄罗斯和中国等国，指挥自动化的名称虽然没有变化，但它的实际内涵却跟着时代、技术及应用的发展而不断扩展和丰富。总之，指挥自动化的名称与概念是随着指挥自动化本身的发展而演变的，不应把它凝固和僵化。

9.1.2 军队指挥自动化系统组成

军队指挥自动化系统由指挥与控制、通信、情报、侦察、监视以及电子对抗等分系统组成。它们紧密配合、互相协作，谁也离不开谁，形成协同统一的综合系统，将军队诸力“黏合”起来，高效完成军事任务。

（1）C^4I 的“心脏和神经中枢”——指挥与控制系统。

指挥与控制分系统是军队指挥自动化的核心。有时也称指挥控制中心或指挥所系统。指挥人员通过它对部队实施高效指挥和管理，其技术设备主要有：处理控制平台，图形、图像的显示设备，通信设备以及应用软件和数据库等。

（2）C^4I 的“大脑”——电子计算机系统。

专家认为，基于计算机网络的军队指挥自动化系统，是信息化战争中军队指挥控制自动化的基础。如果说第二次世界大战以前对军队的指挥与控制主要是通过电话、无线电台等通信设备下达命令的方式来实现，那么，对于当今如此复杂的军事环境以及瞬息万变的军事风云，离开了电子计算机系统这个能量巨大的“大脑”，恐怕不可能完成对军队高效灵敏的指挥与控制。电子计算机是构成指挥自动化的技术基础，要求容量大、功能多、速度快、所形成的计算机网络要有良好的安全性等。

指挥自动化系统之所以能发挥超乎寻常的作战效能，是由于有电子计算机及其网络的支持，舍此，灵敏、高效的指挥、控制就无从谈起。将电子计算机系统视为指挥自动化系统的“大脑”或“中坚”是毫不过分的。

（3）C^4I 整体运行的“生命线”，军队指挥与控制的“神经网”通信系统。

通信分系统是指挥自动化系统的重要组成部分，起着神经脉络作用。能否具有抗干扰性、保密性能强，高容量综合业务的通信系统，直接关系到指挥效能的发挥，没有先进的通信系统就没有指挥自动化。

有资料表明，通信系统的建设投资占指挥自动化系统总投资的 50% ~60%。例如，美军全球指挥控制系统由 40 多种不同的通信系统组成，不仅设备繁多，而且技术含量很高。

（4）C^4I 的“千里眼和顺风耳”——情报、侦察、监视系统。

情报系统包括情报收集、处理、传递和显示。主要是借助光学、电子、红外、无线电等侦察器材，利用侦察飞机、侦察卫星、雷达甚至侦察人员等手段，通过通信系统，充分扩展和延伸指挥作战人员的目力和听力，使指挥作战人员全面了解战区的地理环境、地形特点、气象情况，实时掌握敌、我、友各方面的兵力部署、武器装备配置以及动向等全面态势（图 9.2）。现代情报、侦察、监视系统，通常由侦察卫星预警网、地面雷达预警网、空中预警网和无线电技术侦察网等组成。此外，人工侦察仍不失为一种十分重要的侦察手段。海湾战争中美军正是依靠潜入伊拉克境内的特工情报人员才摸清伊军指挥部门和通信中心的准确位置及布局、地下掩体及军事伪装设施等情况的。

（5）C^4I 要有能攻会防的“作战卫士”——电子对抗分系统。

电子对抗系统由多种电子侦察设备、电子干扰设备、电子反干扰设备和电子对抗指挥控制中心组成。其基本任务是：干扰和破坏敌指挥自动化系统，同时保护己方指挥自动化系统不受敌方的干扰和破坏。电子对抗是信息技术与军事斗争结合的产物，是信息空间展开的军事斗争。在未来战争中，这类信息空间的争夺会越来越激烈。

图 9.2 情报和监视系统是指挥自动化的关键组成部分

“知彼知己、百战不殆”中的“知”,实际上包含了“感知”与“认知”两部分。先进、高效的指挥自动化系统,不仅通过延伸和扩展指挥作战人员的听觉、视觉来提高“感知”能力,而且通过数据融合、挖掘等决策支持系统来提高指挥作战人员的“认知”能力。这就是人们强调的“从信息优势到决策优势”。指挥自动化系统不仅可以帮助作战部队获取信息优势与决策优势,而且还可以通过信息优势和决策优势来驱动火力与机动力,从而获取作战行动优势。一个有信息优势、决策优势和作战行动优势的军队,当然就有了取得胜利的基本保证。

9.2 全球栅格网与网络中心战

近年来,云计算(Cloud Computing)作为 IT 领域的新概念,频频出现在国内外各类媒体上,不仅对信息产业和商业领域产生了巨大影响,而且也迅速地走进人们的现实生活。国际上各大 IT 巨头已围绕云计算技术纷纷布局，大肆“圈地”，人们惊呼 IT 界已进入了“多云时代”。一场没有硝烟的信息战略博弈正在展开。美国市场研究公司 Gartner 也将云计算评为 2011 年对多数组织最具战略意义的十大技术和趋势之一，甚至有人预言，云计算将主导新信息时代的战争。那么究竟什么是云计算？

纵观计算机科学的发展，云计算的基本思想可以追溯到 20 世纪 60 年代，著名计算机科学家 JohnMcCarthy 曾经提到，“计算迟早有一天会变成一种公用基础设施”，这就意味着计算能力可以作为一种商品进行流通，就像煤气、水、电一样，取用方便、费用低廉。作为一个概念，云计算由 Google 公司 2006 年首先提出，是近年来并行计算（Parallel Computing）、分布式计算（Distributed Computing）和网格计算（Grid Computing）概念的延伸和发展。虽然在近两年才兴起，但在属于云计算应用范畴的网络服务已经随处可见，如搜索引擎、电子邮件、网络硬盘等。由于其应用先于概念研究，因此，业界对云计算并没统一、准确的定义。

云计算是一种计算类型，在“云”环境中，各种规模可变且具弹性，与信息技术相关的云计算性能通过互联网技术的运用被作为一种服务提供给外部用户。

通俗地说，“云”实际上是由一个大型数据处理中心来管理的，由大规模普通工业标准服务器集群所组成的巨大服务网络。它通过“云”端的服务器集群来完成数据的处理和存储，通过虚拟化技术扩展云端的计算能力。数据中心按用户的需要分配计算资源，以达到与超级计算机同样的效果。用户终端可以是笔记本电脑、台式机、手机等各种智能设备，甚至简单到只需要提供一个浏览器，就可以在任何地点、任何时间，用任何设备，快速地计算或查找，而再也不用担心资料丢失以及计算和存储资源不够用等问题。“云”存储与“云”计算是智慧社区得以遂行的重要基础，在智慧社区运营服务体系中，是作为基础即服务（IaaS）的主体，由专业运营商提供，如阿里云、百度云等。

下面以美军现实所采用的全球栅格网为例，介绍一个具体的“云”和“云服务”。

9.2.1 全球栅格网的内涵与组成

1. 全球栅格网介绍

1999 年 5 月，美国国防部在发布的国防信息基础设施主计划 8.0 版——实现全球栅格网（GIG），提出了建设 GIG 的完整设想。2001 年 6 月，美国国防部在“网络中心战报告”中提出建设 GIG 计划。GIG 就是由可以链接到全球任意两点或多点的信息传输能力、实现相关软件和对信息进行传输处理的操作使用人员组成栅格化的信息综合体。从体系结构上看，GIG 一改大多数 C^4ISR 系统纵向一条线或组网一个面的链接模式，按照联合作战体系结构，科学地连接成一体化的系统，建立栅格状的信息网系，以便从结构上为实现全球任意点、不同需求之间的信息沟通提供环境条件（图9.3）。

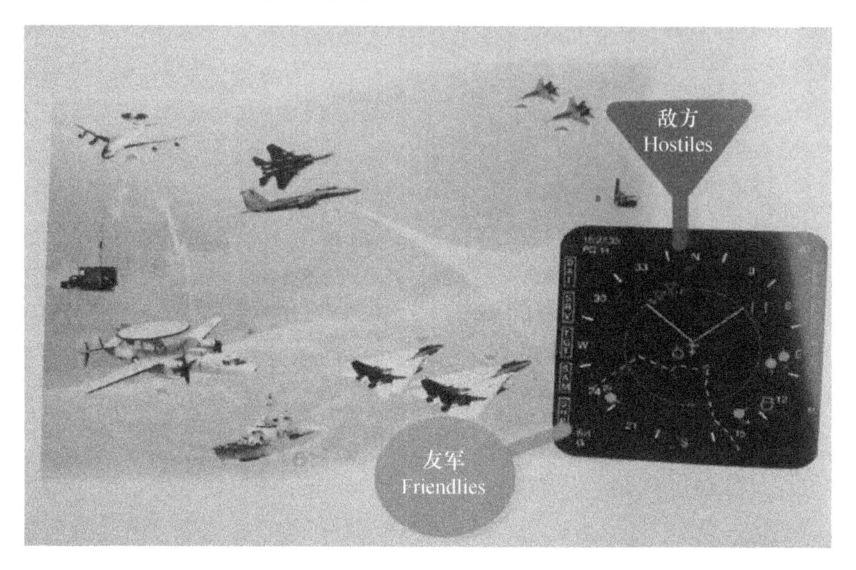

图9.3　基于GIG的全视角作战场景

从系统组成上看，GIG将系统分为基础、通信、计算处理、全球应用和使用人员5个层次，见图9.4。基础层次包括体系结构、频谱分配、法规标准、管理措施等；通信层次包括光纤、卫星、无线通信以及国防基础信息系统网、远程接入点、移动用户管理业务；计算处理层次包括网络服务、软件管理、各类数据库和电子邮件；全球应用层次包括全球指挥控制系统、全球战斗支持系统、日常事务处理程序以及医疗保障系统等；使用人员层次包括陆、海、空、天军及特种部队等。

从技术体制上看，GIG包括多种专用或租借的通信计算机系统和设备、各种软件（含应用软件）和数据、安全服务设备以及有助于谋求信息优势的其他相关技术。美军认为，信息交换需求应分为几个不同的部分，在GIG中信息交换的需求量依次为武器控制（约占1/3）指挥控制（约占1/5），非战争的军事行动（约占1/5弱），战场防护，情报、侦察与监视，通信与计算以及勤务保障等。从作战、技术和系统3个视图诠释作战需求、技术支持、技术反馈和技术指导之间相互关系，如图9.5所示。

2. 技术特点

通俗地说，GIG就是把网络上可以调动的资源虚拟成为一个超大型存储器、超大计算能力，通过协同工作和资源优化调度，满足武器平台、传感平台和通信

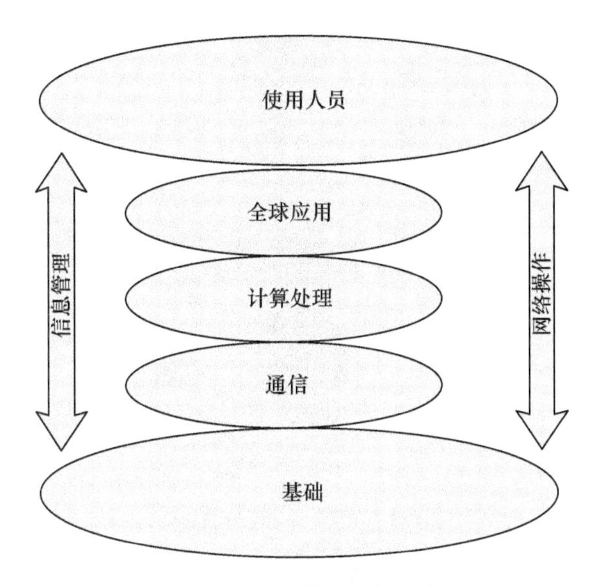

图 9.4　GIG 结构框架组成

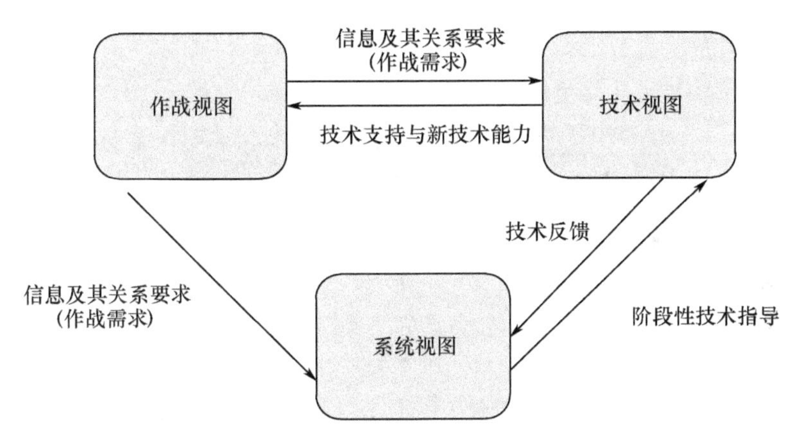

图 9.5　作战、技术及系统三视图及简要关系

平台的互联互通，做到“看到即打击”，就如同人们用电。他们并不关注日常用电是来自水电、火电还是核电，也不关注地域是本地、小浪底还是三峡，只要插座是标准的，变压到 220V（或者 380V），他们的电器就能够接入，源源不断地使用电力（图 9.6）。

这就是第三代互联网技术，是构筑在互联网上的一组新兴技术，它将高速互联网、高性能计算机、大型数据库、传感器、贵重设备等融为一体，使人们能够透明地使用资源的整体能力，并能按需获取所有的信息。主要任务是在动态变化

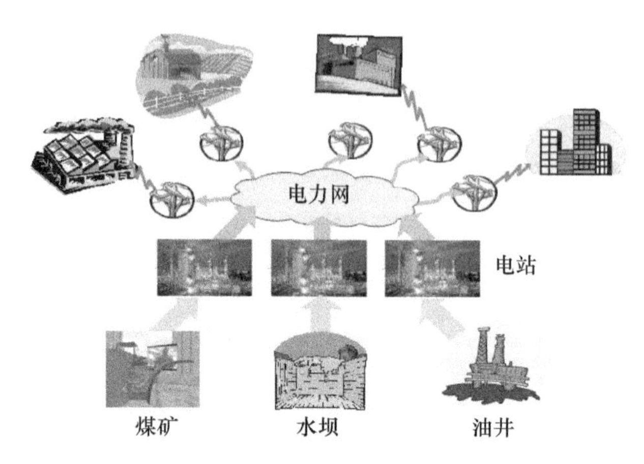

图 9.6　电力网

的网络环境中共享资源和协同解决问题。将分散在不同地理位置的资源虚拟成为一个空前强大的信息系统,实现计算、存储、数据、信息、软件、通信、知识和专家等各种资源的全面共享。这些资源形成一个整体后,用户可以从中享受一体化的、动态变化的、可灵活控制的、智能的、协作式的信息服务,获得前所未有的使用方便性和超强能力。

图 9.7 所示为云计算组成示意图。

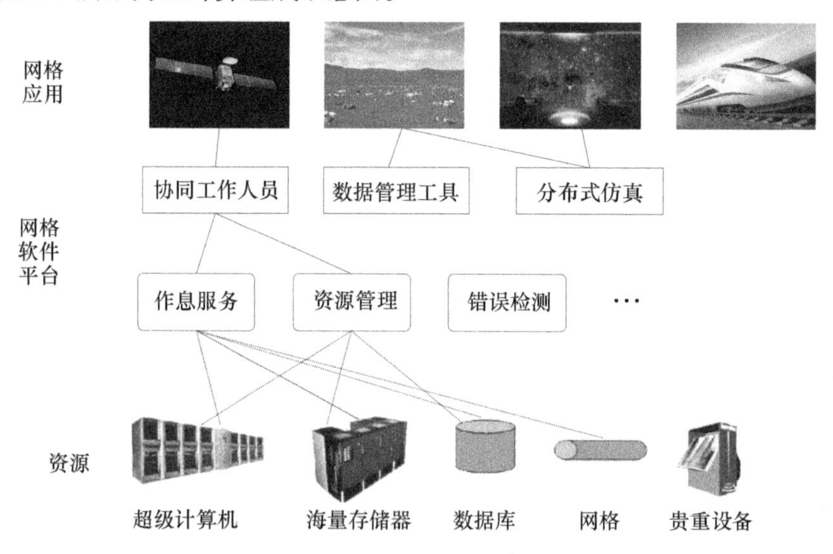

图 9.7　云计算的组成示意图

3. 美国栅格网实施计划

美国 DISA(美国国防信息系统局)从 2008 年开始着手云计算应用,并研发了一系列云计算解决方案，主要包括 Forge. mil 网站、快速响应计算环境和全球信息栅格（Rapid Access Computing Environment，RACE）以及 GIG 内容分发服务（GIG Content Delivery Service，GCDS）等，提供对美军战场上任何相关需求支持。

（1）Forge. mil 网站是一个支持美国国防部技术开发的协作平台，旨在完善美国国防部在支援网络中心行动和网络中心战时快速地提供可靠的软件服务及系统的能力。平台目前支持开源软件和国防部社区资源软件的合作开发和使用。其功能已由最初的软件开发扩展到能够支持整个系统生命周期，即支持包括开发人员、测试人员、验证人员、操作人员和用户在内的所有利益相关者持续协作的能力。Forge. mil 提供给美军陆、海、空、海军陆战队及参谋长联席会议以及政府官员和官方授权的国防部承包商使用。

（2）RACE 是 DISA 推出的云计算信息基础设施环境，用于测试和研发环境的快速交付，能够在高安全的国防企业计算中心（Defense Enterprise Computing Center，DECC）内为开发团队提供按需的虚拟服务，还能同 DISA 的标准化配置管理系统集成，在联合作战行动和其他任务合作者的共同支持下，运行并保障一个全球化的网络中心企业。其目的是保证国防部在降低成本的同时，向用户提供快捷、定制式自助服务以及标准化的计算平台。目前，美军的指挥控制系统、护卫系统、卫星程序等均开始在 RACE 上部署和测试。平台组成与结构如图 9. 8所示。

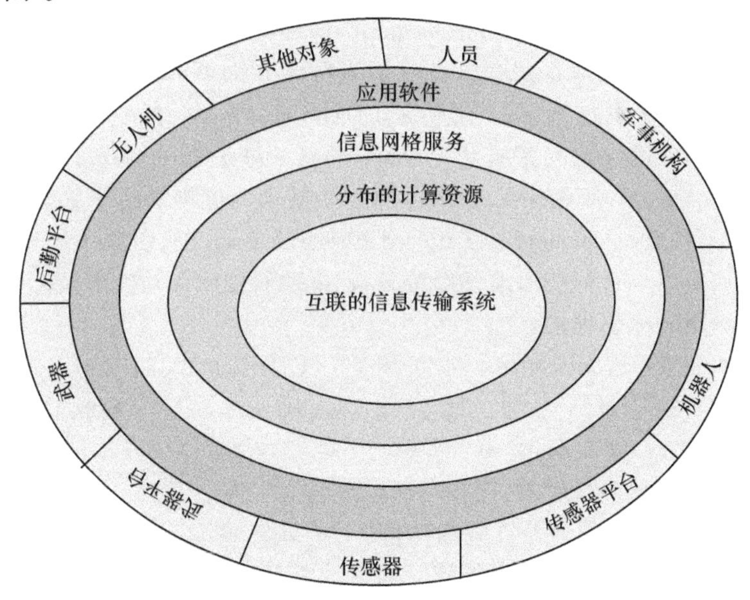

图 9. 8　GIG 的平台层次与组成示意图

（3）GIG 内容分发服务是一个全球分布式计算平台，由 DISN（NIPRNE 和 SIPRNE）上的服务器组成，通过标准的 Web 协议（HTTP）提供 Web 内容和 Web 应用服务。它是 GIG NCES 网络中心企业服务中心的一部分，是国防部指定的内容分发服务，采用 Akamai 技术，具有智能路由和基于 Web 的内容分发能力，设有 Web 应用与端口界面。GCDS 已在阿富汗战场上投入使用，在协同、共享信息以及分发信息的过程中发挥了重要作用，它可以使用户在 DISN 上更快捷、更安全、更可靠地使用更多的 Web 应用和产品。

9.2.2 网络中心战的由来

1. 背景与历史

1996 年，海军上将威廉·欧文斯在他于美国空军国家安全研究所写的文章“系统中的新兴系统”中引入“系统集成”的概念。威廉·欧文斯描述了一组有助情境意识、目标评估及分散火力分配的情报监侦系统、指挥系统、精准导引弹药的系统如何略带偶然地发展出来。

同年，美国参谋长联席会议发表联合展望 2010（或称 2010 联战愿景），引入军事概念全谱优势（或称全方位主宰），描述美国的军事能力——无论是和平行动还是武力行动，都可以资讯优势主宰战场。

1998 年，网络中心战的概念在美国海军研究所会议录文集上将阿瑟·塞布罗夫斯基海军中将（Vice Admiral Arthur Cebrowski）和约翰·加特斯卡（John Gartska）合写的一篇文章正式公开。其后嘉契卡和助理国防部长（网络与资讯整合）办公室研究主任大卫·艾伯茨（David S. Alberts, Director of Research, OASD－NII）和迈特公司的弗雷德·斯坦（Fred Stein, Mitre Corporation）写了一本书《Network Centric Warfare》，深入讨论这些概念。这本书由华盛顿国防部指挥与控制研究计划（Command and Contrd Research Program, CCRP）出版，借鉴商业机构，利用资讯沟通科技以改善形势分析、准确管理库存与生产及客户关系之道，发展一套新的战事理论。

2001 年，艾伯茨、加特斯卡、“循证研究”（Evidence Based Research）的理查德·海斯（Richard Hayes）和兰德公司（RAND）的大卫·西格诺利（David S. Signori）合写了一篇文章，名为“理解资讯时代作战（UIAW）”。UIAW 由 NCW 提出的改变开始，试推其后果，以找一套可行的战争理论。由一系列环境感应的默认开始，UIAW 构想共分三领域的结构。“物理领域”就是事情发生和感应哪里，哪里出的资料就会传至资讯领域。那里的资料处理过后，接着就会进入“认知领域”以评估和用来决策。这种过程抄袭了合众国空军上校约翰·博伊德（John Boyd）提出的“观察、定向、决定、行动”。

2003 年，CCRP 出版《放权周边》（Power to the Edge）一书，继续发展网络中心战理论。以其在军事行动的含义来说，《放权周边》是所有论著中最大胆、最具革命性的。它提到现代军事环境复杂到没有一个人、没有单一组织，甚至没有单一兵种可以完全明白。现代资讯分享技术快到足以令“周边单位”（即行动人员）不用集中专业人员来估计他们将要什么。

网络中心行动是前任美国国防部长唐纳德·拉姆斯菲尔德推行的国防部转型的基石，它也是美国国防部秘书办公室军力转型办公室 5 个目标之一。

2. 特点及优势

通过战场各个作战单元的网络化，把信息优势变为作战优势，使各分散配置的部队共同感知战场态势，协调行动，从而发挥最大作战效能的作战样式。网络中心战是美军推进新军事革命的重要研究成果，其目的在于改进信息和指挥控制能力，以增强联合火力和对付目标所需要的能力。网络中心战是一种基于全新概念的战争，它与过去的消耗型战争有着本质的不同，指挥行动的快速性和部队间的自同步使之成为快速有效的战争。

网络中心战的实质是利用计算机信息网络对处于各地的部队或士兵实施一体化指挥和控制，其核心是利用网络让所有作战力量实现信息共享，实时掌握战场态势，缩短决策时间，提高打击速度与精度。在网络中心战中，各级指挥官甚至普通士兵都可利用网络交换大量图文信息，并及时、迅速地交换意见，制订作战计划，解决各种问题，从而对敌人实施快速、精确及连续的打击。

网络中心战基本要点可概括为以下几点。

① 强调作战的中心将由传统的平台转向网络。

② 突出“信息就是战斗力，而且是战斗力的倍增器”。

③ 明确作战单元的网络化可产出高效的协调，即自我协调。

④ 增强作战的灵活性和适应性，为指挥人员提供更多的指挥作战方式。

美军对网络中心战的定义经历了一个发展变化的过程。1999 年 6 月，美国国防部负责网络与信息一体化的助理国防部长办公室研究室主任艾伯茨在《网络中心战：发展和利用信息优势》一书中对“网络中心战”的定义是：“网络中心战是人员和编组在以网络为中心的新的思维方式基础上的一种作战行动。它关注的是对作战各要素进行有效联通和网络化所生成的战斗力。”2001 年 7 月，美国国防部在提交给国会的“网络中心战”报告中指出：“网络中心战是通过部队网络化和发展新型信息优势而实现的军事行动。它是同时发生在物理域、信息域和认知域内及三者之间的战争。”2005 年 1 月，美国国防部部队转型办公室发布的“实施网络中心战”文件，对“网络中心战”下的定义是：“网络中心战是信息时代正在兴起的战争理论。它也是一种观念，在最高层次上构成了军队对信息时代的反应。网络中心战这一术语从广义上描述综合运用一支完全或部分网络化的部队所能利用的战略、战术、技术、程序和编制，去创造决定性作战优势。”

综上所述，网络中心战是指：通过全球信息网格，将分散配置的作战要素集成为网络化的作战指挥体系、作战力量体系和作战保障体系，实现各作战要素间战场态势感知共享，最大限度地把信息优势转变为决策优势和行动优势，充分发挥整体作战效能。

以往作战行动主要是围绕武器平台（如坦克、军舰、飞机等）进行的，在行动过程中，各平台自行获取战场信息，然后指挥火力系统执行作战任务，平台自身的机动性有助于实施灵活的独立作战，但同时也限制了平台间信息的交流与共享能力，从而影响整体作战效能。正是由于计算机网络的出现，使平台与平台之间的信息交流与共享成为可能，从而使战场传感器、指挥中心与火力打击单元构成一个有机整体，实现真正意义上的联合作战，所以这种以网络为核心和纽带的网络中心战又可称为基于网络的战争。所以说，网络中心战的基本思想就是充分利用网络平台的网络优势，获取和巩固已方的信息优势，并且将这种信息优势转化为决策优势。与传统相比，网络中心战具有 3 个非常重要的优势：一是通过集结火力对共同目标同时交战；二是通过资源提高兵力保护；三是可形成更有效、更迅速的“发现—控制”交战顺序。

“网络中心战”强调地理上分散配置部队。以往由于能力受限，军队作战力量调整必须要以重新确定位置来完成，部队或者最大可能地靠近敌人，或者最大可能地靠近作战目标。结果一支分散配置部队的战斗力形不成拳头，不可能迅速对情况做出反应或集中兵力发起突击。因为需要位置调整和后勤保障。与此相反，信息技术则使部队从战场有形的地理位置中解脱出来，使部队能够更有效地机动。由于清楚地掌握和了解战场态势，作战单元更能随时集中火力而不再是集中兵力来打击敌人。在“网络中心战”中，火力机动将完全替代传统的兵力机动，从而使作战不再有清晰的战线，前后方之分也不甚明显，战争的战略、战役和战术层次也日趋淡化。

为确保“网络中心战”的全面实施，美国国防部近年来下大力气准备“网络中心战”技术和理念。美国国防部认为，太空、信息和情报技术有助于应付 21 世纪初的“挑战”，有助于增强美军的灵活性和应付多种危机的能力。“太空、信息和情报技术正在加快作战速度，减少信息周转时间，保证在合理层次上作出决定，并保证信息和情报的流动。”美国国防部的“网络中心战”倡议包括：提供安全、高性能和可行的全球化网络系统；以高质量的信息和情报来充实网络系统，从而取得对全球情况的掌握，并支持“网络中心战”。各军种也在以“网络中心战”理念进行试验。以陆军为例，其转型以“网络中心战”为牵引，来试验和准备陆军部队。陆军部长认为:“陆军转型将追求高技术,这些技术将引发前所未有的情报、监视和侦察能力。它们和地面、空中和太空传感器网络构成一幅战场图。士兵和指挥官将通过网络化系统来利用信息,从而保证战场主动权,迅速定下作战决心。”他还指出,美陆军第4机械化步兵师的试验和部署已让陆军尝到数字化能力的甜头,陆军还将从转型后部队所具备的“网络中心战”能力中得到好处。未来几年,美国国防部还要做以下工作:一是建立遍布全球的网络体系,并在这一网络中充斥丰富的作战信息,供各作战单位使用;二是建立网络化部队,平时各军种部队以网络化部队的模式进行编组和训练,战时通过网络系统把各参战部队有机地结合到一起;三是建立网络化组织机构,确保网络化部队的训练和作战行动的实施。2003财年,美国国防部提出23亿美元的拨款要求,这笔钱将主要用于美军的网络化建设。

从1997年海军提出“网络中心战”思想到美国国防部正式把这一理念写入国防政策报告,仅用5年多时间。由理念到实践的速度之快,是美军近年来频繁探讨信息战理论的直接结果,是信息技术发展到今天在军事领域里的必然反映,是美国争夺21世纪军事制高点的集中表现。尽管目前的“网络中心战”还处于初期的发展阶段,并不成熟,但它已向人们预示了今后10~20年之后战争的模样。像机械化战争是工业时代战争的“主角”一样,“网络中心战”将成为信息时代战争的“主角”。对“网络中心战”的准备将全面改变美军未来的部队建设和作战样式,同时对其他国家的军队建设和战备也将产生深远的影响。

9.2.3 美军新型通信网络系统的发展

通信网络和组网技术是实施网络中心战的重要环节。随着美国国防部网络中心战转型步伐的不断推进,对于通信网络技术的要求也越来越高。为了满足数字化战场上海量信息瞬息万变和多兵种、不同指挥层次的信息获取、信息分配、快速决策和协调作战的需求,从可连接重要军事中心的大型数据管道,到适合于士兵用的小部队作战感知系统,先后涌现出许多种适合于各级指挥机构和作战单位使用的、不同规模的通信网络系统。这些通信网络又可以各种适合的方式融入各级战术互联网系统中,从而保证战场信息的快速流通和实时共享。

1. 大型数据管道

通过一个能传输巨量信息的计算机网络来连接部署在全球各地的重要指挥、控制和情报设施,是美国国防部正在实施的一项大型数据管道计划——全球信息栅格带宽扩充(GIG. BE)联网技术。其目的是提供足够的带宽,以便能将远方战区的实况视频信号和传感器数据回传给指挥官和战况分析人员,并使用户能实时公布和共享文档。这种增强型联网能力可为军方和情报界进行以网络为中心的协作和决策提供稳健的体系结构。采用 GIG. BE 联网技术的网络在其骨干网中使用的是光纤技术,并包括超远程密集波分多路复用设备等组件,管理人员可根据需求的增长随时增加带宽。就 GIG BE 联网技术本身的系统构成和用途而言,除了其用于执行数据传输的硬件基础设施外,更重要的目的是提供不同保密级别的信息技术服务。为此,在其系统结构中采用了核心路由器和边缘路由器与不同级别的用户进行对接。当该系统全部部署到位后,还可为训练、建模和仿真等需要大量数据业务的用户团体提供服务。

2. 小部队作战感知系统

代表当今世界最先进小型网络通信系统的是美国国防预研局于 2002 年底初步完成技术开发,并交与陆军做进一步完善的“小部队作战感知系统”。这种系统的突出特征是它融入了非 GPS 定位系统,包括惯性测量装置、气压高度表和磁性罗盘装置,因此无须利用 GPS 接收机的数据进行定位。该系统采用的高精度双向无线电测距系统能使单兵的定位精度精确在 $1m^2$ 之内。从理论上讲,“小部队作战感知系统”可将多达 1 万个用户节点组网在一起,而传统的组网方案一般只支持大约 50 个。下一步的发展计划是开发一些能在士兵周围形成一个“信息环境”的核心技术,士兵只需携带一部便携式可编程电脑/无线电台,就可帮助其确定敌军和友军的位置和行动,从而更好地协调和计划己方的行动。据最新资料报道,“小部队作战感知系统”目前已经发展成美国陆军投资的一个称为“士兵级综合通信环境”的研究计划。最终,“小部队作战感知系统”/“士兵级综合通信环境”将发展成为一种“可穿戴式”的士兵系统,其体积、质量和耐磨损性将得到进一步改进。

3. QuicLINK 移动式组网平台口

动中通能力对于作战部队来说是至关重要的。移动式组网技术可以在只有少量甚至没有基础设施支持的情况下快速组建网络。这种快速组建的网络基于高级无线协议,可为远程用户提供强大的通信及信息共享能力。源于商用的 QuicLINK 移动式组网平台就是这样一种基于蜂窝式装置的系统,其服务器是一台重 13 磅的加固型笔记本电脑,与其相连接的是一个可由两名士兵携带的重 115 磅的电台节点。QuicLINK 目前的配置主要是为作战部队提供独立自主的蜂窝网络,而并不是可以作为一种大容量网络使用,其每一个节点可以支持 60 ~ 80 个用户,根据地形状况的不同,覆盖半径为 109km。在系统试验期间发现,使用码分多址频率传输话音和数据包时,可有效地穿越丛林和城区,并能免受无线电干扰。此外,QuicLINK 的一个突出特征是能以 144Mb/s 的速率在高使用率环境中传输视频信息流。当然,在应用 QuicLINK 移动式组网平台时需要先进行军用加密处理。

4. 多输入多输出无线技术

在未来战场上，无人平台、无人值守传感器、遥控平台以及士兵之间迅速可靠的通信将是实现网络中心战的关键。在复杂的作战环境下，传统无线通信技术极易出现信号衰减，此外，在吞吐量、抗干扰、抗窃听等方面也多不尽如人意。据最新资料报道，美国国防高级研究计划局正在研究多输入多输出（MIMO）无线电技术，打算以此作为新一代通信设备的基础。这种多输入多输出技术能使独立的信号在相同的信道上进行无干扰传输，因而在多种军事应用中具有广阔的发展前景。有关专家预言，该技术有望使当前系统的数据传输速率提高10～20倍。

目前，这种以"贝尔实验室分层时空"为基础的多输入多输出体系结构已进行了大量的户外实验，但其战术组网的效果目前还仅限于理论研究和仿真成果方面。据最新资料报道，与这一突破性发展有关的研究，如创新性的信道探测技术、高级多输入多输出算法、多输入多输出无中心组网协议，以及用于实现多输入多输出软件定义无线电台的相关硬软件技术已取得很大进展。有专家称，这种多输入多输出无线技术是近期内无线通信领域出现的一种突破性技术，可极大地扩展在恶劣环境下作战部队的通信容量和连通能力。因此可以预言，此无线技术有望在不远的将来大大提高移动式特设网络的通信能力。

5. 激光通信技术将进入转型通信体系结构

在未来战场上，来自卫星、飞机和无人机以及其他侦察探测装置的大量数据将无法通过带宽受限的射频电波传送，此外，无线通信的安全问题也不容忽视。为此，美国国防部曾在2004财年预算中划拨出大笔经费用于开发激光通信。

激光通信网络对于军事通信的改革将是革命性的。首先，激光通信可消除射频链路的带宽限制，从而使作战人员能实时读取传感器搜集到的所有信息；其次，激光通信可建立卫星—卫星链路以组成一个空间网络，基于空间和基于地面的超宽带骨干网相结合可提供前所未有的强壮性和用户可用性。

激光通信的潜力巨大，其应用可能是多种多样的，包括地面站与卫星、地面站与飞机、飞机与飞机、卫星与卫星以及舰艇与舰艇之间的双向通信。但由于光为直线传输方式，所以在传输路径上不可以有障碍物，致使其在地面上的通信难免会受限。

6. 适用于移动平台的静态网络移动路由器

全球宽带移动服务可为各种用户平台提供机载信息服务。虽然这种宽带移动服务系统目前尚在开发之中，但一些商业和军事部门已经开始研究与传输控制协议（Transmission Control Protocol，TCP）和互联网协议（IP）技术相关的诸多问题，包括能在全球范围内为机载移动平台用户提供全方位信息服务和能在战场上为移动分队和固定分队提供服务的战区网络。为此，波音公司建立了“移动平台 TCP 与移动 IP 网络实验台”，该实验平台能仿真各种网络拓扑结构，如不对称链路、无线局域网上的移动 IP 链路等。目前，该公司已与 Cisco 系统公司联合研发出了机载移动路由器，和网络移动中的单向链路路由器。

7. IP 话音（VoIP）技术

IP 话音（VoIP）技术是实现话音、视频、数据一体化网络（或称为会聚式网络）安全协作和信息共享的一种有效技术。目前，国防组织的注意力正从以往各自为政式的点—点通信模式，转向更为灵活的联网协作环境。与此同时，还在用一些基于开放式标准，且互通性更强的系统来取代先前的那些专用通信解决方案。在国防组织中，运行在 IP 基础设施上的会聚式网络可使各种通信业务跨区段进行。由于话音数据协作工具允许所有参与者共享并同时评价同一种信息，因此可大大加快军事决策的过程。在执行演习训练、后勤保障和作战行动等任务的过程中，移动式网络业务可随时提供所需要的各种通信服务。

然而，VoIP 的真正潜力远非如此。据最新资料报道，一些标准机构和网络互联设备研发商们正热衷于开发一些保密性更好的 VoIP 协作技术，用以支持防御领域新出现的众多应用场合，包括保密通信、优先/预占通信能力；受政策制约的通信；会议与协作系统；基于文本的瞬时报文传送；话音/视频通信；共享白板与应用以及基于位置的信号处理（可根据地理位置选择接收器）等。VoIP 在某些方面还存在一定的挑战性。例如，采用什么样的技术来确保不同话音系统之间的互通性，以及如何将一些特殊任务的应用集成到话音环境中。

目前，标准机构也在就此类问题进行深入的研究和探讨，以使话音协作变得加简单和更富有特色。

8. 最新版本的网际协议 IPv6

据最新资料报道，美国国防部目前正在积极推动一种新版本的互联网协议——IPv6。在此版本中采用的软件控制法则可提供更加灵活的增强型保密功能，能有效地将战场上的士兵及其作战设备连接到战区数据网络和全球数据网络中。IPv6 的最大优势是它能在提供增强型保密功能和良好后勤保障性能的同时，支持建立无限多个可供各种无线通信装置、遥控传感器、车辆和精确制导弹药使用的 IP 地址。

IPv6 计划源于前 C^3I 助理国防部长 John P. Stenbit 在 2003 年提出的一项指令，其构想是创建一支具备信息共享能力、态势感知能力和部队自同步能力的强大的联网化部队。为了实现这一目标，就必须把位于网络边缘的人员连接起来，为他们提供一些技术，使其能抽取所需数据，而不是向他们推送数据。

由于 IPv6 可支持几乎无限多个互联网地址，所以非常适用于移动式无线组网，这一点对处于战术网络边缘地带的士兵来说尤其有用。此协议还允许随时将各种各样的设备，如电台、车辆、手持式无线装置和各种传感器接入到战场网络中。

管理预算部门曾于 2005 年 8 月发布了一项命令，要求所有联邦机构的骨干网络都必须在 2008 年 6 月之前全面启用 IPv6。据称，从 IPv4 到 IPv6 的过渡将分 3 个阶段进行，现阶段主要侧重于对 IPv4 的支持。此后的第二个阶段 IPv4 和 IPv6 将共同运行。在此阶段，要求 IPv4 用户和 IPv6 用户的系统必须能在两种协议之间实现向前兼容和向后兼容。为此，美国国防部正着手研究多种过渡机制（如双栈运行和隧道运行），以提供协操作能力。这一阶段有可能持续数年。在过渡的第三阶段，美国国防部的绝大多数装备和软件都运行 IPv6。

9. 对我军新型通信网络发展的建议

分析美军当前新型通信网络系统发展现状可以看出，美军通信网络系统的发展是全方位进行的，既考虑到了由上而下的纵向发展，又考虑到了各军兵种、各作战单位之间的横向发展；不但发展适合于中型作战部队的战区互联网络，而且还发展一些适合于小型作战部队使用的“小部队作战感知系统”这样的小型网络通信系统。其目的是使各级指挥机构和作战单位都具有适合于自己使用的不同规模的通信网络系统，而这些通信网络与各级战术互联网系统的无缝连接则可进一步组成一个庞大的信息流通网络，从而保证战场信息的快速流通和实时共享，最终为网络中心战的具体实施奠定基础。

最近几年，我军现有装备的联网通信能力已经有了长足发展，但与美国这样的技术先进国家相比差距还是很大的。因此，结合我国我军现有经济、装备和技术实力，抓紧我军的通信网络建设是一项非常艰巨的任务。为此，建议从以下几个方面开展一些行之有效的研究工作。

（1）现有的军事通信网络面临亟须应用“转型”的思想加快建设的问题。最关键的是必须用“一体化”运行思想主导我军通信网络建设中的顶层设计；与此同时，必须采用“综合集成”的方法提升现有通信装备的效能。原有“军种组网”思想应向“三军组网”转变，网络结构形式应由“树状型”向“栅格型”转变，信息保障范围应从“局域覆盖”向“整体覆盖”转变。

（2）从未来作战应用的需求考虑，旅作为作战行动单位无论在快速部署上、灵活调度上还是机动作战上都是最为理想的。因此，军用联网基础技术的研究宗旨应以旅级规模的作战单位为重点开展研究工作。

（3）信息化装备的转型不等于也不可能搞“全套”更新。因此，最重要的是注重对现有的武器装备和通信设备进行数字化改造，为其加装各种专用数据终端和通用数据接口，尽量拓展传输带宽，使之能够满足野战条件下的文电、图像、数据传输要求。

(4) 在机动作战情况下，有线通信的使用局限性很大。因此，未来的军用联网通信应以研究无线联网技术为主开展研究。

(5) 相对于硬件基础来说，提升软件功能无须投入大的财力，而且也是技术发展的需要。因此，军用联网通信还应加强软件技术方面的开发和研制。

9.2.4 美军联合信息环境计划

全球一体化作战要求高度依赖网络空间遂行传统军事行动，一支联合部队必须要同时拥有常规力量与网络空间力量，并在同一个指挥官的指挥下行动，以产生更加高效的作战效果，达到各种战役或战术目标。

但美军当前国防信息基础设施在安全性、互操作性、成本等方面存在大量漏洞和不足，为此美国国防部启动了规模宏大且需多年才能完成的国防信息基础设施现代化工程——联合信息环境（Joint Information Envirnment，JIE）计划。该计划将要对美国国防部信息技术网络和系统的建设、运行、防御形式进行重新调整、重新架构，以适应全球一体化联合作战的要求。

1. 联合信息环境计划的动因分析

1）“全球一体化作战”理念的要求

“联合作战顶层概念：联合部队 2020”从顶层对早期提出的联合行动、联合功能和联合介入等概念进行了整合，设计了包含全球机动作战、全球火力战、全球网络战和全球特种作战在内的“全球一体化作战”新概念。2014 年 3 月，美国国防部新版“四年防务评估报告”提出将“全球一体化作战”作为美军未来发展的重点。“全球一体化作战”构想各种部队要素能够根据全球态势及时进行合成，实现横跨各个领域、梯队、地理界限以及组织架构的协同，从而让作战部队拥有更强大能力在网络空间通用环境里去观察、理解、去战斗、去防御。正是这种作战方式变革的要求，促使美军对其指挥控制网络体系做出革命性调整，构建一个任务指挥型的信息环境，将指挥艺术与控制科学相结合，实现对信息技术、战斗和网络安全快速集成，满足快速变动的要求。

2）现有信息基础设施存在的问题

当前，美军军事通信网络是一个覆盖全球的广域网，即“全球栅格网”（GIG），它集成了互联网、电话、视频会议等网络功能，可以为所有军事用户提供各种保密或非保密的语音、视频与数据传输服务。随着各类异质性、不兼容的信息技术（IT）能力的扩散，GIG 已经成为一种异常复杂、规模庞大且容易受到攻击的通信网络，经济上也承受着巨大的维持压力。

（1）缺乏互操作性。

美军过去 20 多年通过 GIG 已经开发了许多面向特定战场功能的作战网络与软件系统，形成了 2000 多个数据中心，但这些网络或系统集成化程度并不高，特别是军种之间的互联互通困难，严重降低了信息共享效率。

（2）高昂成本难以适应快速的技术变化。

美国联邦政府的信息技术资产分布广且分散，每年维护经费大约需要 760 亿美元。然而如果能够进一步缩减信息技术管理费用、合并数据中心、去除冗余网络、对应用程序实行标准化等，那么这笔巨大开支便可以节省 30% 。在军事网络方面，美军遍布全球的军事指挥所在安全性、硬件和软件许可、管理标准等方面各不相同，加之这些资产归属于不同军兵种，造成大量不必要的开支。如果再加上雇佣 IT 员工的费用，那么这笔额外开支更大。

（3）现有系统存在网络安全漏洞。

“为了解决信息共享与网络安全问题、保持美国在网络空间的优势地位，必须加快美国国家网络现代化进程，这也是美国数年以来一以贯之的重点工作” 。国防部也意识到军用和其他保障性网络现代化的必要性。美国国防部现有信息网络极度依赖 GIG，但 GIG 采用了网络中心的架构，本身存在严重的安全漏洞，任何对 GIG 系统或子系统的蓄意破坏都将妨碍任务执行，导致网络中心化的武器无法使用，直接影响各作战层级互信地交互数据和信息，限制按照任务指挥的要求建立和维持通信，联合部队也就无法实施全球一体化作战。因此，通过提供网络端到端的可视化，JIE 对生成决定性联合部队起到重要作用，确保战斗人员即便在面临干扰或损伤的情况下也能够获取信息。

3）新的技术提供的发展机遇

恩格斯曾经提出：“一旦技术上的进步可以用于军事目的并且已经用于军事目的，它们便立刻几乎强制地，而且往往是违反指挥官的意志而引起作战方式上的改变甚至变革。”21 世纪以来，网络相关技术成为电子信息领域的使能力量，其中最具代表性的技术当属云计算、大数据、移动通信和智能终端技术，这些技术的发展为美军实施新的任务式指挥方式、弥补现有国防信息基础设施不足、节约成本和提高效率提供了必要的基础性条件。特别是云计算，甚至有人预言，云计算将主导新信息时代的战争，“基于云计算的指挥控制技术是美军全球一体化作战的重要支柱” 。

2. 联合信息环境实施计划

1）构想与概念

JIE 是国防部首席信息官（DoD – CIO）整合军事网络，创建一个联合、跨部门、跨政府、多国家信息共享环境的整体解决方案。JIE 的目标是减少国防部整体信息技术占用空间，实现配置标准化，建立企业级共享安全协议，优化数据路由。美军最终将把全球范围内数百个军事设施15000个独立型军事网络、超过700万套计算机设备进行整合，建成一个庞大而统一的信息基础设施。JIE主要包括共享的信息技术基础设施、企业化服务与安全认证体系等重要的组成部分，将按照统一的命令计划（UCP）执行，包括标准、规格与通用战术、技术与程序（TTPs）等。

图9.9从概念层面描绘了JIE的主要特征：安全可扩展的框架体系，联合共享的基础设施，企业式、集成化的信息服务，身份认证与准入管理。

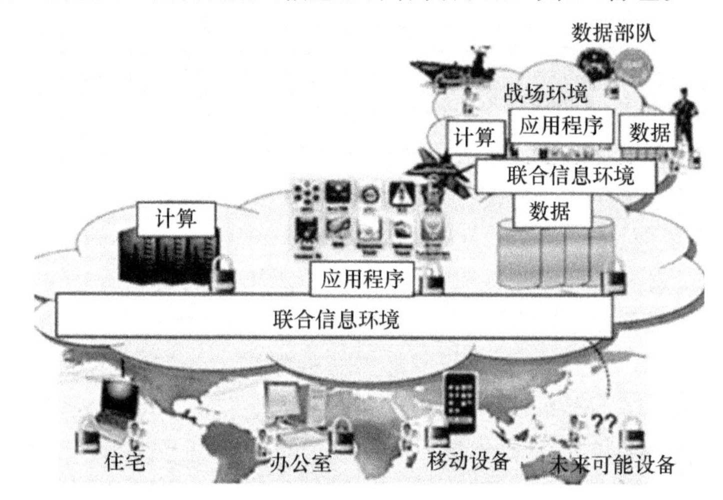

图9.9　联合信息环境（JIE）最终状态示意图

2）能力目标

JIE最终将现有信息基础设施、企业服务、安全架构进行升级改进，实现全频谱优势、提高任务效能、增强安全性。参谋长联席会议主席邓普西在白皮书中指出，JIE应具有以下能力特征。

（1）实现从网络中心向数据中心解决方案的转变。

（2）快速实现一体化云服务的交付和使用。

（3）相互依存的信息环境，提供实时网络态势感知；安全、弹性和固化的框架。

（4）通用标准和操作战术、技术和规程。

（5）升级改进动态识别和登录管理工具。

JIE根据核心数据中心（Core Data Center，CDC）和企业运营中心（Enterprise Operation Center，EOC）而建设，将联合网络中心的作战环境与重要的网络增强能力和信息支援资源连接起来。这些核心数据中心将代替军兵种数据库，通过安全、互操作通用架构互联，实现授权用户在需要时共享、获取和连接信息，建立可信空间，实现有效作战。JIE 构想如图 9.10 所示，JIE 管理架构如图 9.11 所示，具体运行效果目标见表 9.1。

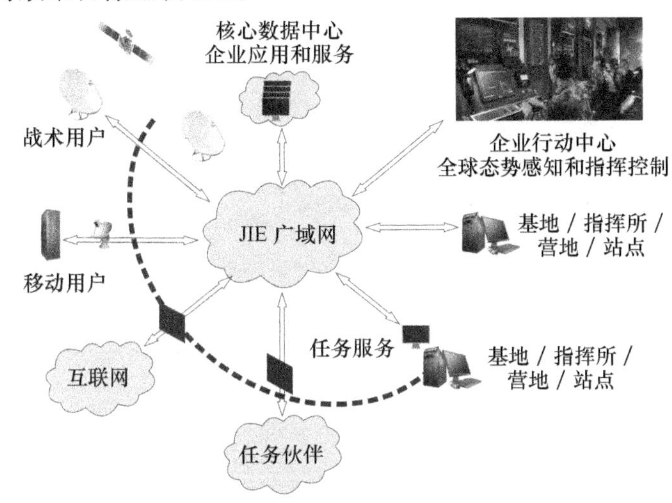

图 9.10　美军拟构建的 JIE 的示意图

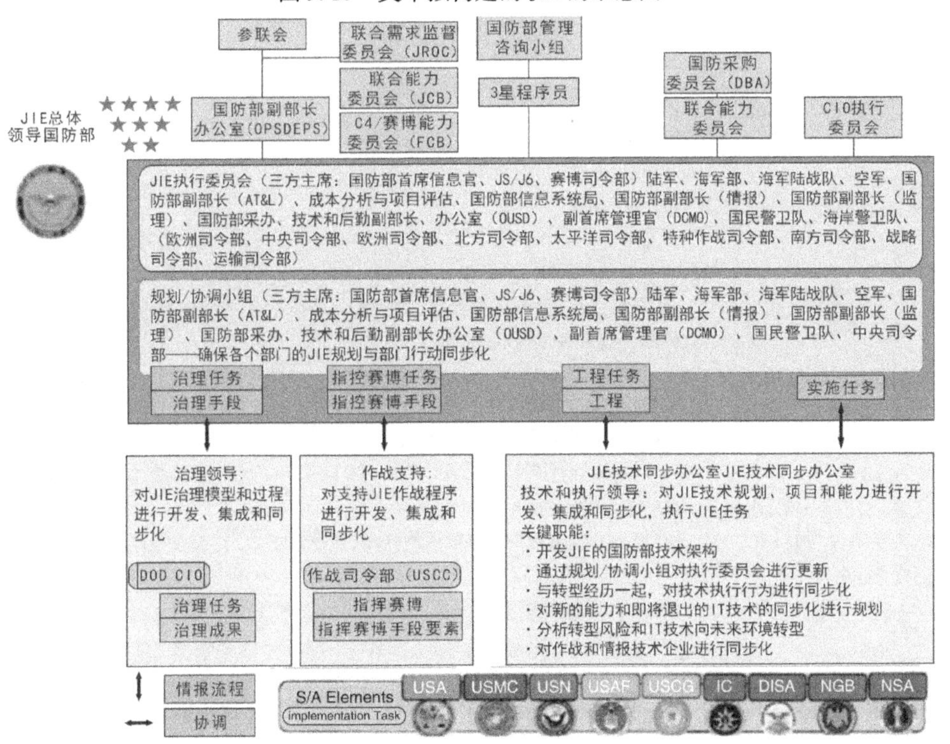

图 9.11　JIE 管理架构

表 9.1 JIE 运行效果目标

为指挥官优化效能	(1)JIE 支持联合部队指挥官(JFC)的网络行动规则 (2)在紧急情况下,行动所需的企业服务和服务专用应用程序确保可用 (3)联合部队指挥官与任务和联盟伙伴具备安全、可靠的通信 (4)保证指挥官做到以下几点: ① 能够实现预期的作战效果 ② 能够使用需要的信息和服务 ③ 能够在降级的 JIE 中开展行动
对国防部 GIG 行动和防御性网络行动的指挥控制进行优化	(1)指挥官和支持性企业作战中心通过指导响应行动和紧急规划,对恶意网络行动进行防护 (2)将复杂程度和冲突降至最低,同时保持行动的连续性和可理解性,保证任务的成功 (3)形成任务关键性决策,形成有效响应,适应方向变化,但不会偏离最初的任务方向
提供 JIE 行动状态和网络安全状态的态势感知	(1)单一安全架构传感器状态在全球企业化作战中心(GEOC)和企业化作战中心(EOC)是可见的 (2)企业化作战中心(EOC)能够检测并管理 JIE 配置变化,保证系统的健康和完整性。这些行为包括以下几项: ① 企业服务管理 ② 网络管理 ③ 卫星通信管理 ④ 电磁频谱管理 (3) 在 GEOC 和 EOC 中可以看到构成 JIE 的网络、系统、应用程序、企业服务中的所有运行情况数据 (4) 从基地、指挥所、营地和站点(B/P/C/S)向 GEOC 和 EOC 自动报告国防部信息网络配置和脆弱性状态
优化国防部信息网络的安全性/网络可防御性	(1)通过单一安全架构(SSA)对 JIE 进行保护 (2)EOC 可以有效地实现以下目标 ① 通过对国防部和美国网络司令部(USCYBERCOM)策略和预先行动路径的自动化管理,实现国防部网络的被动防御 ② 通过单一安全架构(SSA)激活规则集,抗击网络攻击,实现网络实施的安全防御 ③ 自动识别脆弱系统,查明配置,确定不当配置和无补丁系统中的运行风险 ④ 迅速对网络进行重新配置,阻止高级持久网络威胁,确保任务的完整性和连续性

3)组织架构

为实现这一宏大而全面的 IT 现代化目标,在作战和财政方面都取得预期成效，必须要有高层领导的参与、强有力的治理结构和程序。国防部首席信息官发布了 JIE 管理架构，作为国防部与内部的关键利益攸关者、各个政府部门、任务合作伙伴以及工业部门沟通的重要机制，其最高执行机构是联合信息环境执行委员会（JIE EXCOM），下设 4 个具体执行机构，包括 JIE 规划和协调小组（PCC）、JIE 作战支持小组（JOSG）、JIE 技术同步办公室（JTSO）和 JIE 环境治理小组。

4）实施路线图

JIE 框架将从根本上改变国防部实施、运行和防御其 IT 系统的方式，但 JIE 不是采办项目。其优先考虑的是整合、标准化和优化。为了最有效地完成对国防部 IT 架构的调整和重构，JIE 的实施采取一种增量、分阶段的方法，增量 1 的工作重点放在欧洲地区。2014 年 8 月，联合信息环境增量 1 在欧洲已经达到初始作战能力，在德国斯图亚特建成了第一个区域化企业化作战中心（Regional Enterprise Operations Center）。增量 2 由海军太平洋司令部牵头在亚太地区实施。

3. 关键技术和政策的挑战

1）核心技术分析

JIE 按照前所未有的规模持续地进行新技术能力开发，几乎触及美军所有组织机构，技术特点包括防御性和单一的网络——从战术到战略层面；整合国防部的数据中心和网络操作中心；以及常用的安全架构，将目前国防部组织中心化、网络——服务的架构转变为以实战为重点、信息中心化的架构。

（1）单一安全架构（Single Security Architecture，SSA）。

单一安全架构将打破网络安全边界、缩小国防部外部攻击面、更好地扼制网络攻击，提高机动反应能力，实现标准化管理、作战和技术安全控制。建设单一安全架构的最终成果是形成一系列能力，使国防部网络部队可以“看见、检查、阻止、收集”网络流量，为联合作战人员提供一个可信的信息环境。

（2）网络整合。

“在其他条件等同的情况下，作战环境越简单，新技术所拥有的优势就越大”。国防部现有分散的网络、处理和存储基础设施妨碍了战斗人员和任务合作伙伴之间的内部和外部合作。因此，JIE 最基本的就是要简化美军的通信作战环境，对现有庞大繁杂的各种网络设施进行整合，建设一种单一、保护性信息环境，实现作战人员之间安全、可靠、无缝的互联互通。

（3）身份与登录管理。

建立强大的身份和登录管理（Identity and Login Management，IdAM）能力可以让联合作战人员和他们支持的任务领域都能够经过授权安全地获取所需的信息和服务，不受位置影响。另外，还可以提高作战指挥员的信心，同时，作战单位能够根据授权读取任务需要的核心信息和服务。

（4）企业服务。

企业服务就像电子邮件一样，在国防部内部按照通用方式、由一个单一组织作为企业服务供应商来提供。国防部一直强调将开发和部署企业服务作为 JIE 的一部分，这种服务将按照在连接断开、不连贯或低带宽（DIL）的信息环境下运行来设计，有助于保证联合作战人员和他们的任务合作伙伴发现、登录、使用信息资产，取得任务成功，而无论这些信息的位置如何。

（5）数据中心合并。

国防部将继续通过关闭、合并国防部数据中心来增强计算能力，同时甄别能够向 JIE 核心数据中心转移的数据中心。数据中心合并工作将有助于国防部建设一个标准化的计算架构。

（6）云计算。

“基于云计算的指挥控制技术是美军全球一体化作战的重要支柱，军事网络必须紧跟民用网络发展步伐，加快开发用于态势感知的通用数字工具”。最近发布的《参谋长联席会议主席（CJCS）关于联合信息环境的白皮书》将云计算技术看作联合信息环境的关键技术：“……联合信息环境包括若干网络化作战中心、若干整合的核心数据中心、基于云应用程序和服务的全球身份管理系统”。国防部向云计算转移将面临挑战，特别是成千上万台服务器、网络安全（作为单一安全架构的部分）、抗毁性、失效备援的管理等。

2）政策挑战

目前 GIG 已经成为美军全球一体化作战的核心部分，但其规模庞大且容易受到攻击，经济上也承受着巨大的维持压力。为了解决这一难题，国防部意图通过 JIE 来实现全谱优势、提高任务指挥能力、IT 效率和网络安全性。但是要达到最终目标，国防部必须从政策层面做到以下几点。

① 要有强有力的战略领导力量来做出变革。

② 克服军兵种之间的竞争和部门狭隘观念。

③ 在财政紧缩的大背景下，必须以国家安全的名义保证 JIE 的资金投入。

4. JIE 对我国国防信息基础设施建设的启示

美军自 20 世纪 20 年代开发半自动化防空指挥控制系统，到目前仍在大力推进 GIG，其信息化建设已历经 90 多年，但其互联互通的综合性军事信息系统仍未完全建成。造成这种局面的原因有许多方面，其中最重要的一条就是各军种和相关部门各自为政搞建设，标准不统一，不能互联互通，致使近年来不得不大量拆除“烟囱”。为此，美国国防部根据《联合作战顶层概念：联合部队 2020》

提出的作战新概念,针对 GIG 建设中存在的问题提出了一揽子解决方案,即联合信息环境计划,从根本上改变美军现有的信息集成、配置、接入、共享以及技术使用方法。

目前,我国国防信息基础设施建设还处于初级阶段,绝对不能走美国“建烟囱—拆烟囱”的老路,而应牢牢把握信息技术转型带来的机遇,做好顶层规划,谋划好我军信息化发展的重点和方向:一是研究制定面向未来 5 ~ 10 年、动态的信息现代化战略发展规划;二是从面向战争角度探索云计算、大数据和移动技术等新兴技术、商用技术和理念在军事信息领域的应用;三是继续加强顶层设计,从技术标准、安全架构、互联互通、信息共享、机动灵活等方面谋划我国的联合信息环境,建立功能强大、可信的、可互操作的国防公共基础设施环境,为我军基于信息系统的体系作战能力建设打下坚实基础。

9.2.5 美国组建的网络中心战工业联盟

由 28 家专业大公司组成的国际工业财团——网络中心战工业联盟(Network Centric Operations Industry Consortium,NCOIC)9 月 28 日宣告成立。该工业财团建议建立一种统一的方式,这种方式能够使传感器、通信和信息系统在全球网络中心环境中交互操作。

网络中心战工业联盟的创始成员有 BAE 系统公司、波音公司、CACI、Carrillo 技术公司(Carrillo Business Technologies)、思科公司(Cisco Systems)、EADS 公司、EMC 公司、爱立信公司、Factiva 公司、芬梅卡尼卡公司、通用动力公司、惠普公司、霍尼维尔公司、IBM 公司、Innerwall 公司、L-3 通信公司、洛-马公司、微软公司、诺斯罗普-格鲁曼公司、Oracle 公司、雷声公司、洛克维尔-克林斯公司、SAAB 公司、SAIC 公司、史密斯航天公司、Sun 微系统公司、泰利斯公司和 Themis 公司。Open Group 公司是该联盟的管理公司。

网络中心战工业联盟在一个协作平台上集合了业内最好的企业。该联盟建议建立基础标准和基本方法,系统与平台开发商可以应用这些标准和方法使得每种平台、系统或应用能够加入到全球网络环境。

网络中心战工业联盟是应客户要求而创建的,客户要求工业界在获得网络中心能力方面发挥更突出的作用。网络中心战工业联盟独特的规章使得它与其他财团、工业联盟和政府实体互补而不是竞争,这些机构也致力于使客户快速获得网络中心作战能力。形成网络中心战能力的基础设施的具体工作也将是网络中心战工业联盟的任务,同时在工业界内形成稳健的竞争能力。网络中心战工业联盟已经建立了顾问委员会和附属委员会,以便确保该联盟能够与全体伙伴很好地协作。

网络中心战工业联盟是一个不以盈利为目的的国际团体，它致力于召集工业界成员将现有和新型的开放标准整合为通用的演进型的全球框架，这种框架应用通用的规则和过程集合辅助网络中心应用的全球快速部署。网络中心战工业联盟由来自国防企业的工业代表、大规模系统集成商、信息技术供应商学术界机构组成。

9.3 C^4ISR 应用实例分析

9.3.1 美军 C^4ISR 系统

人们常将指挥自动化系统喻为现代军队的超凡大脑不是没有道理的。在文学家眼里，它是决胜千里的“中枢”，是协同作战的“纽带”，是调兵遣将的“神仙”，是快速反应的“精灵”，是武器控制的“强将”，是作战模拟的“军师”，是后勤保障的“能手”。军事家认为，谁拥有灵敏、高效的指挥自动化系统，谁就能稳操战争的制胜权，“一个没有指挥自动化系统的国家等于没有军队”。剖析美军战略指挥自动化系统的作战效能，使我们看到军事家们对指挥自动化系统的评析不无道理。

美军在 20 世纪 60 年代初建成的战略指挥自动化系统（美军称之为战略 C^4I 系统）——美国全球军事指挥控制系统（The World Wide Millitary Command and Control System，WWMCCS），由战略探测预警系统、战略通信系统和各级指挥中心（国家级指挥中心和各联合司令部及特种司令部、各军种所属主要司令部的指挥中心）及其自动数据处理系统组成，具有较高的快速反应能力，能保障美国国家指挥当局对全球部队在平时和战时各阶段不间断地实施指挥。其主要任务是供国家指挥当局（通过参谋长联席会议）对全球的美国战略核部队进行指挥和控制。美国总统利用它逐级向一线作战部队下达命令，最快只需 3min，如采用越级指挥，向部队下达命令，最快只需 1min。美国全球军事指挥控制系统到 20 世纪 80 年代，已经成为一个包括 10 多个预警系统、30 多个指挥中心和 60 多个通信系统的高度自动化的军事电子综合信息系统。美国全球军事指挥控制系统支持美军在世界范围内的军事指挥与控制，包括对作战命令和技术管理的辅助支持。在 20 世纪 80 年代中期，全球军事指挥控制系统就使用了 100 多个中央处理机、65 个远程处理机和 3000 多个工作站，能够在许多战场之间提供连接链路。美国全球战略指挥自动化系统有 30 多个主要的指挥中心，分布在世界各地，其中国家级军事指挥中心、国家预备军事指挥中心、国家紧急空中指挥中心是美国战略指挥自动化系统的核心部分。美国全球军事指挥控制系统中，国家军事指挥系统(The National Milltary Command System,NMCS)将各司令部连接起来,国家军事指挥系统由国家指挥中心、通信中心等组成。在五角大楼里的国家军事指挥中心(the Naticnal Military Command Center,NMCC)与国家军事情报中心(the National Military Intelligence Center,NMIC)连接。国家预备军事指挥中心(ANMCC)作为备份,它与国家军事指挥中心相互连通,在需要时它完全可以接替国家军事指挥中心的职责,完成作战的指挥控制任务。五角大楼内的国家军事指挥中心供美国总统、国防部长和参谋长联席会议在平时和战时条件下指挥武装部队之用,美参谋长联席会议通过该指挥中心,用40s可与国内外任何一个或全部联合司令部进行联系或召开电话会议。国家预备军事指挥中心设在马里兰州里奇堡地下室内,其功能大致和国家军事指挥中心一样。国家紧急机载指挥中心,主要供核战争中使用,当总统登机并下达攻击命令时,它行使战略部队的指挥权。该指挥中心配备有超高频、特高频和极高频卫星通信终端和大功率通信处理设备。

自20世纪40年代以来,虽然新的世界大战未起,但局部战争武装冲突经常发生,较有代表性的局部战争发生在90年代的“一头一尾”。即1991年的海湾战争和1999年的科索沃战争。在这两场规模较大、使用高新技术兵器较多,而且都是多国对一国的局部战争中,美国全球军事指挥控制系统发挥了重要作用。

海湾战争期间,以美国为首的多国部队共出动了各类飞机11万多架次,不同国家从不同机场、不同方向、不同高度和不同时间进入同一空域对伊拉克实施空中打击,而且还要克服不同语言障碍。借助战场指挥自动化系统,多国部队有效地实施了作战指挥。不难设想,要变上面所说的5个“不同”为一个“相同”,倘若没有指挥自动化系统支持简直是不可能的。

在科索沃战争期间,以美国为首的北约部队对主权国家南斯拉夫联盟实施了以空袭为特点的持续性打击,其中,指挥自动化系统起到了重要作用。北约共有19个国家,遍布美、欧两洲。其中,有13个成员国直接参战,另外6个国家提供了后方支援。这些国家借助战场指挥自动化系统,实现了资源共享、信息互通,有效地保障了作战指挥,最终以“零死亡”取得了战争的胜利。

随着美军全球指挥作战要求的不断提高,全球军事指挥控制系统也在不断地升级换代。20世纪80年代,美军对全球军事指挥控制系统进行了两次较大的改进,用全球军事指挥控制系统信息系统(World Information System,WIS)取代了全球军事指挥控制系统互联计算机网(WIN),使其增加了一些新的功能,包括联合危机管理、抗干扰保密通信、全球危机警报网一期工程、密话/图形会议、自动文电处理、下一代自动数据处理等,但仍不能满足军事需求的发展变化。因此,美军决定用全球指挥控制系统(Global Command and Conirol System,

GCCS)取代全球军事指挥控制系统。虽然在名称上去掉了“军事”二字,但丝毫不意味着削弱了其军事用途,相反地,其军事价值有增无减。

全球指挥控制系统实质上是一个全球指挥控制计算机网络,1996 年正式启用,同时关闭全球军事指挥控制系统。全球指挥控制系统的一期工程已经完成。二期工程(即中期阶段)在 2004 年完成,完成后把各军兵种分别建设的“烟囱”式的 C^4I 网络连通,形成高度融合的全球系统。三期工程(目标阶段)将满足 21 世纪信息战的需求,随时随地为指战员提供战场信息和综合图像信息。全球指挥控制系统 1996 年初已达到初始作战能力,2010 年全面进入作战服役。1998 年 GCCS - T2. 2 版本增加了核战的计划能力,同一年全球指挥控制系统的 3. 0 版本系统能提供形象化的气象和海洋数据。全球指挥控制系统的绝密部分(GCCS - T)在整个部队部署周期中,将为指挥控制提供高度机密的信息基础设施。据美 1999 财年国防报告称,全球指挥控制系统现能提供 700 个拥有密级功能和增强性能的站点,支持对图像、部队态势、智能辅助决策、战斗指令、相关装备信息、空中作战指令等信息的互操作与共享。国防部将按照联合作战指挥的需要,把全球指挥控制系统部署到战斗单位中,以发展更加一体化的互操作性强的战场管理系统。

美国全球指挥控制系统是美军用以保障其在全球范围内派遣和协调部队、实施危机管理的多军兵种/多国联合作战的系统。从技术上看,全球指挥控制系统是一个支持美军全球联合作战的分布式计算机网络,它采用三层的客户机/服务器结构,这与全球军事指挥控制系统的主机结构有很大的不同。其最低层是战术层,包括联合特遣部队、联合特遣部队分部和士兵;中间层是战区和区域汇接层,包括总司令和军种部队;最高层是国家汇接层,包括国家指挥当局、国家军事指挥中心和军种总部。全球指挥控制系统的计算能力是全球军事指挥控制系统的 100 倍。由于全球指挥控制系统的核心系统具有较强的功能,它的启用使得美军处理危机的能力有了新的增强。

美军战略指挥自动化系统的发展趋势,是用可靠、无缝的信息传输网络来支持美军对战场态势的了解和对军力的有效运用,最终将美军综合 C^4ISR 系统建设成一个可靠、无缝、用户界面友好的一体化攻防兼备的系统,确保信息作战的信息优势。具体地说,美军将以国防信息系统网(Defense Information Systems Network,DISN)作为保障端对端信息传输和增值网络业务的全球通信基础结构,用军事卫星通信系统和非国防部通信系统等支持远程信息传输,通过全球栅格网计划进一步扩展,提高信息传输能力;采用技术嵌入等方法将信息传输网络建成以同步数字体系/异步传输模式(Synchronous Digital Hierarchy/Asynchronous Transfer Mode,SDH/ATM)为技术特征的无缝的宽带综合业务数字网。另外,要继续改造、完善情报监视侦察系统，使之能实时提供完整、精确的信息，以全面增强一体化 C^4ISR 系统的能力。

9.3.2 运用新 C^4ISR 的战术作战

1. 扩展的近战

即使在最低的战术层（旅和战斗群），高质量的相关信息也很快由战术和战略层资源提供，当这些信息与本地收集的信息组合时，将提供给指挥官连其对手做梦都想不到的优势信息。这将能够快速决策和采取行动，产生适当和及时的效果，包括联合火力。这将改变陆军在战术层作战的方式，着力强调实现纵深战斗决心和更大远离的近战。这将伴随着从直接射击、陆基平台到空中和间接射击系统的重点转移。因此，“发现、定位和打击”的战斗样式中的任务可能发展成“发现、跟踪、打击和扩展”。这对于人们所理解机动的本质是至关重要的。

1）师级

包含旅的师的情况本身在很大程度上正在发生变化。想一想英国 1990 年的师，并与预期的 2010 年的师相比较。首先，1990 年，即使在师级，来自战略和战术层资源的信息可以说是“太少、太迟”。2010 年来自战略和战术层的信息可迅速获得。但关键是指挥的师级本身将控制一系列有能力的 ISTAR 资源，这与 1990 年前后资源的缺乏形成鲜明的对照。例如，当时无人机、EW 和声波测距是真正的“灰姑娘”能力，如表 9.2 所列，同时也指出了其他预期的主要能力方面的变化。

表 9.2 1990 年英国师与 2010 年英国师在能力方面的主要预期变化

作战单元	1990 年师	2010 年师
ISTAR	遥控无人驾驶小飞机 巡逻机 武装侦察机	ASTOR（卫星目标定位侦察） UAV（无人驾驶机） EW（电子战） 监视与目标捕获巡逻机 武器定位雷达 HUMINT（人工情报） 武装侦察机
军用飞机	LYNX/TOW	AH64D
师火炮	M107，M110	MLRS，GMLRS，IFPA
地面机动	挑战者 1，勇士 FV432	挑战者 2，勇士 MRAV，FRES

UAV 提供实时信息并能持续停留在目标上传递现场图像以实施跟踪、交战

和战斗损伤评估。其能力与有人驾驶飞机或遥控无人小飞机所提供的时间上间隔数小时甚至数天的静态快照的空中照片相比是一个巨大的飞跃。同样,师能预期有其自己的 ASTOR 地面站永久地用于作战。即使海湾战争中的美军陆军,ISTARS 尚在其萌芽期,不能使其终端为美国陆军第七特种部队所用。有此类终端的斯克沃克夫上将与无此终端的富兰克斯中将之间感知事件的必然差异被很好地记录下来。

到 2010 年,英国师的 EW(电子战)能力的现代化程度将比 1990 年提高 2 倍。反炮兵雷达和机载传感器平台将提供有效的反炮兵战目标捕获系统。有效地替代和极大地提升以前在旅的直接支援炮兵团具有的辛白林迫击炮定位雷达的能力。尽管次数不多,当 CVR(T)履带式侦察战车被基于未来快速作用系统(Future Rapid Effect Systems,FRES)的 ISTAR 平台取代时,武装侦察也会变得更有效。整个将由数字通信与处理、新的指挥控制、组织和条令更有效地集成以递交一个集成的、可识别的 ISTAR 能力。

这些因素的组合——ISTAR,更好地集成了联合能力和一个更有效的数字指挥系统,将使师成为一个更可怕的对手,潜在地具有支配达 200km 多宽、深 120km 的作战区域的能力。师炮兵能达到的和有效作战能力将随着中型火箭发射系统以及随后改进的更远射程的军火的引入而提升。但间接火力资源,其投射范围使其不可能集中火力越过师的前沿,需要分配到旅。当然,将来敌人最不可能替英国陆军来聚集他的兵力,因此能期望看到越来越强调与较少、较小、很好掩蔽或移动的目标交战。这也能鼓励炮兵的进一步疏散。

像引人注目的有能力的 ISTAR 平台那样,WAH - 64D 阿帕奇战斗直升机将会取代 LYNX/TOW 以在军和师级提供真正的纵深攻击能力,在师级阿帕奇直升机的使用将给英国师提供能打开缺口的战斗力量。

2）旅级

战斗旅将聚焦在近战,但到 2010 年,日益强调更远距离的间接火力交战,并且旅级作战区域将超过 50km2。旅将承担今天师的许多责任,并将比现在更有能力独立行动。和师级一样,可预计该指挥层将能从战略和战役层搜集的信息中获益。当部署作战时它也有基本的 ISTAR 资源——与 1990 年英国旅对照如表 9.3 所列。

按照时间算英国陆军已走完一半行程,但从能力改进方面说也许只完成 20% 。ISTAR 和指挥控制系统的戏剧性变化将在随之而来的 10 年的中期发生。因此它们的影响在目前只是一种推测,但是英国陆军从自己的演习和经验以及从盟军的演习和经验中已深刻地认识到在该指挥层陆军如何战斗将有意义深远的变化。旅指挥官将有及时、准确和有针对性的有关敌方的信息,使其能更大范围地选择武器系统较早地为之作战，并取得更精确、致命的打击效果。他能有信心地实施机动并不与敌人接触地形成态势，由此保全已方的战斗实力和他的战术方案。他将能快速地行动和采取真正的机动方案，以利用敌人的弱点和抓住机遇。

表 9.3　1990 年和 2010 年英国旅中基本 ISTAR 资源

1990 年	2010 年
辛白林 迫击炮定位雷达	ASTOR 地面站 UAV（无人驾驶机） 武装侦察机（包括提前空中控制器） 可卸侦察机 巡逻机 EW（电子战） HUMINT（人工情报） 增强型 MI 支援

随着使用这种 ISTAR 经验的增长，人们将看到旅组织和战术的改变。作战扩展区域将与间接火力资源有密切的关系。它也许需要更加强调在战斗群层有更有能力的迫击炮，或者把 AS90SP 榴弹炮推进到这一层。旅级火力将是远射程的资源，如 MLRS（导弹发射系统）、攻击型直升机及其火力。

3）战斗群层

除关注时间关键信息外，战斗群层也能从较高指挥层的资源中获得相关信息，时间关键信息来自产生该信息的无论哪个指挥层或资源。预期随着数字化指挥控制的发展，特别是 ISTAR 计划和处理方面的自动化，将为战斗群提供比现在更集中和简单明了的情报支援。计划将被更好地告知，他们有更大的自信心进行机动，控制更大的区域并更有效地发挥战斗能力。除指挥原理改进外，如已开始产生影响的基于 C^4ISR 和数字化指挥系统效果的规划也将加快。

尽管 ISTAR 能力面向旅级，但战斗群指挥官将需要他们自己的 ISTAR 资源，以提供对该指挥层至关重要的更详细的和及时的细节。资源的精确混合将依赖于一系列的因素，包括使命、敌人、地形和作战优先次序。另外，也将有与旅级 ISTAR 的相互作用，而在旅级资源能提供战斗群指挥官大多数他们需要的信息环境，在战斗群层扩大 ISTAR 混合并不迫切。但在指挥的较低层需要很详细的和及时的信息，且不可预见的范围更大的复杂地形，旅级将很少能满足战斗群的即时需求。

在轻型装甲车里，毋庸置疑地将对侦察能力有一个持久的需求。然而，正如所需求的一样，这可由诸如坦克、狙击手、工兵或反坦克引导武器的其他能力加以补充。最令人兴奋的武器新成员将是 UAV 以及与其相关的地面站。这将给战斗群提供他们自己的“空中眼睛”实时信息，以便于间接火力和联合系统支援计划、机动和交战。

表 9.4 标示出归类在战斗群层的未来 ISTAR 中可能出现的资产范围。随着分组的扩大，子单元层指挥将被要求纳入有效的体系结构，以确保资源能被有效地指挥和协调，并且其信息能被利用和起作用。关键地，ISTAR 分组，无论是一个侦察分队还是一个子单元规模的分组，必须全部有合适的联动，以调度部队可用的火力。因此，效果综合和战斗空间管理将是这一指挥层的关键功能。

有效的指挥和控制系统以及对资源的任务分配、管理和交叉引用的自动支援将是旅级和战斗群级有效 ISTAR 的必要条件。没有合适的 C^4I，会有信息超载，连同超出指挥小组能力的指挥资源的负担，有可能将“侦察所得”变成“ISTAR 累赘”的危险。

表 9.4　可明确期望的战斗群层未来 ISTAR 资源组织范围

核心能力		对于作战可能的附加能力		对于小规模 PSO（给养供应）可能的附加能力	
ISTAR 军官	FOO/MFC（军械勤务官/导弹发射控制员）	CR2（密码员）	WR/AI PI（战争储备/空军情报，无人驾驶截击机）	MI（情报部）	HUMINT（人工情报）
ISTAR 单元	UAV 地面站	TACP/FAC 战术空军控制站/机场控制站）	狙击兵	FdSy（机场补给）	武装直升机
侦察 TP（反坦克）/PI（无人驾驶截击机）	工兵侦察	ATGW（反坦克制导武器）		MAMB（导弹装配与保养）	EW（电子战）

2. 联合战术战斗

初看起来，联合战术战斗术语似乎是自相矛盾的术语。在人们的认识中“联合”已与指挥的战役层相联系，这完全是一种假象。联合部队指挥官和它的参谋当然是在战役层作战。但单独的平台，假如在一个单一集成联合战斗空间作战的平台是在战术层作战。这可能意味着，正如现在一样，他们工作在合成的框架内，这里陆军由一个陆军部队指挥官指挥，来自其他部队的资源正在支援着他，或者实际上他的资源正支援其他部队，如空军或海军陆战队或特种部队。但它也可以将 ISTAR、机动和打击资源更紧密地综合到一个联合框架中，更多地强调联合能力和联合指挥。

这样一个重点的转移特别地与部队的精确应用相关以实现复杂战斗空间中的特殊效力，在这里，战术行动越来越具有战役影响和战略意义。

图 9.12 提供了联合战术行动的简明略图。图中任何次数重新配置都是可能的。UAV 可由空军部队操纵，从 1 000km 远的距离发射，或甚至从其他大洲发射，或它可由海军陆战部队操控从船上发射，或陆军可以仅在几百公里远的地方操控它。同样，飞机可从空军基地、船上或从其他国家的舰队上起飞。陆上侦察可以是特种部队、海军陆战队或陆军巡逻队。

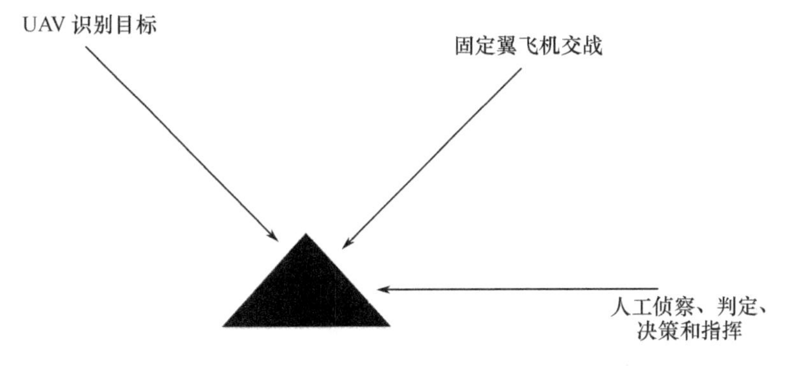

图 9.12　联合战术行动的图形表示

在传感器和打击资源的组合上也可能有差异。例如，EW 能捕获目标，该目标也许还是敌指挥部，陆基或空中侦察能证实和判别，而打击资源可以是一个海上发射的巡航导弹或一架战斗 UAV（无人驾驶空中飞行器）。

任何正在发生的事情既是"联合"的又是"战术"的，将这事做好显然是应用数字技术大量成果所追求的目标。另外，它是精确的，它代表精确地应用所需部队以实现特定的效果而没有料想不到的后果。一个关键的特点应是在指挥意图（使命指挥）内在执行行动中的"决策"功能被委托给最低的实践层，而不是微管理的集中。

有关使用特种部队、地面机动和陆基有人侦察能力以提供一个能使联合火力得到有效应用的框架是非常清楚的。当在特定的交战规则——在未来作战环境中最可能的识别和指挥情况下作战时，能力显然是特别重要的。然而，阿富汗不是明天的战争，它早已是昨天的战争了，尽管它明显地提供了引人深思的启示。环境也许证明了不可重复性：一个有利的空间环境，一个有利的海洋环境，一个有利的电磁环境和一个有利的约 80 000 人的代用地面部队。

一个更可能的未来情景是，轻型和轻型/机械化地面部队建立可靠的作战基础框架以能使特种部队、载人侦察和专业情报人员作战。这也树立一个公开的态度，并开始帮助和支援人道主义和其他非军事战线，它也许需要在同一战区继续同时与目标作战(因此称为“3 块战”)。然后也为后续部队进入战区并做需要做的事情创造了有利条件,不管要做的事情是使用新技术形成的优势作战能力的机动战还是国家建设。所有这些的核心能力是一个有效的网络,通过它需要的信息按需要的时间期限和粒度被传输和处理——这是开发和投资的关键领域。当要求第一梯队部队快速展开并在战术层联合作战的双重责任,促使优化这种形式联合战斗的一些部队时,也还将具有组织结构上的含义。

虽然能为战斗空间中开始采取行动的先头部队提供环境部分的信息,但仍应尝试设想更多的动态模型。如果一个健全的网络能形成一个平衡展开的联合部队,那么将可能形成基于联合任务或效果的传感器,以实现战场空间的特殊效能。这些小组能被联成网络,能按所需的态势构成和重新构成。展开部分后来成为战区中或到达范围内的管理部队的基础,而不是对执行战术行动负责的基本指挥结构。这不像听起来那么陌生——想一想北爱尔兰和那里的陆军巡逻框架模型:该框架模型用于与其他机构综合的方式执行“打击”恐怖主义的任务。

另外,可以根据传感部队、打击部队和机动部队而出现一种新的结构。无论什么结果,都将需要敏捷和锐利的指挥结构,以便利用由一个健全的网络化的联合部队提供的潜力,在该联合部队指挥意图被彻底理解并能传递到最低的适用层。

但是人们会问:根本上所描述的联合战术战斗是否真的任何事情都是新的?它仍需要火力和机动的混合,否则,它是冒险,是一种异想天开、劳民伤财的苦干。也许这完全只是为了强调一个争论,那就是至少从大量弓箭手占领克雷斯领地起就一直有的争论:是火力支援机动还是机动支援火力?或者,也许它正好激起空军对地面部队效能问题上的争论。

这些争论隐藏了真正的问题,这就是信息时代的技术和作战环境的紧迫性正改变着火力和机动的构成和目的。它们之间的关系也正在改变,现在潜在的如此的动态变化使得平衡随着形势发展能在作战时快速地调节——结合一般部队和非一般部队,跨越所有的组成部分和小分队,以实现复杂战场空间的效能。相反,这些精确的效果将常常在军事领域之外被利用以创造其他战线的优势。这将是信息时代作战艺术的精髓。

9.3.3 “传感器到射手”作战模式

美国建设国家级和三军的军事信息系统已有数十年的历史。20 世纪 90 年代以来,美国加紧建设一体化的信息系统,特别是在美国海军 1997 年提出网络中心战和“2020 年联合构想”出台后,更是飞速发展基于网络的一体化信息系统。海湾战争和科索沃战争使人类进入了信息化战争时代,而阿富汗战争和伊拉克战争则使信息时代的信息化战争发展到了网络化作战的新阶段，即基于 IP 协议和 Web 网页的战争，也就是美国军方和媒体近年刻意鼓噪的“网络中心战”或“传感器到射手”作战模式。美军在伊拉克战争中表现出的精确打击、快速机动、直取核心和空地一体等特点，实际上无不依赖其信息优势。

1. 信息化战争的新阶段——“传感器到射手”的战争

1）“传感器到射手”的战争

“传感器到射手”的能力就是在正确的时间为进攻性武器装备提供正确的信息。“传感器到射手”的作战模式就是基于一个无缝传输的一体化 C^4ISR 信息系统（网络），将传感器探测的目标信息迅速通过该网络传输到武器系统，由武器系统的指挥控制系统接收目标信息后迅速指挥和控制武器系统作战的过程。它利用先进的通信和计算机网络将疏散配置的不同力量连接成一个高效的协调统一体，通过对传感器、指挥控制系统、武器平台和作战人员的联网，获得最大限度的火力集中，以前所未有的指挥速度和机动能力，在高速运转的连续统一体中动用战斗力，破坏敌人的作战步骤，使敌始终处在被动局面而以失败告终。

在伊拉克战争中，美军的作战速度远远超过了伊拉克军队的反应能力。美军采取的打击方式是集中摧毁一个战斗单元，然后迅速移动到下一个目标。由于实行网络中心战而获得的信息优势是美军实现快速作战的关键，美军知道伊军的位置，而伊军不知道美军的位置，也不知道美军的下一个攻击目标。因此，可以说美军运用“传感器到射手”的作战模式赢得了伊拉克战争的胜利。

2）空间系统是实现“传感器到射手”作战模式的基础

在伊拉克战争中，美军已不再孤立应用空间运行的卫星，而是通过有效链路，将其功能有机地整合起来，形成对伊拉克的绝对优势。正如美国航天司令部司令兰斯·洛德指出的那样，“尽管第一次海湾战争美国的空间能力提供了巨大优势，但卫星的能力没有完全结合在一起。如今，我们的空间能力实行了联合，与陆海空作战完全结合在一起。它们是我们在最近一次军事行动中取得胜利的法宝。”由此可见，获得太空优势是取得信息优势的重要保证，空间系统是实现“传感器到射手”作战模式的重要基础。

在情报、侦察和监视领域，卫星侦察和监视具有覆盖范围广（能实现全球覆盖）、运行时间长以及在平时可以进入敌方领土上空等优点，已成为实施网络中心战的前提。在伊拉克战争中，美军动用了 6 颗军用成像卫星（3 颗 KH－12 和 3 颗“长曲棍球”），每颗卫星一天两次通过伊拉克上空。先进的卫星系统、侦察飞机、地面站和地面侦察人员组成了一个天、空、地（海）一体化的情报、侦察和监视系统。该系统可为部队提供作战空间的情况，包括作战部署、兵力兵器和作战意图等方面的情况以及毁伤效果评估；同时也为战斧巡航导弹和联合直接攻击弹药(Joint Direct Attack Munition,JDAM)等精确打击武器提供目标信息,为爱国者导弹提供预警信息和目标信息。在海湾战争中,美军一般需要两天时间才能完成对目标的侦察评估和打击准备,而在伊拉克战争中则缩短到几分钟。

由于卫星通信具有广域覆盖和全球覆盖、独特的广播和多播能力、快速灵活组网、支持不对称带宽要求和可以按需分配带宽等优势,因此建设战场信息网络必须依靠卫星通信。在伊拉克战争中,美军不仅利用了已在轨的军用通信卫星系统,而且在战争期间发射了一颗国防通信卫星和一颗军事通信卫星,并利用了大量的商业卫星,从而大大提高了信息传输能力。卫星通信的带宽比海湾战争时大了10倍。在海湾战争中信息只能传到指挥所,现在可以传到每个士兵。

2. 构建“传感器到射手”能力的环境———体化信息系统的建设

1) C^4I 实现互通、互联、互操作

(1) 国家级 C^4I 平台。

美国的 C^4I 系统主要分为战略指挥控制系统和战术指挥控制系统。美国建设了以国防信息基础设施(Defence Information Infrastructure,DII)为核心、以DII公共操作环境(Caminon Operating Environment,COE)为基础、以全球指挥控制系统和国防信息系统网(Defense Information Systems Netuork,DISN)为公共信息处理和传输平台的战略级 C^4I 系统。

美国企业界与军方不仅开发建设了国家级和战区级战略指挥控制系统,而且开发建设了全球性系统。20世纪90年代美军开始建设全球指挥控制系统。该系统是美国综合 C^4ISR 系统及国防信息基础设施的重要组成部分。它采用开放式客户机/服务器模式的分布式网络系统,可以互操作、资源共享、高度机动、无缝连接任何一级 C^4I 系统并具有高生存能力。目前,美国开发建设的国家级和战区级系统各级已基本实现数据处理全自动化,国家指挥当局可以近实时地通过指挥控制系统向战区司令部下达作战命令,数秒内便可接通。

国防信息基础设施主要供军方使用,由国防信息系统局主管。它将由国防部的计算机系统、通信系统、软件、数据库和应用程序等组成无缝隙网络,能收集、生成、处理、存储、传输和显示各种信息,在战争的全过程和非战争的军事行动中为全体指战员和支援人员提供灵活保密的端对端信息业务,满足他们对信息处理和信息传输的要求。它的传输靠国防信息系统网来实现。

基于客户机/服务器的全球指挥控制系统是美军一体化 C^4ISR 系统的构成核心,也是国防信息基础设施的重要组成部分,可以连接国家、战区、战术3个层次的 C^4I 系统。

20世纪90年代末,美军出台重大举措,加速开发全球信息网。该网以国防信息基础设施为基础,目前正在构建之中。它将保密及非保密计算机网络连接

成全球性信息网,可以向各级军事指战员提供实时、保密、顽存的无缝通信,可传送语音、数据、图像等多媒体信息。其基本概念是使所有的信息交换实现即插即用,就像电力网一样,用户只要简单地插入终端,就会得到所需要的信息。它最终将使网络中心战的概念变成现实,即将天基、空中、海上和陆上的信息收集、中继和存储系统联系在一起。

(2)三军 C^4I 平台。

战术指挥控制系统主要由美军各军兵种负责开发建设。目前,美国陆军、海军、空军及海军陆战队等均建设了指挥控制系统,并在努力建设从地面作战车、作战人员到飞机、舰艇一体化的指挥控制系统。

美陆军于 20 世纪 90 年代初期率先提出了战场数字化计划,其目的是把信息技术引入整个陆军,尤其是要把数字式 C^4I 能力提供给低层战术部队、武器平台直到单兵,打造一支信息时代的数字网络化部队,在未来的战争中凭借信息优势而无往不胜。战场网络化就是用数字通信系统使大量不同种类的武器进行外部组网,并横向联通,使指挥官得以协调战斗力诸因素,给敌人以毁灭性的打击。为此,陆军建设了战区级 C^4I 陆军全球指挥控制系统和战术级 C^4I 旅及旅以下作战指挥系统($FBCB^2$)战术互联网。美国海军主要以其网络中心战的 21 世纪信息技术(IT-21)和海军陆战队局域网(NMCI)构建海军的战区和战术 C^4I。美国空军采用各种数据链已经将预警机、侦察机、电子战机、战斗机和无人机链接起来。

(3)集成的 C^4I 平台。

由于三军以往建设的是不能互通、互联和互操作的 C^4I,因此美国国防部于 1992 年 6 月提出了武士 C^4I 计划。武士 C^4I 计划是实现各军种重要 C^4I 系统互通到全球范围内从而构建一个无缝隙联通的、保密的和高性能的全球信息网的必要手段。武士计划是在国家级 C^4I 战略系统的基础上,通过各种网关和协议联通各军种的战区和战术 C^4I。战术 C^4I 依靠各种单一功能或集成功能的战术数据信息链链接。战术数据信息链是一种在各个用户间,依据共同的通信协定,使用自动化的无线或有线收发设备传递、交换负载数据信息的通信链路,其硬件部分由通信、数据处理、显示与控制 4 个子系统组成。先由数据处理系统将台站欲传输的战术资料依照数据链协定的规范编成标准的信息格式,再交由通信系统将信息发送到接收台站。接收台站的无线终端接收到信息后,由数据处理系统将信息还原为原来的战术资料。未来通过全球信息网的建设可形成只有一个网的战略、战区和战术共用 C^4I。

2)从 C^4I 到 C^4ISR 再到 C^4IKSR

拥有 C^4IKSR 能力不是一蹴而就,而是需要通过信息基础设施将指挥、控制、通信、计算机、情报、监视与侦察以及杀伤能力集成在一起。这个过程是一个渐进与并行的过程。美国从30年前开始研制全球军事指挥控制系统到现在,一直在不停地构筑能够全球作战的网络化体系。特别是1991年的海湾战争之后,美军认识到未来的战争(即使是一场小规模的地区冲突)都将是多军种或多国部队的联合作战,因此加快了该体系的建设步伐。美军的网络化体系按3个环节进行建设:一是构建信息传输网,联通各种C^4I网络;二是集成C^4ISR网络,实现从获取信息到最后有序地分发信息;三是最终将武器系统与C^4ISR一体化。美军同步实施的这3个环节现已具备相当规模,并在阿富汗和伊拉克战场得到了初步验证。

"传感器到射手"的战争要求指挥控制系统(即C^4I)要从传统的层级结构向扁平网络结构过渡,实现作战指挥网络化。扁平网络状指挥结构的特征是外形扁平、横向联通、纵横一体。外形扁平要求减少指挥层次,缩短信息流程,充分发挥横向网络的作用,使尽量多的作战单元同处于一个信息流动层次。横向联通使各平级单位之间能够直接沟通联系,各作战平台之间能实时交换信息。纵横一体要求整个作战系统实现信息采集、传递、处理、存储和使用一体化。由于以往的C^4I系统都是各军种自行构建,联通能力差,因此美军目前正下大气力集成各军种自成体系的网络信息系统,最终将各军种所属的子系统从十几个集成为几个,最后到一个,全面实现互通、互联和互操作。

一体化的C^4ISR将保留原有的以纵向连通为主的金字塔形结构,但其底部将进一步扩大,形成一个横向无缝联通环形网络。其监视侦察设备像触角一样伸向世界各地,伸向外层空间和海洋,夜以继日地收集情报,并用星罗棋布的通信系统实时或近实时地把情况传给指挥中心,直至C^4I网络的核心,即国家最高指挥当局。同时,经过处理的情报也将实时或近实时传给整个战场空间所有的部队、武器平台和单兵,实现实时或近实时信息共享。

"传感器到射手"能力强调的是信息系统和武器系统的集成,即实现C^4IKSR强调的从传感器到武器系统的一体化,实现从传感器到射手的实时响应,甚至对单个武器平台和单兵也能做到信息共享、战场可视,从而最终形成一个覆盖全球的,由传感器网络、信息网络和交战网络组成的无缝单一网络。

9.4 数字化部队

9.4.1 "沙漠风暴"掀起数字化浪潮

数字化部队从字面上看,是从数字化技术引申而来的。用这样的方法起名,优点是比较直观，但其缺点往往囿于数字化3个字上，好像数字化部队仅仅是指用数字化技术和装备武装起来的队伍。其实，数字化部队的含义比较宽泛，远远超出了数字化本身。目前，世界各国对数字化部队的定义可说是见智见仁、众说纷纭。但综合起来看，大体上比较倾向于这样的描述："数字化部队是一支以数字化通信电子装备和智能化主战武器装备为主体，实现了指挥控制、情报侦察、预警探测、通信和电子对抗一体化，以适应未来信息作战要求的新一代作战部队。"由此不难看出，数字化部队强调的是三化，即数字化、智能化和一体化，其中，数字化是基础。数字化部队一词恐怕就是由此而来，而数字化部队的出现很大程度上是受了海湾战争的影响。

如在本书第1讲中所述，代号"沙漠风暴"的海湾战争实质上是一场信息风暴，它使信息的作用和通信系统的作用在战争中凸现出来。当"沙漠盾牌"变成"沙漠风暴"时，一个有史以来最大的战区通信网在海湾地区建成并可立即投入使用。这个庞大的通信网的主干是军用卫星通信系统，多国联军还大量使用了远程话音和数据网、战斗网无线电系统、战术地域通信系统、数据分发系统和定位报告系统，如美军的自动数字网、国防数据网、自动话音网、单信道地面与机载无线电系统（Single - Charnel Ground and arrborne Radio Systems，SINCGARS）。三军联合战术通信系统、移动用户设备、联合战术信息分发系统、增强型定位报告系统；英军的"松鸡"；法军的"里达"等。其中仅美海军陆战队就紧急装备了2700多部SINCGARS电台。特别值得一提的是JTIDS，美军部署在海湾地区的多数飞机和舰艇都能接入该系统。它使美军空中三大指挥、控制、侦察系统（机载预警与控制系统、机载指挥控制中心、联合目标监视与雷达攻击系统）实现了互通。

在整个战争期间，这些通信系统和设备将来自各个国家的部队有机地连接了起来，它们提供的业务种类之多是世界上任何战区的同类网络无法比拟的。据美"国防部关于海湾战争的最终报告"说，"战斗最激烈时，通信网络每天要传70万次以上的电话和15.2万件文电，此外还要管理和监控3.5万个以上的频率"。

而盟军的教训则是缺乏迅速识别敌我的信息系统，致使误伤率高达20%左右。海湾战争后，他们认真总结了战争的经验和教训，预感到21世纪的军事领域会发生重大变革，战争的胜负将越来越取决于信息技术。这是因为现代科学技术，尤其是信息技术的飞速发展已经引发了一场以信息、技术为中心的新技术革命。例如，在美国和欧洲一些国家开始实施的"信息高速公路"计划或全球通信网计划，旨在把全球组成一个一体化的网络。这场技术革命正在把它的触角伸向当今乃至未来的战争舞台，军事通信在国家信息高速公路等信息基础设施的支撑下将发生质的飞跃。数字化通信系统将侦察探测系统、指挥控制系统、武器系统连接成一个整体,能更有效地以信息流来控制物质流和能量流。任何国家要在这样的战争中立于不败之地,就必须以信息时代的思维方式重新设计未来战场,组建新型的数字化军队,迎接21世纪的信息化战争。因此,海湾战争以后,美军率先推出了利用信息技术建立数字化部队的构想。

至于美军组建数字化部队的方法则是先提出理论设想,接着在“人造的未来作战环境”中通过作战模拟的方法进行可行性论证,然后总结经验循序渐进地组建部队。它们采取由下至上,从营、旅、师、军实行滚动推进的实验,分阶段进行建设。其中,将数字化营和数字化旅演习(正式名称是高级作战实验)作为重点。

9.4.2 莫哈维沙漠中的较量

1. “沙漠铁锤”演习

1994年4月10—23日,美军在加利福尼亚州欧文堡国家训练中心附近的莫哈维沙漠,举行了一场代号为“沙漠铁锤”的营级规模的数字化演习,旨在采用大量的战场操作系统检验“无缝隙数字通信网”方案,同时评估低级梯队数字化的需求。无缝隙通信在这里指的是发信人不必介入信息的交换过程,信息以透明方式传送给收信人。

参加演习的部队共有8000多名士兵。“蓝军”是数字化部队,称为特遣部队。“蓝军”的对手“红军”是非数字化部队,但它是国家训练中心一支精锐的常备军。

参加演习的主要装备约有1900多辆坦克、装甲车、直升机、飞机和火炮。重要的数字信息系统有单信道地面与机载无线电通信系统(SINCGARS)、增强型定位报告系统(EPLRS)、车际信息系统(IVIS)以及全球卫星定位系统(GPS)等。这些也都是在演习中需要重点检验的设备。

为期两周的演习分两个阶段进行,前期数字化部队进展比较顺利,SINCGARS、IVIS和GPS等数字系统受到好评。但演习后期,数字化部队严重受挫,也可以说这次演习实际上以数字化部队失败告终。

美陆军认为“沙漠铁锤”高级作战实验与过去完全不同,它利用先进的数字通信技术和其他信息技术实现了战场协同,增强了作战机动性,扩大了作战空间,赢得了作战时间。由于大量地使用了数字化装备,大大提高了数字化部队的态势感知能力。坦克部队的指挥官首次能从一个综合显示屏上获知他本身乘坐的坦克和其指挥网中那些坦克的位置,从而加强了所有的排、连坦克的协同。这一切使数字化部队的杀伤力、生存力和作战指挥效率都比非数字化部队有所提高。这一点符合陆军原来对这次高级作战实验的想定。换言之,尽管数字化部队未能在这次实验中取胜,但实验证明了陆军数字化的方向是正确的,而这是最重要的一点。

与此同时,美陆军对这次演习情况也进行了一分为二的客观分析。他们认为演习暴露的主要问题是,原来预计数字化系统的结合应能提供无缝隙的数字通信网,实际上它们未能很好地连接起来。SINCGARS、IVIS 等一些先进的数字信息系统虽然有出色的表现,但看来尚不能完全满足未来数字化战场的要求。所以,如只采用现有系统,将很难把杀伤力、生存力和进攻速度提高到预期的程度。除数字化部队和装备本身的问题外,"红军"创造性地利用了一些低级但有效的技术防御措施,也是数字化部队未能取得胜利的重要原因。例如,"红军"预见到"蓝军"具有很强的数据截收能力,于是不用战斗网无线电台传输重要信息,而把有线设备作为主要的战场通信手段。又如,他们还在假坦克的炮塔中装满木炭,制造假热源,设置假目标,成功地诱惑了"蓝军"飞机向它投弹,有效地保存了"红军"的实力。

"沙漠铁锤"高级作战实验之后,美陆军除认真总结经验教训外,还做了一系列工作以继续推动数字化计划。重要的工作有成立陆军数字化办公室(ADO)、指定第 4 机械化步兵师为数字化实验部队、研究并确定数字化的关键技术和设备、建立技术体制结构等。

1995 年美军颁布了数字化总体规划(第一版),正式提出了战场数字化的定义、目标、体系结构策略以及联合与多国数字化方案等。该规划确定的数字化 6 个主要目标(包括近期和远期目标)是:研制并部署近期"21 世纪部队"旅和旅以下作战指挥(FBCB2)系统;建立战术互联网;运用高级作战实验对数字化带来的益处和数字化工作的进展情况进行评估;以数字方式集成战场操作系统;研制战场信息传输系统(BITS);推出数字化的"21 世纪部队"武器系统。

总体规划指出,为实现数字化计划的目标和构想,所有作战指挥系统都必须具有互通性和灵活性。为此又制订了数字化信息系统的作战体系结构、技术体系结构和系统体系结构。技术体系结构规定了信息处理标准、信息传输标准、信息模型化和数据交换标准以及对人机接口和信息安全的要求等。

数字化总体规划被视为陆军数字化建设的纲领性文件,对陆军数字化工作具有指导意义。但它不是一个一成不变的规划,为反映最新的情况,陆军可以每年对规划修订一次。

在上述一系列工作的基础上,美陆军认为举行数字化旅演习时机业已成熟,决定在莫哈维沙漠中进行一次规模空前的数字化部队与非数字化部队的实兵对抗演习。这是 1994 年数字化营实兵对抗演习后第二次实兵对抗演习。

2. “21 世纪特遣部队”高级作战实验

美陆军数字化旅演习于 1997 年 3 月中下旬在美欧文堡国家训练中心附近莫哈维沙漠中举行。这次演习的正式名称是“21 世纪特遣部队”高级作战实验，是一次数字化的旅级规模的特遣部队与非数字化常规部队的实兵对抗演习。与 1994 年首次数字化部队（营级）与非数字化部队的实兵对抗演习“沙漠铁锤”相比较，这次演习规模更大，试验的数字化装备和新的编制方案更多，目的更明确，评估更具体，影响也更深远。由于这次演习的成功，陆军向建成全面数字化的 21 世纪部队的目标迈进了一大步，因此，它被誉为是美陆军近年来建军史上具有里程碑意义的事件。

这次演习的主要目的是评估数字化技术对部队杀伤力、生存力和作战节奏的影响，评估新的部队编制是否能适应数字化战场的要求，决定美陆军今后的投资方向和采购策略。

演习中数字化旅的任务是打击入侵美国盟国的“敌军”，以保护美盟国的利益。在演习的第一周战斗中，“敌军”获胜较多。第二周数字化部队的威力逐渐显示出来。数字化装备在战场上大显身手，其中如“附加”指挥控制系统、“长弓阿帕奇”直升机和“猎人”无人驾驶空中飞行器等更是表现突出，获得了一致好评。演习以数字化旅完成预定任务而告结束。

在“21 世纪特遣部队”高级作战实验中，英陆军对数字化旅的编制体制进行了调整，体现了高效和合成的作战原则。被指定为数字化实验部队的第 4 机械化步兵师，其第 1 旅下辖 8 个营。其中包括轻步兵营、步兵营、装甲兵营、野战炮兵营、工程兵营和前方支援营等，此外，还编制有侦察兵、通信兵、防化兵以及战术自动化分队、宪兵排和情报分队等，充分反映了美军在推行协同作战方面向前迈出了较大的步伐。

数字化旅实兵对抗演习，除了检验数字化旅的编制是否科学、合理外，还对装备体制进行了实战性的检验。这次演习试验的项目一再改变，最后从 300 多个项目中选定了 72 个。这 72 个项目大部分是数字化设备。由于数字化部队遂行作战任务时主要依靠数字化的自动化指挥系统，而这次演习又是旅级规模，因此，旅和旅以下的自动化指挥系统理所当然地成为演习中试验的重点。在这次演习中试验的主要自动化指挥系统有 3 个，即陆军战术指挥控制系统（Army Tactlcal Command and Control System，ATCCS）、“附加”式“21 世纪特遣部队”旅和旅以下作战指挥（Applique FBCB2）系统和战术互联网（Tactical Internet，TI）。其中“附加”系统和战术互联网是这次试验的重中之重。单是“附加”计算机就部署了 1000 ~ 1200 部，主要装备各级战术作战中心和各种作战车辆，如 M1Al/A2“艾布拉姆斯”坦克、M2/M3“布雷德利”战车、火力支援车、指挥车和侦察车等。演习中使用的战术互联网包括 1200 部主机、950 个互联网控制器路由器、27 个战术多网网关路由器、30 个路由区、80000 多个 IP 地址，“就好像把一幢用因特网连接起来的 30 层高的办公大楼搬到 1000 多辆在战场上奔驰的车辆上去”。正如 C^3 计划执行官 W. 坎贝尔少将所说：“21 世纪特遣部队实验技术方面最大的难题就是把大量的指挥控制系统和有关的数据通信系统综合成一体”。

此外，在数字化旅实兵对抗演习中移动用户设备战术分组交换网、代用数据无线电台、全球广播业务与战场感知及数据分发系统等先进的通信系统与设备等也得到了广泛应用并获得了较好的应用效果。移动用户设备战术分组交换网在旅战术作战中心、旅支援地区和师战术指挥所之间提供数据通信；代用数据无线电台在旅战术作战中心，其他指挥所和装备有陆军战术指挥控制系统，但未装备移动用户设备战术分组网的指挥控制平台（如作战指挥车、指挥控制车以及陆军机载指挥控制系统）之间提供通信联络；战术互联网在装有“附加”系统的平台（武器系统、车辆和单兵）和指挥所之间提供数据通信：全球广播业务与战场感知及数据分发系统从联合战区内发射点和国家级信息源对所有指挥所单向传输大容量文件和无人驾驶飞行器提供的图像等。

总地来看，美陆军对这次试验项目的评价比较好，认为大多数系统符合要求，有些系统甚至超过了陆军原来的期望。数字化旅演习后美以演习中所收集的各种数据为基准，并用 4 个等级分别给 72 个试验项目逐一做了较为具体的评定。这 4 个等级是：“+”表示项目已准备好，可部署或差不多可部署；“P”表示项目可肯定，接近于可部署；“?”表示项目需重新鉴定；“-”表示项目尚未准备好，需重新试验。评析结果，72 个项目中大部分获“+”和“P”。

通过实兵对抗演习，美陆军官兵对数字化信息系统在作战指挥中产生的功效给予了充分的肯定。美陆军主管采办的长官德克尔在总结演习情况时认为，一个师一旦数字化，其战斗力可能提高 50% 还多。美陆军参谋长赖默说，通过数字化系统了解战场态势，部队作战能力至少可提高 30%。

参演部队普遍认为，数字化信息系统大幅度提高了官兵（尤其是下级指挥官和士兵）的战场态势感知能力，它使指挥自动化系统和武器系统间实现了高度互通和横向综合，它显著增强了武器系统的杀伤力。以“附加”系统为例，大多数官兵对它的反映很好。他们认为它有以下三大优点。

（1）它能用全球定位系统迅速确定己方和友方的位置，又能从各种传感器提供的数据确定敌方的位置。用美军训练与条令司令部司令哈佐格将军的话来说，它能回答态势感知的 3 个主要问题，即敌、我、友在何处。“附加”系统不但能把这些信息显示在屏幕上，而且每 7min 更新一次，从而极大地提高了官兵的态势感知能力。

（2）它能迅速发送和显示作战命令、简令和后勤数据等。指挥官发现敌情，只要按一下键盘就能命令部队行动或开火，从而提高了指挥效率、加快了作战节奏、增强了部队杀伤力。

（3）系统可靠性高。数字化旅部署的1000～1200部“附加”计算机在演习中平均每天只有12部出现故障，98%以上计算机在战场上工作正常，大大超过了陆军预期的85%指标。

演习中数字化旅的一名坦克手在其膝上型计算机上连击鼠标5次，就能召唤F－16战斗机和火炮打击隐藏在沙丘另一侧的敌方坦克，而且不到30min这名坦克手就从显示器上看到敌方坦克被击中的画面。这使在现场视察的美国国防部长科恩也大为叹服。

由此可见，借助数字化信息系统各种武器平台的横向综合达到了相当高的程度。坦克手的“表演”说明，通过这套系统，车、机、炮3种主要武器平台基本上已能互联成网、融成一体，初步实现了美陆军组建数字化部队的预期目标。

在提高武器系统的杀伤力方面，数字化旅实兵演习也做了有力的说明。这可从“长弓·阿帕奇”AH－64D攻击直升机上找到例证。这种新颖的直升机是“阿帕奇”AH－64A加上数字化技术的改进型。其火控雷达和雷达频率干扰仪能向乘员提供战场实时图像，改进型数据调制解调器增强了它的机外通信能力。与AH－64A相比，它的杀伤力提高了3倍，抗毁性是后者的7.2倍，总的作战效能是后者的16倍。它能击中距它7.2km的活动和静止目标，能在硝烟弥漫的战场上侦知1000个目标，并对目标进行分类，它能按目标的危险程度，从最危险的目标开始，按顺序显示这些目标，并把目标信息传给其他直升机，以便发起精确打击，而且整个过程不超过30s。这次演习中，数字化旅装备的两架“长弓·阿帕奇”摧毁的装甲车辆比一个“阿帕奇”连（装备8架“阿帕奇”）摧毁的还多75%。这一统计数字表明，“长弓·阿帕奇”攻击直升机被称为装甲车辆的克星是当之无愧的。

数字化旅实兵对抗演习也暴露出了一些问题。首先，在演习指导思想上，美陆军没有完全按实战要求进行推演。陆军规定演习中对抗部队不得对数字化部队实施电子攻击，特别是不得使用电子干扰手段对付数字化部队的战术互联网。这一规定使战术互联网的工作条件不够真实，不利于正确评定其性能。此外，数字化通信系统改进型SINCGARS传输数据比较成功，但传输话音相形见绌，成功率仅为85%，低于陆军期望的90%的要求。实验师师长克思说，通信问题还包括带宽不够用、网络算法有缺陷、天线和电缆敷设太费时、指挥自动化系统文电传送的完整率太低、通信节点过多需要用相当多的兵力去保护等。他指出，战术作战中心的通信设施应简化,并应更机动,还应多采用无线技术和束式电缆,商用设备应适合战场环境。他认为:“通信方面的挑战依然存在”。

总之,“沙漠铁锤”和“21 世纪特遣部队”高级作战实验对推动美陆军数字化部队建设起到了催化剂作用。这两次演习最直接的影响是加速了美陆军数字化建设的进程,并将其推广到其他军种和美国的盟国。

美国在 2000 年建成第一个数字化师,在 2004 年建成第一个数字化军。现在第一个数字化师已正式建成,它就是第 4 机械化步兵师,也就是原来的数字化实验部队。

陆军数字化计划虽不是各军种的联合计划,但在各军种指挥自动化系统和武器系统都需要高度互通的今天,它实际上已对其他军中产生着深远的影响。演习后,美国国防部部长科恩已指示向其他军种推广陆军的经验,此举无疑将促进其他军中的数字化建设。

美陆军这次演习还有望促进盟军的数字化建设。目前法、德、英、荷兰和加拿大等国都有各自的数字化计划,但由于数字化技术复杂、耗资甚巨,这些国家的数字化步伐迈得较小。由于这次演习结果令人满意,对这些国家无疑会起到激励作用。为了推动数字化建设,美军已决定邀请北约盟国参加今后的数字化高级作战实验,并加速实施与盟国有关的数字化建设计划,如美、英、法、德四国战场互通计划和国际间指挥控制系统互通计划等。

上述计划的实施有助于解决美国与盟国之间的指挥控制系统的互通问题;有助于使美国与盟国间的战斗网无线电系统在保持各自的抗电子干扰特性和通信协议的同时,能不受频率、数据率、加密方式、调频技术和波形的制约而相互交换信息。所有这些的最终目的都是保证美军和它的多国伙伴能在未来的战场上以最小的代价赢得胜利。

9.4.3 数字化部队的通信

为了尽快建成数字化部队,演习后美陆军积极研究开发新型的通信装备及系统,其中最重要的是继续完善战术互联网,并推出指战员信息网(WIN)和战场信息传输系统(Battlefield Information transmission System,BITS)。

1. 战术互联网

美国建立战术互联网的方案萌芽于“沙漠铁锤”演习。在此次演习中,支撑陆军战术指挥控制系统的三大无线电战术通信系统(单信道地面与机载无线电系统、移动用户设备、增强型定位报告系统,缩写分别为 SINCGARS、MSE 和 EPLRS)都不能完全满足数字化部队作战的通信要求,如不能实时传输图像、不能实现多媒体通信等。对此陆军提出了两个解决方法,一是研制战场信息传输系统,二是把上述3个系统连成一个战术数据网,以实现旅以下部队(尤其是机动性强的部队)的无缝隙联通。

初期的战术互联网基本上是一个基于路由器的通信网。它采用互联网控制器(Internet Controller,INC)路由器和战术多网网关(Tactial Multi - network Gateway,TMG)路由器,把改进型 SINCGARS、EPLRS/VHSIC(也写为 EPLRS - VHSIC,意为采用甚高速集成电路的 EPLRS)和 MSE/TPN(移动用户设备/战术分组网)连接成一个数据网,并通过卫星延伸通信距离。INC 是一种软件控制的处理器,能与 SINCGARS 和 EPLRS 之类甚高频电台接口,还能与 $FBCB^2$ 用户数据终端、MSE 电路或分组交换网以及其他 INC 接口。INC 有一个电路卡,可与 SINCGARS 车载放大器/适配器安装在一起,使 INC 物理上集成在 SINCGARS 设备中。TMG 是基于商用路由器的设备,可与 SINCGARS、EPLRS 和 MSE/TPN 互联,也支持单信道战术卫星和分组无线电通信及其他通信设备,能把基于 IP 及符合 IP 的网络和基于 X.25 的网络连接起来。TMG 又是为"动中通"设计的,可在旅作战区内作为移动节点工作。这样组成的战术互联网实际上是一组能把数据传送给各作战部队和各种平台的大容量信息传输系统。它采用无线电、卫星、电话、光缆、蜂窝通信和网络交换等技术,以满足传输话音、数据和图像的不同要求。它能把处于不同地点和使用不同通信系统的部队连接起来,能通过卫星延伸通信距离,以支持独立的作战行动和与国家情报源的连通。由于它的功能与因特网(Internet)类似,且支持其体系结构的是因特网技术,因此,它被命名为战术互联网(Tactical Internet,TI)。战术互联网的特点是采用因特网的协议(IP)来交换美军可变报文格式(Variable Message Format,VMF)的信息。战术互联网这一创意的成功之处首先在于,它不是用新的系统来取代两个传统的"烟囱式"系统(SINCGARS 和 EPLRS),而是把它们互联成一个网络。通过这种方法可以充分利用原来的投资,并有效提高系统的能力,因为"作为一个网络,其能力比几个'烟囱式'系统的总和大得多"。陆军这样做,比用新系统替换 SINCGARS 和 EPLIRS 明智得多。

低级战术部队和武器平台使用的战术互联网主要由 SINCGARS 和 EPLRS 组成。但两者都是改进型,分别称为 SINCGARS SIP(SINCGARS 系统改进计划)和 EPLRS - VHSIC。

SINCGARS SIP 的改进包括提高前向纠错能力、增加全球定位系统接口、提高分组数据交换能力、降低邻道干扰、降低网络接入时延、改进信道入口算法等。这些改进增大了系统的通信距离,提高了数据传输速率(从 1.2kb/s 到 4.8kb/s),并使系统能向用户提供精确的时间和位置信息。测试结果表明,SINCGARS SIP 电台在较好的环境下,以 4.8kb/s 的速率工作时其可靠传送数据的最大距离为

35km。它的另一特点是话音优先。在话音和数据混合工作模式中,只有信道被检测为闲置时才能发送数据。

EPLRS 是战术互联网的骨干部分。由于采用了 VHSIC 技术,单个用户的传输能力从 4Kb/s 提高到 12kb/s。最高能适应 57.6kb/s 的数据传输。其数据传输是全向的,但它要求与下一个台站的通信处在视距内。每一次传输都会被收听它的电台自动进行中继,最多中继 4 次。EPLRS 的覆盖范围为 30km,经过 4 次中继,其通信范围可覆盖战场相当大的区域。这与 SINCGARS 网络需要一个专门的配有中继系统(两部电台)的中继小组来延伸通信距离不同。EPLRS 具有多种功能,是一个综合性通信系统,它可提供近实时的数据通信,又能根据用户的请求以 10 位数坐标方式向用户提供定位导航信息。

战术互联网另一个关键部分是采用综合系统控制(Integrated System Control,ISYSCON)来实现网络管理。ISYSCON 是一整套硬件和软件系统,安装在一个 S-250 方舱或标准综合指挥所方舱里,也可用高机动多用途轮式车运载,ISYSCON 中有一种称为“自动网络管理程序”的功能,可以控制旅及旅以下的战术互联网。

战术互联网用于旅和旅以下部队,与 FBCB2 系统接口,是后者以实时方式在战场上传输和分发态势信息以保证部队态势感知能力的主要工具。

2. 指战员信息网——战术部分

美陆军在为旅和旅以下部队组建战术互联网时,还计划用指战员信息网(WIN)来取代较高梯队使用的三军联合战术通信系统和移动用户设备。随着数字化战场作战原则的日益完善,指挥员信息网计划超出了原来设想的规模。1999 年陆军把指战员信息网地面部分(WIN-T)重新命名为指战员信息网战术部分(缩写仍为 WIN-T),修改并批准了 WIN-T 的作战需求文件。文件规定,WIN-T 是“21 世纪陆军战区和下到营级指挥、控制、通信、计算机、情报、监视、侦察(C^4ISR)的通信网,在战场空间,所有要素之间提供移动、保密、抗毁、无缝隙和多媒体的互联能力。”它将把联合的、多国的、商用的和陆军现有的战场网络(包括战术互联网)综合成为一个全陆军的内联网,支持近实时的信息交换,可以“即插即用”。通过国防信息系统的网关,它能把战场空间所有用户与支援基地/国防信息基础设施连接起来,为部署的战术部队提供综合的话音、数据和视频业务。陆军数字化部队一些重要的指挥自动化系统和武器平台,都有赖于 WIN-T 交换信息。

WIN-T 有 7 个组成部分:兵力投送和支援基地部分;卫星传输部分;地面传输部分;战术互联网/战斗网无线电部分;信息服务部分;信息系统部分;网络管理。

WIN－T 具有 6 个功能：确保运动中的连续指挥和控制；为机动灵活的指挥所提供通信和信息服务；为兵力投送和分离基地作战提供可靠和抗毁的通信联络；在支援基地和散兵坑之间实现无缝隙连接；在陆军各部队和其他军兵种以及盟军之间实现最大程度的互通；为指战员提升态势感知能力。据称，要满足以上全部功能要求还需开发一些新的技术。

目前，WIN－T 作战需求文件由美国国防部联合需求审查委员会审批。美国在 2003—2005 年间将指战员信息网装备数字化部队。

3. 战场信息传输系统

战场信息传输系统（BITS）是美陆军数字化计划的重要目标之一。当时陆军已预感到，战术互联网作为一个提供无缝隙连接的过渡性系统，将无法满足未来高数据率传输的要求，因此决定研制战场信息传输系统。陆军要求战场信息传输系统应是一个含 50 个节点的自恢复自适应移动通信网，并可按需（如处理图像）重新配置。战场信息传输系统应能同时传输话音和数据。在通信距离为 4km（移动）和 10km（固定）时，数据率为 100kb/s。

在发展过程中，陆军决定战场信息传输系统将更多地利用正在出现的新技术和新装备，如宽带天线、超高速数字信号处理、高分辨率模数转换技术以及异步传送模式、全球广播业务、卫星个人通信系统、地面个人通信系统和大容量干线无线电台（High Capacity trunk Radio Station，HCTR）等。因此，战场信息传输系统将成为包括多个项目和系统设备的综合性计划。

4. 其他通信系统

目前，提供旅和旅以下陆军作战指挥系统与分系统之间主要的数据和图像通信链路（主机对主机）的电台是近期数字无线电台。在系统综合车、指挥控制车、战斗指挥车、陆军机载指挥控制系统、战术作战中心和战术指挥所平台上，它以其高数据速率在战场上用无线方式传送信息。

近期数字无线电台是最新的、基于数字技术的无线电台。战术互联网目前把它用在战术作战中心、战术指挥所和指挥控制平台之间传送陆军作战指挥业务。该无线电台支持战术互联网中的寻由数据。传输数据被加密，受前向纠错和检测码保护，然后在射频载波上调制。这种无线电台以相同的程序解调恢复接收的数据。近期数字无线电台使用的频率是 225～450MHz。考虑到多路径、干扰以及敌人的截收，采用 8.0MHz 的编码速率进行直接序列扩频来提高性能。额定的数字吞吐率为 200kb/s。该电台支持局域网（以太网）和串行（RS－423 异步和 RS－422 同步与异步）接口。它的传输距离为 10～20km。它具有为无线电台提供军事方格坐标系位置的全球定位系统接收能力。在作战准备、制订网络计划、加载无线电台配置参数、提供通信保密密钥控制和空中更换密钥时，近期数字无线电台网络管理终端监视近期数字无线电网，并越过战术互联网管理本地或远程操作。

与近期数字无线电台连接的局域网将指定安装陆军作战指挥系统的计算机终端。网络中的自适应循优为机动应用保证网络的抗毁性，并且支持与多媒体业务的连接。除局域网配置外，近期数字无线电台的功能包括充当无线电中继和作为提供专项业务的中转平台的组成部分。可编程系统具有虚拟电路服务功能，通过传输层协议保证可靠的数据传送。

此外，全球广播业务与战场态势感知与数据分发系统也受到重视，这是一个商用的全球广播和信息管理系统，能部署在任何战区并与海、空军的设备连通。主要装备在旅战术作战中心；炮兵营、步兵营、航空兵营等的战术作战中心以及师战术指挥所。它通过卫星线路收发大量高数据率信息，如高分辨率地图、图形、图像、气象、预警等声频和视频信息。它能提供 23.6Mb/s 的带宽，较一般军用卫星可用带宽大许多。这使它能在 0.38s 内传送一份 1.1MB 的 8×6 英寸有注释的图像。

9.4.4 美国陆军轻－中型部队数字化改造策略、进程及启示

1. 规模空前的 JCF－AWE 军事大演习

2000 年第三季度晚些时候，由美陆军训练与条令司令部（TRADOC）、美陆军部队司令部（FORSCOM）和美陆军器材司令部（AMC）在美国路易斯安那州波尔克港（ForkPolk，LA）联合战备训练中心（Joint Combat Readiness Training Centre，JRTC）共同组织了一次规模空前的联合应急部队高级战斗试验（JCFAWE）。此次 JCFAWE 实际上是美陆军针对其现阶段战役规划改革进行的一次轻型部队现代化试验，它对于改革美陆军的整体战役规划无疑是至关重要的。

1）面目一新的美“地面武士”系统

JCFAWE 是一次近乎实战方式的战地演习试验，“地面武士”的介入使得美陆军有机会获得士兵的反馈信息、搜集到相关的技术数据，并论证“地面武士”系统在排和排以下作战单位中的战斗效能。参加这次 JCFAWE 的“地面武士”是经过一系列重大技术革新后首次亮相的最新型系统 Version 0.6。

（1）“Version 0.6”的组成及功能。

Version 0.6 是一种结构紧凑、耗能不高、操作简便且用户友好的新型系统，它主要由以下 5 个子系统组成。

① 武器子系统：一支装有中型或轻型热瞄具、多功能激光器及彩色白光视频瞄具的 M4 卡宾枪。

② 综合式头盔子系统：装有头盔安装式彩色显示器、声频系统及夜用显

示器。

③ 计算机/电台子系统：其中，计算机带有一个手持式平板显示器；通信/导航盒中装有综合式 GPS 系统和惯性导航系统，可以进行保密式话音/数据通信。

④ 软件子系统：包括可以标示出士兵自己以及其他伙伴所在位置的共用战术图像地图显示程序、图表与命令系统程序、电源管理系统程序、视频图像捕获与传送系统程序等。

⑤ 防护服与个人装备子系统：包括防弹服以及其他一些目前颁布的承载器械、服装及个人装备等。

全套 Version 0.6 的总重量约 16bl。其中，计算机（Pentium Ⅱ/166MHz）重 2.5bl、电台/GPS 系统重 2.1bl、两组蓄电池各重 2.5bl（单独一组蓄电池即可维持系统中主要部件的正常工作）。Version 0.6 的蓄电池组为盒装式可重复充电锂电池。在一次性使用方式下，一组蓄电池组可以满足 6 ~ 8h 战斗时间的良好供电；在充电方式下工作时，则供电时间可延长到 12h。这种电池的安全性和稳定性极佳，在万一被刺穿的情况下仍能继续维持供电，同时又不会伤害士兵的身体。当其废弃不用时，当作一般废品丢弃即可。Version 0.6 的电源管理较为合理，整套设备的功耗很低。

Version 0.6 的主要功能包括网络化数字通信、实时信息更新、昼/夜视频捕获、导引跟踪、热瞄准与热成像以及分层式话音通信等。该系统装有综合式电子设备和军用 GPS，可以实现良好的数据通信。装备 Version 0.6 的士兵只要瞥一眼其彩色电子地图就可以准确地定位自己以及其他同伴目前所在的地理位置。这种电子地图可以加注标记，可以在班排内部相互发送，以使每一个班组成员随时都能够确知当前的任务变更情况。当士兵被困在一个 GPS 通信不畅的地方时，Version 0.6 还可以利用推算航行法来定位。此外，Version 0.6 还装有白光视频瞄具和热瞄具两种瞄准设备，具有昼/夜全天候目标捕获能力。装备Version 0.6 的士兵可以借助安装在武器上的瞄准具和显示在头盔显示器上的图像与隐藏在任何地方的目标交战。任何一种瞄准具的图像都可以加注标记并在排内的“地面武士”系统之间传送，也可根据需要将相关的情报数据发回到指挥中心。

在 JCFAWE 期间，参加演习试验的第 82 空降师第 325 空降步兵团三营 C 连二排以及另外几个小分队在现场连接了 55 个系统。除了为该步兵排配备给养供给人员、医务人员以及前方侦察人员之外，还专门配设了连指挥所、迫击炮分队、火力支援人员和坑道工兵。装备“地面武士”系统的三营官兵连续进行了为期 12 天的战地演习试验，在此期间主要执行了 3 项任务，即在“敌方部队”的配合下演练夜间空降突击和强占空降场地；突击进入试验地区以检验所装备设备的性能以及夜间实弹伏击作战，这 3 项任务加起来就构成了一种可以在短期内实现的宽频谱作战。

（2）“地面武士”的未来发展。

“地面武士”的下一个改进型方案是 Version 1.0，它极有可能是一个为期 3 年的研制项目，正式启动时间预计在 2004 年。再往后的发展将是研制一系列专用型“目标武士”，并希望到 21 世纪 20 年代能够将这些系统装备到美陆军的目标部队中。在“目标武士”研究计划下将研制出许多种优化设计的，可以供车辆乘员、飞机乘员、医务人员、工程兵及步兵使用的专用装备。在其远期发展规划中包括研制一些可以供普通部队装备的标准设备，如防护服、Kevlar 头盔、通用轻型个人携带品（ALICE）、背包等。

“地面武士”的短期发展目标采用了类似的研究方法，其“目标武士 - 高级乘员”系统包括 5 个主要的子系统，即头盔子系统、防护服子系统、可拆卸式乘员突击背心子系统、手套子系统及长靴子系统。其中，每一个子系统中又综合了多种先进技术，如“高级乘员”的头盔子系统中主要综合了红外热成像技术、防弹技术、防生化技术以及防激光伤害的眼保护技术等。此外，该子系统中还将装备供战斗训练用的综合式激光交战传感器和供乘员在车下进行敌我识别用的战斗识别系统。而针对这一子系统目前仍在继续进行深入研究的新技术还包括传感器融合技术、内部话音启动骨传导传声器与扬声器技术、面罩内平视显示器广播技术以及内装式收/发天线等。

有关“高级乘员”防护服的研究也投入了很大的精力，其目的是希望能够研究出一种包括多层结构的多功能纺织物，以便使士兵只穿戴一件军服就可以完成多种任务。这种多功能纺织物的分层结构中将包括具有选择渗透功能的生化防护层、耐磨层、Nomex 层以及一种具有 3D 间隔的纤维结构，后者可以根据需要为乘员调节体温。相应的“贴身服装”上将装备一套生理状态监视器，以使“目标武士”中的“医务武士”能够随时呼唤某一个“高级乘员”以自动获得其心率、体温及遥控温度等信息。在“贴身服装”的主要关节点部位将设置骨传导传声器，并用导线将它们连接到“高级乘员”的计算机上，这样一来，穿戴该系统的士兵一旦被敌方的武器击中而失去知觉时，他随身携带的计算机就会通过骨传导传声器将这一情况通知给“医务武士”随身携带的计算机。

当乘员离开车辆作业时，他将穿戴上可拆卸式乘员突击背心（Detqchable Crew Assault Vest，DCAV）。DCAV 的最大特征是可以根据需要重新配置其设备袋、弹道防护、微环境制冷及便携式燃料。据悉，目前正在加紧研制一种可以连续供电 18 ~ 48h 的氢燃料电池。手套子系统将包括多种可以用来操作触摸—屏幕显示器的传感器；长靴子系统也将改进为可以为“目标武士”提供从头到脚的生化防护能力。

就其发展前景来看，到 2025—2030 年有可能出现一些系统集成度更高的“未来武士”。比如说，可以考虑在“未来武士”的防护服内植入纳米技术，以便能够将计算机嵌入到整套军服里边；还可以考虑在“未来乘员武士”不打算再穿戴的贴身服装内植入一些微生物技术，这些微生物可以吞食掉衣服的表层、污垢以及所有的填料，这样他就可以弃之不管这件贴身服装了。

2）全副武装的美陆军野战炮兵

参加这次 JCFAWE 的美陆军野战炮兵（Field Artillery，FA）是装备 105mm 牵引火炮的美陆军第六野战炮兵部队第三营和装备 155mm 牵引火炮的美陆军第七野战炮兵部队 E 连。有关试验条款主要参照了过去几年里在重型部队试验中获得的一些成熟观点，同时也选用了不少适合于轻型部队的先进概念技术论证（ACTD）材料，以确定轻型部队是否也能够在杀伤力、生存能力以及其他一些综合压制能力方面获得类似的改进效果，试验的主要目的是在检验美陆军 FA 的战斗指挥能力。美陆军战斗指挥系统（ABCS）的主要子系统包括机动控制系统（MCS）、全源信息分析系统（ASAS）、防空袭导弹武器系统（AMDWS）、作战后勤支援控制系统（CSSCS）以及先进的野战炮兵（FA）战术数据系统（AFATDS）。此外，第一旅任务部队还现场安装了 60 多种其他类型的战场作战系统（BOS），这些系统全都是首次参加实战演习的。

（1）FA 营的试验环境。

作为直接支援（DS）FA 营，在这次 JCFAWE 中现场安装了不少代表当前最高技术水平的先进系统，其中包括可以为 M119 榴弹炮提供数字化能力的激光惯性自动瞄准系统（LINAPS）、改进型引导与定位系统（IPADS）、可以建立近距离空中支援（CAS）急射通道的战场态势感知数据链路（SADL）和 Q－36 火力探测雷达以及舰炮火力接口（NGI）等。另一个引人注目的亮点是该 DSFA 营还现场装备了 25 个 21 世纪部队旅和旅以下战斗指挥（$FBCB^2$）系统。此外，作为一项计划外试验内容，在试验期间，该营的前方观察员（Folward Observer，FO）还专门对一种称为“毒蛇”（Viper）的目标定位系统进行了相关的试验与检测。

此外，对该营的战术作战中心（Tactical Operation Center，TOC）也进行了必要的改进，改进后的 TOC 不但装备了 AFATDS（参加试验的炮兵营也现场安装了 AFATDS），而且还增加了 MCS 和 ASAS 以及它们的轻型变型 MCS－L 和 ASAS－L，另外还装备了一个战斗情报中心（Combat Information Center，CIC）。CIC 为一组 4 个平面显示屏，它们可以接收来自 ABCS 战场主管地区内的战斗信息，并在本 TOC 显示这些信息，从而使得 TOC 内不再需要悬挂作战地图。

此次演习试验主要包括 3 项任务：突击进入战区；反暴乱搜索与攻击作战以及对抗敌方采用机械化部队和在建筑物区进行反扑的占领区保卫战。

（2）试验系统的性能。

ABCS 最大的优点是它能够建立清晰的、可以在任务部队之间共用的战术图像。由于凡在同一个 TOC 的每一个 MCS 在同一时间所显示的友方部队的战术图像是完全相同的，因此就极大地避免了在部队配置与控制管理方面的混乱，同时还可以确保任务部队的所有战斗小组可以在同一时刻得到相同精确的友军态势图像。绝大多数这一类信息都可以近实时地直接从 FBCB^2 系统获得，其他信息则是通过跨接在任务部队中的各个 MCS 终端进入系统中的。

各 TOC 的 CIC 都将对接收到的信息进行融合处理，每一个主要的指挥控制节点都可以共享同一种态势感知信息，任务部队可以根据这种共用的态势感知信息制定消息灵通的决策。从 DS 炮兵营的角度考虑，这种源于 ABCS 的态势感知信息在高效率地进行作战规划、协同作战和支援机动部队突击开火等方面均表现出了极大的应用潜力。

FBCB^2 所有的 FBCB^2 系统在此次 JCFAWE 中的表现堪称不错。这些系统全都是一些经过加固的便携式计算机，它们有的被安装在各种各样的机动车辆上，有的被配置在位置相对固定的 TOC 内。这些 FBCB^2 系统可以在控制盒内一个与所装备系统相似的活动地图显示器上提供连续、稳定的实时图像其他节点的 FBCB^2 系统中查到；而 FBCB^2 系统的通信功能应用起来就像使用一个商用 E－mail系统一样简单。有关专家预测，在将增强型定位报告系统（EPLRS）作为其主干通信链路的情况下，FBCB^2 系统在为营级作战单位持续提供战场态势感知信息方面的应用潜力将是无法估计的。

AFATDSAFATDS 系统目前已经在美陆军的许多部队中正式服役了，这次试验的目的只是想检测这种系统与其他 ABCS 设备综合起来之后的运行情况。虽然在试验开始后的早些时候曾在软件方面出现了一些问题，但在炮兵营士兵和承制方援助人员的共同努力下，其中的大部分问题很快就得到了圆满的解决。此外很显然，AFATDS 比其他所有的 ABCS 设备都更耐受波尔克港特有的高温和高湿的气候条件。

数字式榴弹炮就初次参加实战演习而论，数字化后的榴弹炮在这次试验中的表现可以说是非常成功的。英联邦为这次 JCFAWE 提供了两套榴弹炮数字化系统 LINAPS，其中一套通过了全部的试验项目。此套 LINAPS 设备完全可以为轻型榴弹炮提供类似于“侠士”一样的作战性能，它既不需要采用瞄准环或者火炮瞄准定位系统（GLPS）来瞄准火炮，也用不着采用瞄准标杆或准直仪来确定瞄准点，将其安装到榴弹炮上之后，它就可以提供炮载定位、瞄准和通信能力。射击诸元仍由连射击指挥中心（Fire Direction Center，FDC）计算。另一套中，但 LINAPS 小巧的显示器取代了原来的 M137 瞄准系统。这个小巧的显示器可以显示计算出的偏差和象限以及火炮的当前炮管偏差和象限。炮手可以借助所显示的数据旋转、升高或放低炮管；在没有调平气泡和要求水平向精调的情况下，还可以根据显示的数据另外再调准出来一组瞄准十字线，以便最终能够按照正确数据来瞄准火炮。试验结果表明，安装上 LINAPS 之后，火炮的反应时间明显加快，自始至终比同一个炮兵连中没有安装 LINAPS 的火炮快差不多 2 倍。由此可见，在改进火炮的射击反应时间方面，LNAPS 的应用前景尤其看好。

NGI 就采用联合开火方式以增强战斗力而言，首次参加实战演习试验的舰炮火力接口（NGI）也显示出了极好的发展前景。在舰炮火力的具体应用中，长期以来最大的难题一直是如何建立并保持与支援平台正常通信的问题，而 NGI 的解决办法则是将其支援平台连接到了战术互联网中，然后由 AFATDS - NGI 链路来解决棘手的通信问题，从而使任何一个在支援平台的射程内已经锁定目标的观测人员都可以有效地操纵舰炮火力。由于美海军一直承诺愿意履行舰炮火力任务，加之下一步很可能还将研制一种 DD21 海军水面火力支援平台，因此，这一创新作战能力就显得尤为重要。

SADL 为建立一条 CAS 急射通道而设置的 SADL - Q - 36 链路在本次 JCFAWE 中也获得了很大成功，此链路的建成对于最终实现联合开火无疑将起到非常积极的作用。近年来，装备有 SADL 的 F - 16 战斗机一直在美空军的一些飞行中队服役。在本次试验中，支援战斗机 F - 16 从 SADL 链路接收"蓝军输入的信息"（友军的位置），从而明显增强了机组人员的态势感知能力，并大大降低了自残危险。

Q - 36 - CAS 急射链路在此次 JCFAWE 期间成功检测的还有 Q - 36 - CAS 急射链路。事实上，正是这条与 SADL 信息输入链路耦合配置在一起的Q - 36 - CAS 急射链路才使得 Q - 36 雷达能够将它所探测到的敌方迫击炮的位置直接发送给支援 CAS 的飞机，从而使得空中发射平台有可能迅速进行反击。由于目前飞机上已经可以装备 SADL，所以不再需要就目标的问题进行冗长的信号交换，友军部队完全可以快速采用间接瞄准射击系统与敌方展开有效交战。尽管此项试验的主要目的是检测 Q - 36 - SADL 接口的，但同样的处理机理也适用于任何其他的战术情况。有关专家声称，不管将这种 Q - 36 - CAS 急射链路应用在任何一个战场上，它都可以大大简化 CAS 的应用复杂性，同时还可将自残的危险性降低到最小。

"毒蛇"是一种很值得一提的目标定位系统，它将一个 Leica 人眼安全激光测距机挂接到了 PLGR 上，从而使操作手能够在几秒钟内以 ±10m 的误差准确确定出目标的位置。通过试验使用还发现，"毒蛇"系统操作起来简单方便，且易于维修保养。该系统在全面装备 FO 方面可谓填补了一个空白，必将具有极大的应用前景。

（3）试验结果分析与未来技术发展设想。

通过这次大规模实战演习试验人们发现，作为战斗指挥使能系统的ABCS在提高轻型部队杀伤力、生存能力和作战速度方面确实表现出了很大的应用潜力。就火力支援而言，快速解除射击状态、快速做好射击准备以及从ABCS共用态势感知信息中优先获取目标信息等能力均可以明显提高杀伤力。类似地，共用态势感知信息和一整套目标定位设备将有助于增强战场生存能力，因为在这种情况下，掌握作战主动权的一方可以先敌开火，并以最快的速度首先与那些高抵偿目标（HPT）交战；在突发反击情况下，这一优势尤其奏效。此外，在执行中心摧毁战方面，ABCS更具有极大的应用潜力。

另外一项尚有明显发展潜力的研究方向是FO可以通过战术互联网快速发送射击任务。当然，还有许多方面需要继续加以改进，比如说，尽管AFATDS已经综合到部队装备之中，且在整个试验过程中表现良好，但如果能够减少一些敲击键盘和处理菜单的次数的话，操作手的工作速度肯定会明显加快，这就意味着其战斗效率还会大大提高。此外，如果未来的AFATDS升级产品中能够增加触摸屏技术和话音识别能力，同样将会明显加快操作手的处理速度。

此外还证明，当徒步战斗进入白热化阶段时，要求FO键入发射任务显然是不现实的，因为在这种情况下用话音发送射击任务无疑要快得多。由此可以断言，适用于FO的轻型话音识别系统肯定还可以进一步加快射击反应时间。如前所述，这种系统已经可以与战术互联网耦合在一起，因此，FO可以更有把握地将发射任务快速送达近战火力支援平台，而不必担心通过多个站点时有可能发生的通信不畅和事务性延迟。

借助态势感知信息，目前的美陆军部队已经可以快速综合和有效使用$FBCB^2$系统，并以此来增强部队的杀伤力、生存能力和速战速决能力。据悉，$FBCB^2$系统还将被部署在美陆军的航空分队中，以便能够全方位地为美陆军部队的指挥官提供良好的战场态势感知信息。DSS的发展前景也不错，当该系统电池寿命和作用范围的问题得到解决之后，无疑会成为实现战场可视化和先敌快速开火的重要设备。这种系统尤其适用于徒步作战部队。

此外，AFATDS与AMDWS之间所有的功能接口与装备有$FBCB^2$系统的美陆军航空分队的耦合无疑将极大地增强美陆军管理和控制美陆军空间指挥控制（A2C2）网络的能力。借助由那些装备有$FBCB^2$系统的直升机提供的态势感知信息和来自AMDWS的空情图像，指挥官们可以快速、准确地下达攻击命令或解除地—地火力或空中警戒。

综上所述，试验所获得的有关战斗指挥与火力支援方面的诸多观点证明，在未来充满频谱冲突的数字化战场上，更加有效地规划、协调和步调一致地完成火力支援任务的潜力是很大的。

2. 美陆军战场数字化师顶点演习（DCX）初期试验

经过6年多的试验与开发，美陆军的数字化系统目前已经从试验阶段转向实战阶段，美陆军的第一个数字化师，即第4机械化步兵师被授命通过战斗演习试验来论证其实用性能，先期进行的是为期14天的师顶点演习（DCX）第一阶段的试验任务。目前，借助美21世纪部队研究项目提供的多种高级电子系统，跨越位于加利福尼亚州美国国家训练中心（National Training Center，NTC）艾尔维堡大沙漠的三次自由攻防方式的大规模演习试验已经落下帷幕。

1）试验目的、配置及参试系统的性能

1997年在NTC举行的21世纪任务部队高级战斗试验方案验证期间，第4机械化步兵师曾派出一个旅任务部队参加了其中的数字战可行性测试。之后，第4机械化步兵师逐步重新装备了全套的21世纪装备，并按照21世纪师设计方案重新改组了部队编制。这次采用全新装备、全新条令、全新战术、全新技术以及全新执行过程的DCX，不但是一次对于新装备和新的训练方式的大阅兵，而且还可以通过试验搜集到许多有益于部队编制改革的信息，当然，最重要的试验任务是评估美陆军战斗指挥系统的实战效益。

第4机械化步兵师在此次DCX中装备的改进型武器平台包括“艾布拉姆斯”M1A2SEP坦克、“布雷德利”A3战车、“长弓阿帕奇”AH-64D直升机以及一系列用于支援和维修保养它们的新设备。所使用的其他系统还有21世纪部队导航系统、情报系统、后勤管理系统和指挥控制系统，这些系统加起来就构成了美陆军战斗指挥系统，即美陆军全球指挥控制系统的一部分。

在此次试验中，所采用的新型数字化系统为第4步兵师的士兵们提供了极好的战场态势感知能力，他们甚至可以清晰地看到150km远处的“敌军”的队形，并能够分辨出这些“敌人”在干什么。士兵们除了可以有选择地打击“敌人”外，还可以根据需要在自己的近战地盘内随意机动以消灭“敌军”残部。此外，这些新型数字化系统的采用大大增强了战斗中的士兵在漆黑的夜晚或大雾天气情况下的作战能力。比如，众所周知，M1A2SEP是一种非常可怕的致死坦克，但在试验中，士兵们可以借助军用综合式激光交战系统（MILES）将运动中的M1A2SEP截杀在3.4km远处的地方；而在此之前，只能在1.8～2km远的距离上进行截杀，但此时往往为时已晚。

2）发展目标

负责21世纪部队研究项目中指挥、控制与通信系统的执行长官说：“多年来我们一直在数字化我们的每一个独立作战武器平台，但直到进行这次DCX才真正实现这一目标。借助互联网协议和在系统中设置路由器的办法,用网络将每一个独立作战武器平台连接在一起并开始在它们之间共享数据,从而使系统之间实现了最佳的协调。"

我们知道,美陆军的数字化网络是一步步建立起来的,一开始只是将数字通信系统装备到车辆中,具体办法是为车辆装备一个附加系统,或者是将其嵌入到车辆的车载计算机系统中,接着又装备了 TOC;目前,可以将战场各部分紧密联系在一起的战术网络正日趋完善起来。据悉,美陆军数字化系统下一步的改造方案,一是从体系结构方面考虑设法使某些系统变得更加健全和强壮一些,如强化营与旅之间的无线链路和更换成二代无线系统;二是进一步加快网络中心战发展目标的研究步伐,以实现全战场网络覆盖,真正做到随时随地都可以使用。

在 DCX 第一阶段的试验期间,第 4 机械化步兵师现场安装了约 750 个 $FBCB^2$ 系统,其中有 300 个被嵌入在新一代"布雷德利"战车和"艾布拉姆斯"坦克中。而从目前美陆军的装备计划来看,第 1 个数字化师 $FBCB^2$ 系统的装备数量最终将增加为 6 万个左右。据悉,DCX 第二阶段的试验任务主要是针对指挥所进行的,试验地点就在第 4 机械化步兵师本部。

3. "预言者"新型战场电子侦察系统

根据多渠道发展新型中型武器装备战斗部队的战略思想,美陆军决定率先在华盛顿路易斯堡改装两个过渡型旅战斗队(Interim Brigade Combat Teams, IBCT)。通过一步步试验改良之后,最终的旅战斗队(Brigade Combat Teams, BCT)将是一种具备机动快反部队所拥有的全部战斗能力的、能够在任何一种作战环境中有效对抗所有未来威胁的"全频谱"部队。为实现这一目标,美陆军投入了巨大的财力和物力进行全方位的不懈努力,包括改装一系列过渡型装甲车(IAV)和引进新的现代化机动战斗能力等。这里介绍的"预言者(Prophet)"是一种具有强大电子支持(Electronic Support, ES)能力的新型战场电子侦察系统,由 Titan 系统公司 Delfin 分部受美陆军通信与电子司令部的委托开发研制而成。据悉,IBCT 目前正在筹划装备这种系统,希望它们能够为最大限度地提高 IBCT 的战场感知能力创造条件。

"预言者"的初期产品 Block Ⅰ 的基本部件是已经在特种作战部队中使用过的 AN/PRD - 13,它被安装在 Humvee 车顶上一个可以自动升降的桅杆上,桅杆的最大上升高度为 7m。安装在 Humvee 上的 Block Ⅰ 中装了 Delfin 分部自行研制生产的 AN/PRD - 13(V)2 引导 - 定位系统。

"预言者" Block Ⅰ 一开始是作为一种轻巧的背负式信号情报系统设计的,这种移动式终端设备可以提供高精度的 VHF/UHF 监测与引导 - 定位能力,不管车辆处于静止状态还是运行状态(OTM),它均可满足所有的任务需求。其天线就装在桅杆上，在停车状态下执行搜索任务时可以将天线展开；但在 OTM 执行任务时必须将天线收起来。另外的一些子系统还包括辛嘎斯电台、全球定位与导航系统以及一个电源子系统。

就在将“预言者”Block Ⅰ推向战场的同时，其另外几种改进型系统的初期作战试验与评估（IOT&E）也已拉开了帷幕。有消息称，美陆军已经对其中的一种 Block Ⅱ的配置表现出了极大的兴趣，并授意有关方面对这种配置形式的系统做进一步的测试。受美陆军青睐的这种“预言者”Block Ⅱ将在“预言者”Block Ⅰ的基础上增加电子干扰与电子攻击能力，也就是说又增加了一个子系统。当然，“预言者”Block Ⅱ要增加这样一个属于功率损耗大户的子系统的话，其总的成本费无疑将大大提高，因此，是否为每一套“预言者”全都配备一个电子攻击子系统还有待进一步权衡利弊综合考虑后再行定夺。

目前，有关方面正在为“预言者”Block Ⅱ寻找工程设计与生产开发（EMD）商，初步打算先研制 13 辆“预言者”EMD 样车系统。在 2000 年的晚些时候，初级阶段的 IBCT 可获得一部分具备电子攻击能力的“预言者”Block Ⅱ系统。美陆军希望这种 EMD 系统能够尽快投产并正式装备到旅战斗队中。目前的计划是 2001 年 2 月能够进行野外测试，这样在夏末秋初的时候就差不多可以装备旅战斗部队了。

就在“预言者”Block Ⅱ的 EMD 尚未正式展开之际，策划者们已经将注意力进一步放在了寻求一种“预言者”Block Ⅲ的配置形式上来，希望这种系统能够满足现代调制信号和调频信号或者低截听概率系统的应用需要。

此外，针对“预言者”Block Ⅳ和 Block Ⅴ的概念性研究也已在规划设计之中了。其中，Block Ⅳ的使用对象是目标部队，装备时间在 2008 年或再晚些时候。对该系统的要求是它必须具备提供多种情报的能力，可以装在车辆上，能够执行电子侦察、声测，也许还有雷达探测与图像处理任务等。至于 Block Ⅴ，策划者们的想法是再为其引入一些微型/遥控能力。

4. 分析美陆军轻－中型部队数字化改造策略与进程得出的启示

时至今日，大多数人对于信息战争和数字化战场早已不再陌生，数字化系统本身也已经不是什么新东西，但数字化网络可以使所有的数字化系统发挥出全部的应用潜力，这一点必须引起共识。众所周知，只有数字化网络才有可能实现和确保现代战场上的信息共享，而战场信息共享本身就是一种强有力的战场武器。因此，在 21 世纪的数字化战场上，所有作战部队乃至每一个士兵都必须能够时刻清楚他们当前在什么地方以及他们的任务是什么；同时还要知道敌人现在在哪里以及他们想要干什么；指挥官必须实时掌握战场态势，以便快速做出正确决策，从而更加有效地指挥部队作战。

战场数字化系统的性能特征与系统的硬件部分、软件部分以及如何在动态环境中实现有效运作密切相关，而在这三者中硬件的开发可以说是最容易的；相比之下，精确地细化软件功能和动态作战环境以及有效地实现在运动中高质量地处理信息却要困难得多。此外，战术网络还必须具备大的频带宽度；否则将无法完成巨量的数据传输任务。当然，有关网络传输协议、传送技术和传送介质方面的研究也是需要认真研究解决的问题。目前看来，互联网协议（IP）与 ATM 技术的集成具有很大的发展潜力；在相对固定的环境中，比如在固定的 TOC 内还可以将光纤作为传输介质，从而构成一种集 ATM 技术、互联网技术和光纤技术于一体的高速、高质量战术网络。据悉，北大西洋公约组织（NATO）PG6 倡议研究项目和汤姆逊 CSF 通信系统公司最近均研制出了这样的网络。它们都是适用于指挥所使用的局域网络系统，数据传输速率高达 155/622Mb/s。其接入网可以提供各种类型的低速互联，包括话音（麦克风/电话机）、电台（战术网无线电台、大容量数据电台等）、报警器、野战电话机、同步低速数据（64kb/s、128kb/s）及无连接高速数据（以太网）。在 ATM 技术的支持下，这两种局域网络既能为操作人员提供他们所需要的多种业务高速电信服务，同时又可以与所部署部队以及战略指挥部保持完全互通。

指挥官如何及时获得信息也许是另一个较难解决的问题。对于一名指挥官来说，他想要及时看到的信息主要有三类，即有关敌军的、有关地理方面的、有关自己和己方部队的。他对整个战场上的情况了解得越详细，就越能快速做出正确的决策。从美陆军 JCFAWE 和 DCX 第一阶段的试验结果来看，$FBCB^2$ 系统在很大程度上已经可以解决这一类问题。当然，$FBCB^2$ 系统在获得地理信息方面必然会受限于所用的数据库，在获得与敌方部队有关的信息方面也不可能是非常全面的，因为他只能得到己方士兵发送给他的那些信息。

发展我军的武器装备建设，尤其是在未来数字化战场上，实现战术级指挥自动化系统与武器系统火力支援平台的无缝隙连接是当前我军数字化改造的重中之重。说到底，战场数字化的最终目标就是要实现战场指挥自动化系统与各种武器平台的紧密结合，换句话说，就是要实现战场指挥自动化系统能够直接指挥到每一个独立作战武器平台以及各独立作战武器平台与战场指挥自动化系统的实时数据、图像和话音通信，最大限度地实现战场态势感知信息的实时共享并真正形成巨大的战斗力。美陆军的 $FBCB^2$ 系统在很大程度上起到了这种作用。我军在这一技术领域目前尚属空白，因此急需花大力气对现役武器装备进行技术性改造，加装数字化通信单元，增加信息接收、显示及控制部件，以实现和强化战场指挥控制系统与武器装备火力支援平台火控系统的铰链，从根本上提高武器系统的整体战斗力。在实现指挥控制系统与火力控制系统的铰链中所涉及的主要技术包括系统总体设计技术、武器平台互联互通与协操作技术、嵌入式武器平台技术、信息综合处理与快速传输技术、作战应用软件技术、战术指挥所或指挥中心设备配置/组网/信息融合处理技术、多源信息处理技术以及作战指挥辅助决策支持技术等。

总之,在借鉴国外成功经验和技术的基础上,努力发展我军自己的战场数字化技术和系统刻不容缓,因此必须调动一切力量加快研制步伐。只有这样才有可能在全球性军事竞争中变被动为主动,永远立于不败之地。在某些差距较大的领域不妨有选择地适当引进一些国外的先进设备和技术,但最好不要原封不动地使用,以防被人卡脖子或受人控制甚至被利用,而应该在引进的基础上进行国产化改造、改进和改型设计,使其变成我们自己的东西。

与此同时,凡是与战术互联网技术发展和设备改进有关的技术动向和新产品都应引起我们的重视,以便能够由此启发我们产生一些新的思路。比如,在战术互联网快速联网技术方面,澳大利亚现已开发研制出一种基于非对称式数字用户线路(Asymmetrical Digital Subscriber Loop,ADSL)技术的便携式系统,它实际上是一种独立式速率自适应数字用户线路装置,由于其具有 3 条 DSL 通道,所以称为 P3 系统。这种便携式系统是一种透明的 LAN 扩展装置,其主要特征包括:具有 3 条可以灵活指定的数据通道、使用电池电源、具有野战电话、电视会议和监视能力、配有遥感器、可以进行数据加密、远距离测控以及其他一些遥测性能。P3 系统体积小巧,重量不足 5kg,其所有器件全部集装在一个定制的箱体内,以方便在野外环境下的操作使用。此外,该系统运行时无须配置另外的计算机设备。在实用性极强的 ADSL 技术的支持下,用户可以根据战术需要对所配置的局域网(LAN)进行必要的扩展(相隔 5km 的站点之间的传输速度可以高达 8Mb/s),以便安全、快速地部署战场通信系统。此项技术对基础设施的要求不高,在普通铜线或加固型铜电缆上均可实现灵活可靠的高速通信。显然,这是一种别具特色的有线式战术互联网快速联网技术,特别适用于扩展 LAN。当然,在野战条件下使用有线网络本身也存在不少弊端。而在无线设备方面,美国目前已有一种在体积上小巧到可以装在衬衣口袋里,但在性能特征上却可与当代台式终端设备相媲美的掌上型第三代无线通信装置(3G 或 IMT - 2000)问世。有关专家预言,由 3G 引发的新一轮通信革命必将对军用通信事业产生深远的影响,从而促使互联网更快地进入移动时代。当然,由此而引发的频谱竞争问题也足以让频谱管理者们忙乎一阵子的。尽管 3G 目前还没有很快进入战场互联网的迹象,但它的出现无疑为致力于战场数字化研究的人士们注射了一支兴奋剂。

未来战场上的单兵系统将是可以独立执行任务的最基本的独特作战平台,

这种以人为中心的平台式系统不但本身就是一个完善的人－机系统，能够迅速、准确地处理和传递信息，掌握战场态势并准确判断战场形势，抗击敌方有生目标和破坏、干扰其信息系统，而且在与战场指挥自动化系统联网后，还可以成为优秀的战场侦察兵，深入大部队和机动式重武器难以到达的特殊地理位置和环境中，快速、准确地向指挥官实时传递图文并茂的信息，从而实现全方位的情报侦察、申请战斗支援或战场勤务援助，大大增强其战斗勤务保障和协同作战能力。而从我军目前的装备情况来看，单兵系统还是一个相当薄弱的技术环节，急需加强研究力度。在国外已有很多成功研制经验的情况下，我们的研究起点一定要高一些，比如说，在单兵系统的总体设计方案中，一定要采用系统设计的观点，也就是说，将单兵系统与其他武器平台一样作为一个系统来看待，从综合性能上考虑如何来配置每一个装备和到底应该采用哪些技术，而绝不可以将它们分割开来，单独考虑各自的性能。必须切记零打碎敲不是解决问题的根本办法，只会造成时间和经费方面的巨大浪费。

此外特别提出的一点是，自上而下的一整套新装备和新技术固然可以使数字化战场耳目一新，但培养和造就一大批高素质的指挥官和从根本上提高每一个士兵在数字化战场上过硬的作战技能同样是非常重要的。“傻大兵”3 个字早该被扫入历史的垃圾箱了，21 世纪的每一位指挥官都必须是出类拔萃的顶尖人物；每一名士兵都必须有能力驾驭相应高科技兵器，此两点同样是保证军队能够在未来数字化战场上获胜的基本要素。

9.4.5 网络化、企业化、赛博化正成为美陆军新的发展趋势

信息化是美陆军保持战场优势的重要基础，美陆军现代化的目标之一是发展和部署通用的、经济可承受的最好装备，使士兵和部队在当前和未来的全谱作战中取胜。近年来，美陆军开始向能完成多种任务、具备远征作战能力、灵活机动、战斗力强、能协同作战的地面部队转型。基于这种转型需求及新形势需要，2010 年美陆军在重要纲领性文件发布、通信网络与通信系统建设、技术研发、军事演习等方面呈现出一些新的特点和动向，凸显了美陆军未来网络化、企业化、赛博化的发展趋势。

1. 美陆军稳步迈向全球网络企业架构之路

过去 10 年，美国的全球防御态势发生了巨大变化，这种变化正在将冷战时期部署在前沿的陆军重新打造成一支以境内驻扎为主的部队。但同时，美军进行海外作战的需求也大大增加。在这些新的条件下，陆军当前及未来对联合司令官的重要性，在很大程度上要通过其响应能力来衡量：陆军的部署速度能够有多快？能否在所要求的时间范围内充分发挥其全部能力？

这个问题的答案与网络质量越来越密不可分，因为从驻地到战术边缘，远征陆军作战的各个方面都取决于网络。网络可能成为决定性的对敌优势，也可能成为陆军的致命弱点。要使网络成为一个决定性优势而不是一个弱点，必须将其作为一个全盘的企业化系统，而不是各个独立的部件来开发和实现。它必须是安全的、基于标准的，由一套通用全能型的基础设施来组成，由互联的、冗余的传送系统所支撑，可以从中获取并馈送传感器、作战和业务应用及数据。

当前，美陆军的核心策略就是将陆战网转型为一种单一的集成企业化的"全球网络企业架构(Global Network Enterprise Construct，GNEC)99。GNEC 可显著提高网络防御能力，实现多种作战能力。将陆战网转型为一种企业化行动，不仅要对陆军的全球网络加以合并，而且还要与其他一些陆军行动实现同步。GNEC 将着重实现以下 4 大主要目标。

① 全面运行陆战网。

② 全面提高陆战网的安全性。

③ 在实现经济有效的同时提高整体效力。

④ 实现陆军的互操作能力以及与任务合作方的协同能力。

美陆军在"2010 陆军现代化战略"中也详细阐述了 GNEC 的定义，给出了其概念图，并阐明了 GNEC 是一个由 5 个具备作战能力的网络业务中心(Network Service Center，NSC)连接起来的全球网络企业架构。网络业务中心是具有一种陆军全球企业化能力，可实现陆战网和作战人员的连接，填补陆军作战部队与生成部队之间的关键能力空白，并在日常作战、训练、仿真、应急响应、战时作战过程中为陆军作战部队与生成部队提供无缝的陆战网能力。其中，NSC 中所包含的战场网络作战与安全中心(Bottlefield Network Operation and Security Center，TNOSC)可为陆军提供关键的陆战网赛博防御能力。

2010 财年美军有 3 个优先发展的 GNEC 项目：一是为国防部开发一种企业电子邮件，构建一种管理服务，目前已向业界发布了征询意见书(Roquests for Proposals，RFP)；二是发布要求业界升级区域处理中心能力的征询意见书；三是优先向战区网络运作和安全中心部署的 6 套工具设备。

此外，2010 年初，美陆军举行了第二次全球网络企业构架验证演习，即作战评估(OPVAL)Ⅱ，以进一步测试和修订其核心概念及系统。作为"2010 年严峻挑战"演习的组成部分，该演习还充当了与全球网络企业架构作战、技术和训练相关的技战术及规程的首次演练。初步评估结果表明，全球网络企业架构已经走上了正轨。

2. 赛博化将成为美陆军未来新的发展趋势

当今人们越来越多地利用赛博空间和电磁能力并采取相应的行动，然而迄今为止，这些能力和行动还未纳入美陆军正常的作战行动。对于适应能力强的对手，美陆军部队要想夺取并保持作战和战术优势，就必须把赛博空间和电磁频谱变成其作战行动核心的、日常的组成部分。为此，2010 年美陆军陆续发布了一系列指导陆军未来赛博空间作战的重要战略文件。其中 2010 年 2 月，美陆军发布了《2016—2028 年美陆军赛博空间行动概念能力规划》，目的是研究美陆军未来部队如何在 2016—2028 年对赛博空间能力和赛博空间行动进行集成，并将其作为全谱作战的组成部分。2010 年 6 月 10 日，美军实时发布了新版"联合通信系统"，首先该纲领性文件是美军将赛博空间引入战役和战术级行动的具体措施之一。它定义了赛博空间在联合通信系统中的地位以及与全球信息栅格之间的关系，并明确指出信息对于联合和多国行动来说至关重要，全球信息栅格可通过赛博空间提供安全的信息传输、存储以及交付有价值的服务。因此，赛博空间的威胁是全球信息栅格运作和信息所面临的最真实、最紧迫的威胁。可以预计，在今后几年，为进一步规范和落实战役、战术级行动，美军将陆续对现行条令条例中涉及赛博空间的内容进行更新，并会进一步制定关于赛博空间的战略、战役和战术级规划。

其次，该纲领性文件还明确指出，美军赛博司令部在联合通信系统方面的具体职能是"通过规划、协作、集成、同步和执行各种行动，为全球信息栅格的运作和防御提供指导，为在赛博空间内和通过赛博空间向敌人发起攻击做好准备，以便为所有领域内的行动赋能，并在赛博空间内获取行动自由，同时压制敌人取得同样的能力"。

此外，美陆军还积极组建网络司令部，以加强网络安全防御。该司令部负责陆军信息网络防御，直接对所有陆军网络进行防御操作，对全谱作战下达命令并执行，从而对作战指挥员和盟军提供支持。该网络司令部计划于 2010 年 10 月 1 日前具备完整作战能力。

3. 美陆军未来战场通信构想

美陆军在取消 FCS 计划后一直在积极寻求重新制订网络计划，其未来网络发展战略的思路非常明确，即将分散的各部分逐步整合起来，通过一种无缝战场——网络将网络节点连接起来，从而使士兵、指挥官和传感器能够实时共享语音、视频、数据和图像。

为此，2010 年美陆军举行了多场重要演习，积极演示美陆军将如何构想 2017 年的战场通信。其中 2010 年 7 月 12—16 日，美陆军旅级作战部队举行了综合训练演习。该演习是美陆军大力发展其战场网络规划中的关键一步，标志着美陆军未来战术网络计划 Et 趋于成型。2010 年 6—9 月，美陆军举行了动中指挥、控制、通信、计算机、情报、侦察和监视（C^4ISR）演习，为在实战环境下测试美陆军向网络中心多系统的系统环境转型中，多方机构协同开发的各种组成系统和能力提供了一个平台。目的是研究2013—2014年陆军网络的能力集。其重要意义在于实现了网络在同一环境中的集成，并发现和解决了网络在整合过程中存在的许多技术挑战，不仅包括传输组建，还包括网络连接、战斗指挥软件、传感器和机器人装置等技术。此外，还加入了新的商用"蜂窝"技术，多种智能手机也被用于演习中。

9.4.6 美军信息部门及通信部队编制情况

1. 美军信息部门体制编制概况

美军的信息部门由C^3I助理国防部长兼首席信息官主管。1997年，美军曾打算把C^3（指挥、控制、通信）和I（情报）分开，但经反复论证，美国国防部于1998年决定，为加强信息系统的统一领导，扩大C^3I助理国防部长的权限，增加其办公室编制，要求其统管全美军的通信、指挥、控制、计算机与情报、预警、侦察、安全等系统，并对国家相关信息及安全部门进行业务监督与协调。在C^3I助理国防部长办公室，设置了副助理国防部长4人和参谋、战略规划特别助理各1人，在其之下设置了国防信息系统局、国防侦察局、国防情报局、国防安全局、电子战与C^3对抗处、国家图像测绘局、国家保密局兼中央保密署等7个局、处。

国防信息系统局是信息业务的主管部门，1991年在国防通信局的基础上编成。目前的国防信息系统局的编制是2001年确定的，下设互通处、网络业务处、计算业务处、应用工程处、运作处和用户咨询处等6个处，其职能是为国家指挥机构、国防部各部门、参谋长联席会议、各军种部、各联合作战司令部提供作战通信保障；管理国防通信系统，为全球军事指挥与控制系统提供技术支援；维护白宫通信系统，以保证总统和国防部长指挥的美军全球战略通信网的顺畅。

与国防信息系统局相对应，美军担负平时建设及日常训练的各军种部及履行作战任务的各联合作战司令部也都设置有信息机构。其中，陆军参谋部下设有陆军信息系统司令部，它于1985年5月由陆军通信司令部和陆军计算机司令部合并而成。海军作战部之下设有计算机与远程通信司令部，是由计算机与电信司令部改编而成的。空军参谋部下设有C^4系统局，是由空军通信司令部改编而成的。在作战指挥领域，参谋长联席会议联合参谋部下设有C^4系统局，大西洋司令部、欧洲司令部、空间司令部之下设C^3系统处，中央司令部、太平洋司令部、南方司令部、运输司令部下设C^4系统处，特种作战司令部、战略司令部下设通信、电子与自动化系统处。这些机构在业务上接受国防信息局指导，建设或作战时直接受各参谋部（作战部）主管信息系统的副参谋长或助理参谋长领导。

2. 美军通信部队编制概况

美国陆军信息系统司令部下设若干个战区通信司令部(一般称“第X通信司令部”),平时由陆军信息系统司令部领导,战时由联合参谋部C^3系统局或各联合作战司令部领导。战时通信司令部之下(不含机关)编制战区通信旅(一般称“×××通信旅”)、战略通信营、战区战术通信营和战术卫星通信连、可视信息通信连、陆军指挥控制通信兵力投送连等。战区通信旅采用积木式编组,下编一个直属通信连和4个混编通信营。每个混编通信营均由指挥作战通信连、重型对流层散射通信连、轻型对流层散射通信连、电缆和被覆线通信连等4个连组成。

美陆军集团军没有固定的通信编制,平时通信由直属通信营负责。战时视作战情况编制,一般成立通信指挥部,主要指挥军属通信旅和师属通信营。军属通信旅由司令部和司令部直属连、3个军地域通信营和一个军支援通信营组成。每个地域通信营内编有营部、营部直属连、3个地域通信连和一个通信支援连。地域通信连编有一个连部、一个大容量用户交换机排、一个用户交换机支援排和定位报告系统/联合战术信息分发系统分排。支援营由一个营部与营部直属连、两个地域通信连和一个通信支援连组成。支援营的通信支援连构成与地域营中的通信支援连相同,但设备和人员数量不同。美陆军师编有通信营,师通信营由营部与直属通信连、两个地域通信连以及通信支援连组成。师地域通信连与军地域通信连一样,采用标准编制,由两个节点排组成。节点排由一个排部、节点中心排和用户交换分排组成。师通信支援连编有一个连部和一个支援排,该连可支援一个一级司令部。支援排编有排部、一个大容量用户交换机分排、被覆线分排和一个调频转信分排。

美国海军舰队以及各类部队中均编有通信部(分)队,本书不再介绍。这里仅介绍海军作战部直属主要通信部队。在海军作战部之下编有电信合同办公室、海军电磁波中心、海军电信系统集成中心、海军电信自动支援中心等7个单位,还编有9个海军区域数据自动化中心,分驻全国各地,它们均由海军计算机与远程通信司令部主管。此外,还按海域编制了4个计算机与电信区主控站:一是西太平洋计算机与电信区主控站,设在关岛,下属4个通信站、一个无线电台站以及一个通信分队。二是东太平洋计算机与电信区主控站,设在关岛,下编两个通信站、两个无线电台站以及一个通信小分队。三是大西洋计算机与电信区主控站,设在诺福克,下编3个通信站、一个无线电台站以及两个通信小分队。四是地中海计算机与电信区主控站,设在那不勒斯,下编3个通信站、一个无线电台站以及5个通信小分队。这些通信站、无线电台站以及通信小分队分驻全球各地,由海军计算机与远程通信司令部领导。这些直属通信部队的主要职责是:协同陆、空军统一军事通信;为海军的指挥与控制提供足够、有效的通信保证;分配频率;提供舰队卫星广播及无线、有线通信、军邮等;与行驶在海上的舰船、飞机保持必要的通信联系,以保障其航行安全。美国空军各类部队中均编有通信部(分)队,本书仅介绍空军参谋部直属的部分通信部(分)队。美国空军的通信业务包括指挥、控制、通信、雷达、导航、自动数据处理以及空中交通管制等,其直属通信部(分)队比较复杂,大致可分6类。一是通信电子工程安装部队,共编12个大、中队,隶属 C^4 系统局工程安装局管理,主要负责有关通信电子设施的施工安装、更新改进、检测维修。二是战斗通信部队,由 C^4 系统局管理或协调,共编4个大队与一个中队。第1战斗通信大队主要用于保障欧洲战区内空军的通信急需;第2、5战斗通信大队由战术空军司令部控制,用于保障国内外战术航空作战的通信急需;第3战斗通信大队主要用于执行全球性机动通信保障任务;第4战斗通信大队主要保障太平洋战区空军的通信急需。三是战术空军控制联队,主要保障战区航空作战的指挥控制与通信需求,安装并展开战区级空中指挥控制。共编有3个战术空军控制联队和5个直属中(小)队,第507联队驻在美国东南部8个州内,其编制最大,下设11个中队、4个小队、7个分遣队;第601联队驻德国,602联队驻美国本土,另有5个战术空军控制中(小)队分别在阿拉斯加、夏威夷、日本、韩国与巴拿马运河区执行任务。四是空运控制分队,每个空运联队均编有一个控制分队,主要负责各战区内战术空运或临时应急空运的指挥控制与通信保障工作,应急开设战区级空运控制分系统的终端控制中心。五是特种机动快速反应通信分队,组建于1981年,代号为"铁锤飞将军",其主要任务是在缺乏可靠直达保密通信手段的危机现场或战线前沿地带与高级指挥机构间提供机动、快速、可靠的保密通信。六是基地计算机辅助支援分队,主要协助解决空军基地(特别是前沿与偏远基地)危急时刻的指挥、控制、通信、计算机等业务信息的自动化处理问题。

由此可见,美军的编制体制是随着信息技术的发展不断调整的,调整的目的是更好地满足作战需求。随着美军信息化建设的不断深入,信息部门和通信部队必将随着美军目标部队的转型进一步调整编制体制,使其具有更强的机动能力、生存能力以及信息感知、传输、处理能力,以进一步满足作战需求。

9.5 数字化战场

9.5.1 数字化战场的特征

数字化战场从工作实施的角度出发有时也叫战场数字化,目前对它的认识也是处于仁智互见的状况，如同对待数字化部队一样，说法很多。20 世纪 90 年代初，美国陆军率先提出了战场数字化和建立数字化部队的构想。数字化的积极倡导者当时的美国陆军参谋长沙利文上将说："战场数字化就是用电子纽带把战场空间的所有武器都连接起来，使指挥官得以协调战斗力诸因素，以达到毁灭性的效果。"这段话实际阐明了 3 个问题：连接什么？用什么来连接？达到什么目的？美陆军代理副参谋长阿诺德参少将则说得比较详细。他说："战场数字化就是在整个战场的战斗、战斗支援、战斗勤务支援系统和部队中引入数字化技术。其目的是保证信息的获得、交换和利用，以产生一个通用的相关的战场态势图。这将使得各级指挥官和参谋人员能始终拥有一幅清晰、准确和适当的战区图像，一个共同的数据库，并缩短决策周期。它还将向战斗人员和支援人员提供有关的实时信息，使他们能更有效地进行战斗"。阿诺德在这里明确提出了通用战场图、共用的数据库和实时信息等数字化战场的一些基本特征。稍后出台的美陆军数字化总体规划把战场数字化定义为："战场数字化就是在整个战场空间，应用信息技术，使每个指挥官、士兵和后勤人员能及时获得、交换和利用他们所需的信息，能始终拥有一幅清晰、准确的战场空间态势图，确保战斗计划的制订与任务的执行。数字化为战斗人员提供了纵向横向的综合数字信息网络，该网络将统一支配战场火力与部队的调动，确保指挥、控制与决策周期的优势。其目的在于为各个层次的战斗人员（从士兵到总司令）提供适当的实时的态势图（这些态势图是由传感器网络、指挥所、处理器和武器平台所收集的通用数据生成的）。这就使参战者可以积累有关信息，保持对周围情况的即时了解"。

综上所述不难看出，尽管他们在对数字化战场的描述上用词有所不同，强调的侧重点也有差别，但基本上都贯穿了一种共识，即构筑数字化战场，离不开数字化通信系统和信息网络的支撑。就这个意义上说，数字化战场实质上是网络化战场。健全的网络是打赢信息化战争的基础，因此有人说未来的战争无"网"不胜。前面提到的沙利文说的"电子纽带"也主要是指数字化信息网络。这种网络是构建数字化战场的核心，战场上的各种作战信息活动，无不借助这种载体才能进行。基于这种认识，对数字化战场可以这样描述："战场数字化，是指以数字化的信息系统将战场上各种武器平台和各军兵种分队（直至单兵）都连接起来，以便迅速、准确地向他们提供所需信息，并使他们能相互交换信息和共享信息。"从中不难看出，战场数字化后，其主要特点是以网络为中心的纵横一体、数字链接、作战要素融于一网，其主要优点是共享战场资源，利于联合作战和协同作战。

美军在 1994 年举行的"沙漠铁锤"演习中对数字化战场建设进行了检验。

演习表明，通过数字化信息系统，直升机将侦察到的目标数据传送给正在行进中的 MIA2 主战坦克，不到两分钟，坦克即向目标开火，开创了“空—坦”高效协同的先河。“炮—坦”协同同样非常高效。演习中，一辆 MIA2 主战坦克在进攻中发现了敌目标，立即将此情况用数字通信系统传送给正在行进中的自行榴弹炮营。榴弹炮营根据主战坦克传来的目标信息立即停靠路旁，向目标进行集中射击，并迅速将目标摧毁。整个协同作战过程仅花了 2min。

空军与坦克、坦克与炮兵的成功协同作战，充分显示了数字化战场的作战效能。美陆军装甲部队人士指出：“数字化信息系统解决了不同作战平台之间的互通问题，陆军第一次能像使用直瞄火力那样使用间瞄火力”。

9.5.2 为数字化战场定做的信息系统

美军从“鹰爪”行动的失败教训意识到必须从纵向角度转向横向和综合的角度来理解信息系统的前景。20 世纪 80 年代，美军在研制陆军战术指挥控制系统时就注意争取把战场上不同功能领域的指挥、控制（C^2）系统用数字通信系统横向连接成网。但此系统未能延伸到营和营以下部队，也未能把单个武器平台的横向联网考虑在内。

美陆军研制的陆军战术指挥控制系统是陆军军、师、旅级的指挥自动化系统（外军称之为指挥、控制、通信、计算机与情报系统，缩写为 C^4I 系统）。它将战场分成五大功能领域，每一功能领域在总系统中有一个相对应的指挥控制分系统，即机动控制领域的机动控制系统全球指挥于控制系统陆军部分（GCCS - A）（MCS）、火力支援领域的高级野战炮兵战术数据系统（AFATDS）、防空领域的前方地域防空指挥控制与情报系统（$FAADC^2I$）、情报与电子战领域的全信源分析系统（ASAS）、战斗勤务领域的战斗勤务支援控制系统（CSSCS）。这 5 个功能领域中的 5 个 C^2 分系统横向成网。它们不仅要完成各自的任务，还要作为陆军战术指挥控制系统的一个组成部分支持整个系统并相互支援，同时，5 个分系统也按指挥隶属关系纵向连通，上下级互通信息，互相支援。这种横向和纵向联系，依靠的主要是 3 个通信分系统，即单信道地面与机载无线电系统（SINCGARS）、移动用户设备（MSE）、陆军数据分发系统（ADDS），后者由增强型定位报告系统（EPLRS）和联合战术信息分发系统（JTIDS）组成。由于美军常用一个五角星来表示陆军战术指挥控制系统的结构，故陆军战术指挥控制系统也以“五角星形 C^4I 系统”著称，见图 9.13。

在研制陆军战术指挥控制系统的过程中，陆军深感该系统使用的计算机应通用化，以保证各分系统能互通，因而又提出了通用硬件/软件计划（CHS）。至此，陆军战术指挥控制系统共包括 5 个指挥控制分系统、3 个通信系统和通用硬

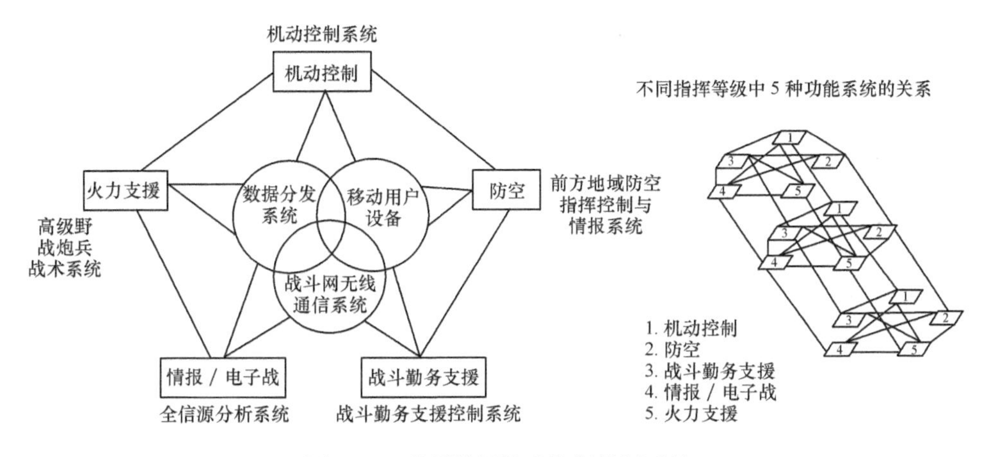

图9.13 美军陆军战术指挥控制系统

件/软件计划9个部分,见图9.14。

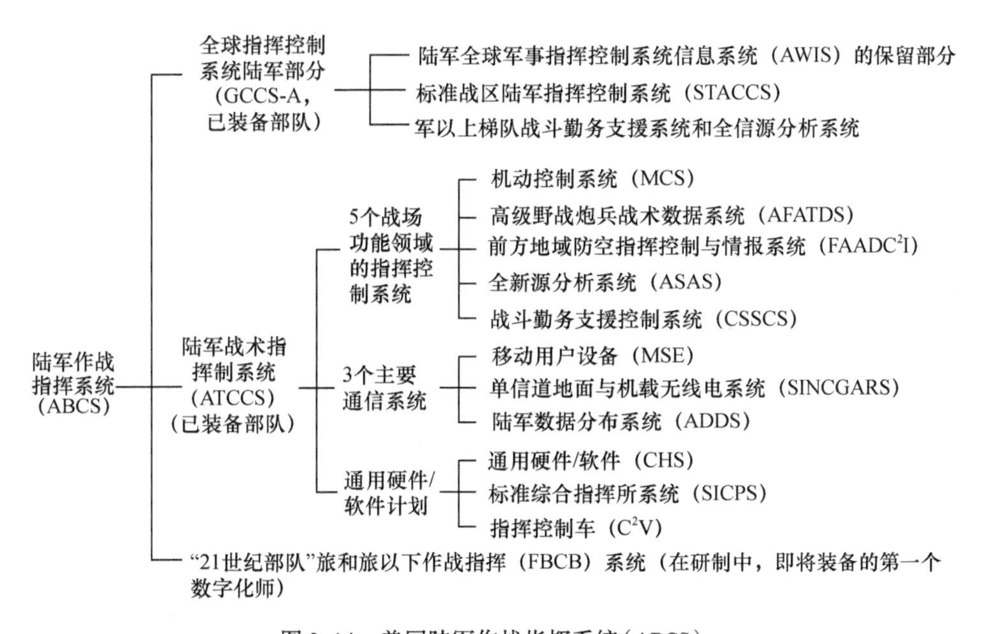

图9.14 美国陆军作战指挥系统(ABCS)

20世纪90年代中期,美陆军适应信息化战争和数字化战场的要求,参照美军参谋长联席会议提出的"联合武士"构想,调整了其指挥自动化系统结构,把陆军已有的和研制中的指挥自动化系统统一组合成一个陆军作战指挥系统(ABCS)。这套系统由三大部分组成,它们分别是:全球指挥控制系统陆军部分(GCCS-A,有时也写成AGCCS),用于战区和军以上部队;陆军战术指挥控制系统(ATCCS)用于军至旅级部队;"21 世纪部队"旅和旅以下作战指挥系统(FB-CB²)。在这三部分中,前两个部分已研制成功并装备了部队,后一部分正在研制中,即将装备美陆军第一个数字化师。

GCCS－A 既是 ABCS 的组成部分,又是美全军指挥自动化系统(C^4I)全球指挥控制系统(Global Cowwand and Coutrol System,GCCS)的组成部分。它是陆军最高级别的指挥自动化系统,上与 GCCS 接口,下与陆军战术指挥控制系统接口。其技术性能主要取决于 GCCS。像 GCCS 一样,GCCS－A 是基于客户机/服务器的系统,同样具有开放式结构,采用分布式处理技术,能满足实时工作的要求。其软件相当一部分来自 GCCS 的通用软件,但又有陆军所需的专用软件。此外,GCCS－A 还保留了原美军全球军事指挥控制信息系统(WIS)的部分软件和功能,所以,和 GCCS 一样,GCCS－A 也不是一个全新的系统。

ATCCS 是 ABCS 的中坚部分,它上与 AGCCS 接口,下与 $FBCB^2$ 接口。其特点是把 5 个战场功能领域的 C^2 系统综合成一体,以实现它们之间的横向连接、自动互通。

$FBCB^2$ 是美陆军为数字化战场量身定做的系统。在 1997 年发布的"FB CB² 作战需求文件"中,对在研的 $FBCB^2$ 系统总的任务做了以下说明。

"$FBCB^2$ 是陆军作战指挥系统的一个附属单元和关键组成部分,是一个数字式作战指挥信息系统,它在所有的战场功能领域,从旅往下直到士兵/平台级,为乘车/下车战术战斗、战斗支援、战斗勤务支援指挥官、班组长和士兵提供综合的、运动中的实时和近实时作战指挥信息和态势感知能力。"

根据该文件,$FBCB^2$ 系统将装备师所属重型、轻型和独立的乘车和下车机动突击部队、装甲部队、机械化步兵、陆航部队和侦察部队。它安装在坦克、战车、直升机和火炮上。这些部队和武器平台通过 $FBCB^2$ 系统和战术互联网实现横向和纵向连通,形成一个无缝隙的数字化战场。

因此。$FBCB^2$ 系统是美陆军专门为数字化战场研制的一种关键装备。陆军甚至宣称,没有 $FBCB^2$ 就没有数字化战场。

$FBCB^2$ 根据插入主平台的方式,分为"附加式"(Applique)和"嵌入式"(Embedded)两种类型。后者技术上更先进,造价也更贵。$FBCB^2$ 系统能向指挥官、参谋人员和单兵(包括运动中的)提供实时和近实时的态势感知能力、共享的战场态势图、敌我部队方位、目标识别、与主平台的通信电子接口等。而最主要的是,有了 $FBCB^2$ 战场上不同武器平台的横向连接才成为可能。

总之,数字化战场在现代战争中所显示出的功效及其发展前景,令军事家们刮目相看。组建"21 世纪部队"的基础是数字化技术,而组建"21 世纪部队"的关键则是战场数字化。数字化战场和数字化部队将随着新世纪的到来而成为现实。这是信息技术在军事领域广泛应用的必然结果。诚然,数字化技术复杂,耗资甚巨,除美国外,其他国家的步子都迈得较小,尤其是一些具体系统和设备的研制更受到各国国防预算的制约,最终不一定都能实现,而且数字化本身也不是万能的,但数字化代表的方向无疑是信息技术在军事领域掀起的新浪潮,是不以人们意志为转移的大趋势。

第 10 讲　通信系统应用战例

随着战争形态的演进和武器装备的高技术化,通信的地位和作用不断得到提升。和平时期对一个国家的电磁频谱进行大规模的侦察与干扰是一种无硝烟的战争。信息威胁比核威胁具有更大的使用灵活性。威胁理论正发展到用信息优势迫使敌人放弃战争行动的新阶段。信息时代主权观也有了发展,国家主权不仅包括国土、领海、领空的主权,而且包括频率资源在内的电磁领域和信息领域的主权。保卫频率资源、电磁主权和信息安全已成为捍卫国家主权的重要内容。

本讲介绍部分通信系统在战争中应用的实例。通过实际战争对信息系统使用的经验和教训,使我军的信息化建设借鉴经验、避免错误,建设水平能够迈上一个新台阶。

10.1　“信息风暴”席卷波斯湾

1991 年 1 月 17 日凌晨,停泊在海湾地区的美国军舰向伊拉克防空阵地和雷达基地发射了百余枚“战斧”式巡航导弹。以美国为首的多国部队开始实施“沙漠风暴”行动,揭开了海湾战争的序幕。

“沙漠风暴”实质上是一场“信息风暴”。在这场风暴中,多国部队的通信系统及其网络功不可没。正像美军一名参加过海湾战争的将领在追忆当时情景是时指出的,“一个突出的事实是我们有信息而萨达姆却没有,在整个作战过程中,我们都看得见、听得清、联得上,而萨达姆在战争开始后的几个小时,就变得又聋又瞎了”。

剖析美军在海湾战区布设的通信系统,具有以下 3 个明显的特征。

一是多,即投入的通信电子设备空前多。早在海湾危机刚出现时,以美国为首的西方国家的通信部队就开始动用他们遍布全球的通信资源,努力完成了许多“史无前例”的工作,单只美国在危机开始后 90 天内投入海湾地区的通信电子设备比它 40 年来投入整个欧洲战区的还多。而当“沙漠盾牌”变成“沙漠风暴”时,一个有史以来最大的战区通信网已在海湾地区建成并可立即投入使用。

这个庞大的通信网的主干是军用卫星通信系统,它包括美军的国防卫星通信系统、舰队卫星通信系统、空军卫星通信系统和临时发射的两颗轻卫星,还包括英军的"天网"卫星通信系统、北约卫星通信系统等。此外,多国部队还使用了国际卫星通信系统和国际海事卫星通信系统等商用卫星系统。除保障前线部队与美国本土的远程通信外,卫星通信还首次广泛用于战区内部的通信,参战各军兵种都配有国防卫星通信系统接收机和通信接口设备,驻沙特美军大都编有一支约 20 人组成的通信小分队负责操作卫星地面站。海军舰只都装有各种卫星通信终端。"海湾战争"是有史以来第一次主要通过卫星通信系统完成对作战的部署、支援、指挥与控制的。

除卫星通信系统外,多国部队还大量使用了远程话音和数据网、战斗网无线电系统、战术地域通信系统、数据分发系统和定位报告系统。在"沙漠盾牌"行动开始后的 60 天内,美军所建成的远程通信线路达 335 条中继线之多,而过去 40 年连接欧洲的中继线路只有 197 条。

二是大,即战场信息流量空前大。在整个战争期间,美国借助各种通信系统和设备将来自各个国家的部队有机地连接起来,它们提供的业务种类之多是世界上任何战区的同类网络无法比拟的。各种网络和线路经常处于满负荷甚至超负荷工作状态。据美"国防部关于海湾战争的最终报告"中指出,"战斗最激烈时,通信网络每天要传 70 万次以上的电话和 152 万件文电,此外还要管理和监控 3.5 个以上的频率。"美第 7 军的通信网平均每天传报 2.5 万件,在进攻初期每天传报竟达 4 万件之多。

三是快,即建立通信联络的速度快。"沙漠盾牌"行动初期,美陆军通信电子司令部从世界各军事基地调集通信人员和设备,在不到 6 周的时间内建立起一个庞大的指挥控制互联网。美空军也只用了不到 60 天的时间建起了 3000 多条通信路线,采用了几百台膝上计算机,组成了有史以来最大的战术通信网。而且,动用了 9 个系列 23 颗卫星,同其他通信系统一起,构成了覆盖全球和海湾战区的指挥控制立体通信网。海湾战区司令部在沙特驻地用 0.5m 伞形卫星天线,不到 1min 时间,就可与美国本土建立联络、美国总统可以对沙特前线实施直接指挥。

海湾战争开创了导弹对弈的先河,"爱国者"迎击"飞毛腿"的场面精彩诱人。这种精彩场面全是靠高速率的信息流支撑的。以美国为首的多国部队,将传感器收集到的伊拉克发射的"飞毛腿"导弹的各种信息通过国防卫星通信系统和国防数据网等以实时方式传送给处理中心,然后分别传送给"爱国者"导弹连、战斗机群、被袭击地点、指挥中心和五角大楼。整个过程仅用 2 ~ 3min,从而在伊军"飞毛腿"导弹约 7min 的飞行过程中,获得了 4 ~ 5min 的预警时间,保证了对来袭导弹的拦截和防护。军事分析家指出，“爱国者”拦截“飞毛腿”的准备时间虽然很短，却流过了数亿比特的信息。以美军为首的多国部队正是以这样的信息优势，对伊拉克实施了全面的信息压制，使伊拉克通信中断、指挥瘫痪、雷达迷盲、武器失灵，最终没有逃脱失败的厄运。

10.2 “沙漠之狐”撑起信息伞

1998年12月17—20日，美、英两国因武器核查问题，未经联合国安理会授权对伊拉克发动了以“沙漠之狐”为代号的军事打击行动。这次行动是美国在1991年海湾战争以后对伊拉克进行的规模最大的一次空中袭击，连续70h的空袭，充满着信息作战的气息，并取得了明显的效果。

为获取战场信息优势，保证美军作战目的顺利实现，在3天的“沙漠之狐”行动中，美军构筑了一个包括卫星、电子战飞机等在内的强大的空、地、海、天、电五位一体的指挥控制系统，其中，有E-3预警与控制机、EA-6B“徘徊者”电子对抗飞机、E-8联合监视与目标攻击雷达系统飞机、EC-130“大力神”机载指挥所以及RC-135“铆钉”联合电子侦察机等。在这次行动中，美军更加重视外层空间的有效利用，美国空军航天司令部投入近600人来执行各种空间支援任务。其中，照相侦察卫星可直接向F-117隐身战斗轰炸机提供目标的高分辨率图像和坐标数据；预警卫星提高了战术预警能力和预报的准确性，从探测导弹发射到发布预警信息的时间已缩到1min以内，全球定位卫星的覆盖能力更强，其接收机的应用更为广泛，因此大大增强了美军的中远程打击武器的作战效能和后勤精确支援保障的能力。此外，各种形式的人工情报也发挥了重要的作用。

为了鸟瞰伊拉克军队的战略部署，美、英两军在海湾战区撑起了一把“信息伞”，布设了天、空、海、陆一体化的立体信息探测系统。这把“信息伞”的伞顶是遨游九天的10余颗侦察卫星（包括照相侦察卫星和雷达成像卫星）；在空中，有6架电子侦察飞机（包括两架U-2高空侦察机）；在海上有侦察船，陆上有侦察站。这些侦察监视手段将各处探测到的信息，源源不断地通过通信卫星送往设在美国本土、由中央情报局和海陆空三军管辖的“沙漠之狐”行动中央行动办公室。该办公室对“信息伞”传来的信息分析处理后，转发到以津尼将军为首的负责“沙漠之狐”行动的中央司令部。中央司令部决策后，将作战命令和有关信息又通过通信卫星发往海湾前线，为美、英两军对伊拉克实施军事打击提供了强有力的情报支援。美军称，在这次“沙漠之狐”行动中，美、英所掌握的情报，比美国过去所进行的任何一场战争都要精确得多。

在“沙漠之狐”行动中,美、英两军借助“信息伞”对战场信息的掌握不仅准确性高,而且透明性也强。他们认为,信息时代作战对战场信息的感知能力至关重要。据美军测算,海湾战争期间美军侦察系统只能对不超过15%的目标提供实时、全天候、全时辰的信息,而在“沙漠之狐”行动中,至少可以掌握40%以上的军事目标信息。

信息的畅通,为美、英对伊作战取得了明显的效果。据美国原国防部长科恩披露,4轮空袭拟摧毁伊军19个指挥控制目标,实际上被彻底摧毁的有9个,严重破坏的有3个,中度破坏的有5个,轻度破坏的有一个,共计18个。没有击中的仅为一个。据此,“沙漠之狐”行动后,美军原参谋长联席会议副主席威廉欧文斯海军上将撰文指出,未来作战的胜负重要的不是看你拥有航空母舰的多少和空军的数量,而是取决于拥有智慧的多少以及运用“信息伞”能力的大小。“信息伞”可以代替核保护伞,我们可以通过“信息伞”来影响乃至控制别的国家。而要想使“信息伞”起作用,必须依靠通信系统。没有通信系统的支持,信息流不畅通,“信息伞”将无法工作。

10.3 网络斗士涌动巴尔干

1999年北京时间3月25日凌晨,北大西洋公约组织19个成员国中的美国、英国、法国、加拿大、德国、意大利、荷兰、西班牙、比利时、挪威、土耳其、葡萄牙和丹麦等13个国家,以维护人权为借口,打着“避免种族灭绝灾难”的幌子,无视《联合国宪章》,肆意践踏国家法准则,公然对独立主权国家南斯拉夫联盟共和国发动了代号为“联合力量”的大规模空中打击行动,这是以美国为首的北约对南联盟赤裸裸的武装侵略,也是美国妄图建立单极世界野心的大暴露。

北约对南联盟实施大规模高强度的空袭,是一场在天、空、地、海、信(信息)同时展开的全维战争。其中,信息战起着先导作用并贯穿于战争的始终。为了夺取战场信息优势,以美国为首的北约动用了包括天基平台在内的大量信息装备和信息系统。这些装备和系统有美军多种通信卫星、预警卫星、侦察卫星、气象卫星以及全球定位系统卫星等10余类50余颗卫星。此外,还出动了各种预警机、电子战飞机、通信对抗机、战场指挥控制飞机、电子情报飞机、高空侦察机、无人侦察机等各类航空兵器,还有在南联盟周围设置了足够的信号监听站。在科索沃战争中,以美国为首的北约部队首次使用强电磁脉冲炸弹等新研制的信息攻击武器,攻击南广播、通信基础设施。其中,EA-6B电子干扰机可以挂5个战术干扰吊舱,装多种通信和雷达干扰设备和干扰物投放器。该机干扰能力很强,据称施放干扰3s就能使被干扰空域的防空系统瘫痪。它能对半径数十公里内的电子计算机、收音机、手机、电话、电视机、雷达等一切电子设备造成严重的物理损伤，而且很难修复。为了使南联盟的防空指挥和防空兵器系统瘫痪，北约不仅进行强烈的电子干扰，而且对已经发现的电磁发射源及时进行反辐射攻击，或用其他导弹、精确制导炸弹加以摧毁。

南联盟在北约部队高强度的持续电子攻击下，一度处于信息遮蔽状态，雷达迷盲、通信中断，连广播电台、电视台的广播都收视不清。我国中央电视台在1999年3月25日凌晨对北约空袭南联盟现场直播的突然中断，便是由于北约实行了全面电子干扰的缘故。

面对北约部队的信息进攻，南联盟军民避敌锋芒另辟蹊径，利用计算机通信网络技术进行反击。他们通过信息网络系统广泛开展对外宣传，揭露北约侵略行径，从而有力地打破了西方国家对科索沃危机的舆论封锁，而且还为政论与民意之间的沟通架设了桥梁。在加拿大的一名塞尔维亚人波斯科维奇说，"因特网是我们反对战争的武器，通过互联网论坛、电子邮件，我们可以很快就知道祖国和同胞们的情况。"

"你炸我的疆土，我黑你的网站。"这是南联盟军民在因特网上对北约宣战所采用的战法。他们运用"黑客"技术袭击北约部队的电子计算机系统，致使北约主要成员国部分计算机网络受到破坏，美国白宫网络服务器在3月28日瘫痪达数小时之久。那一天，美国一架F－117A隐形战斗机被南联盟击落，可谓祸不单行。

贝尔格莱德电脑"黑客"还通过电子邮件对北约信息系统实施高密度的"电子轰炸"。据北约网络专家透露，"巴尔干地区一台电脑每天向北约总部发出的电子邮件竟达2000封之多。其中包含有各种大大小小的电脑病毒，它们巧妙地隐藏在电子邮件中，处理这些病毒需要花费大量时间，而且有的根本无法破译。"

巴尔干半岛的北约部队每天在数以万计的电子邮件猛烈轰炸下，信息网络严重超载，造成通信阻塞。北约部队首脑直言不讳地承认，如想访问北约总部网站，进站速度宛如蜗牛爬行一般。这是北约有史以来所遭遇到的非武力所能解决的最大难题。

尤其需要提到的是，在用人民战争的方法打信息战时，南联盟涌现出了许许多多"散兵游勇"和民间"黑客"。修道士参与信息战的事例颇能作为佐证。

修道士萨瓦述奇所在的修道院位于科索沃西南靠近阿尔巴尼亚，是北约空袭的中心地带。他通过修道院网站接待外国记者和使馆人员"网访"，及时地向外传播战争实情尤其是北约巡航导弹的攻击情况，不断揭露北约的野蛮和侵略行径，令北约首脑怒不可遏，而又无可奈何。

信息化战争和信息战正在成为军事变革的重心。而信息化战争和信息战，就其发展来说，是知识战、智慧战，是真正意义上的谋略战。

信息化战争的基础是什么？尽管人们可以从不同的侧面有不同的回答，但有一点是勿庸置疑的，那就是通信网。通信是一切作战信息传输的介质，是信息作战中诸军兵种联合、连接的纽带，是一切作战武器赖以形成整体的神经系统。

10.4 “鹰爪”行动功亏一篑

前面曾经提到，数字化战场的主要特征是“纵横一体，数字链接”。作战实践表明，纵向链接通常比较容易实现，出问题的往往是各作战平台的横向链接。这一点也正是长期以来困扰美军作战指挥的薄弱环节。其中最明显的例子是美军于20世纪70年代末营救美国驻伊朗大使馆的人质代号为“鹰爪”的行动。

1979年亲美的伊朗国王巴列维被推翻，霍梅尼上台执政，美伊交恶。拥护霍梅尼的伊朗学生占领了德黑兰的美国大使馆，53名美国人成为人质。美国卡特政府通过长时间外交活动未能解决问题，决定转而使用武装力量，以奇袭方式营救这批人质。

营救人质的联合特遣部队约120人，加上支援人员（如别动队等）共约200人。原计划是1980年4月24日晚特遣部队乘C－130飞机从阿曼的马西拉岛起飞，到德黑兰东南491km处的卡维尔沙漠（代号“一号沙漠”）着陆，再换乘8架直升机（从阿曼湾中的“尼米兹”航母起飞，至“一号沙漠”等待）至二号隐蔽地隐蔽，次日晚再同先期进入德黑兰的美军特工人员和协助他们的伊朗人士取得联络，然后进入美国大使馆营救出人质。此时直升机应降落在美国大使馆内或附近，把突击队和人质运往德黑兰外一个已被美军别动队占领的机场，换乘C－141运输机飞往友好国家。

在计划阶段就明确了至少要有6架直升机才能完成任务。但从“尼米兹”航母上起飞的8架直升机中途遇上大沙暴。此时“一号沙漠”并无沙暴。糟糕的是保卫“一号沙漠”的别动队使用的电台既不能与突击队通信，又不能与直升机联络，直升机无法了解“一号沙漠”无沙暴的情况，致使其中两架直升机返航，而其中一架是装载零备件的。到达“一号沙漠”的6架直升机中有一架又出了故障，因无零备件而无法修理。此时只剩下5架直升机。“一号沙漠”的指挥官只得决定中止执行任务。特遣部队在撤离“一号沙漠”时发生了灾难性事故，一架直升机与加油机相撞，牺牲8人，损失近2亿美元。消息传来，举国震惊，对卡特政府的威望是一次沉重的打击。

事后的调查表明，特遣部队与上层指挥之间的通信联络主要由通信卫星保障，卫星工作得很出色，它把地理上非常分散的指挥体系连接起来。通过卫星，远在埃及厄迪坎纳的联合特遣部队总指挥官沃特，既可以指挥远在伊朗的特遣部队，又可以同“尼米兹”航母联络，也可以同五角大楼和白宫以实时方式通信。因此最高领导层一直能及时掌握任务执行情况。

尽管上下级之间的纵向联络是畅通的，特遣部队和分队内的横向通信却存在着致命的弱点。由于他们所用的主要通信设备（调频电台）互不兼容，导致这次行动以失败告终。因此，调查报告指出：军事行动过程中，必须使上级指挥部门了解事态的发展，保障与上级指挥部门的通信联络至关重要。然而，绝对不能忽视的是，下级分队间的横向联络也同样重要。“鹰爪”行动中，中下级指挥官虽可以通过上级指挥中转信息，而他们自己却不能连通，正是在这一点上“鹰爪”计划犯了致命的错误。

“鹰爪”行动的教训是沉痛的。它使美军方领导人越来越意识到必须从纵向角度转向横向和综合的角度来理解信息系统的前景。20 世纪 80 年代，美军在研制陆军战术指挥控制系统时就注意争取把战场上不同功能领域的指挥控制（C^2）系统用数字通信系统横向连接成网。但此系统未能延伸到营和营以下部队，也未能把单个武器平台的横向联网考虑在内。

10.5　海湾战争中的卫星通信应用

自通信卫星问世以来，在世界上爆发的局部战争和武装冲突中，卫星通信得到了越来越广泛的应用。统计资料表明，在 1991 年刮起的“沙漠风暴”中，卫星完成了 80% 以上的军事通信任务；在 1998 年的“沙漠之狐”行动中，卫星完成了绝大部分的军事通信任务；在 1999 年的科索沃战争中，卫星几乎完成了所有军事通信任务。西方发达国家的军队，尤其是美军对卫星通信的依赖达到了不可或缺的程度。

据不完全统计，海湾战争中，美军及其盟军共动用了 9 个系列共 23 颗通信卫星，组成了众多的卫星通信系统。其中主要有国防卫星通信系统、舰队卫星通信系统、英国的“天网”卫星系统、北约卫星通信系统以及国际通信卫星（INTELSAT）和国际海事卫星（INMARSAT）通信系统等。如表 10.1 所列。美军将研制中的军事战略与战术中继卫星极高频转发器搭载在舰队卫星上，作为连接美国总部与海湾前线的指挥手段。可以说，海湾战争中盟军使用的是由多种卫星通信系统构成覆盖全球的指挥通信网络。

表 10.1　海湾战争中的卫星通信系统

系统名称	频率/GHz	功率/W	用途
国防卫星通信系统	7～8	52(DSCSⅡ) 1100(DSCSⅢ)	远程战场通信
舰队卫星通信系统	0.24～0.49	1150	为国防和海、空军提供远程通信
军事战略与战术中继卫星 EHF 转发器	60	105.4	为国家最高指挥当局和海湾前指提供通信
租用卫星通信系统	Ku 波段	900	海湾舰队通信
跟踪与数据中继卫星	S 和 Ku 波段		转发数据
天网卫星			支援海湾英军作战，增大美国防卫星通信系统的容量
北约卫星	7.25～8.4		保障多国部队通信
国际通信卫星	1.5～1.6	355	保障多国部队通信
国际海事卫星	1.5～1.6	355	海湾美军与家属通信

10.6　科索沃战争中的卫星通信应用

北约在对南联盟的空袭行动中至少使用了 15～20 种不同用途的卫星及其相应的卫星通信系统。其中包括 24 颗全球定位系统导航星、美国国防卫星通信系统、载有全球广播业务系统的美国海军特高频后继星(UFO－9)、舰队通信卫星、跟踪与数据中继卫星、北约－4 通信卫星、英国“天网”通信卫星以及法国的“锡拉库斯”系统等，可能还有美国“军事星”通信卫星。美国数字公司在科索沃上空提供“铱”星系统通信业务，供各主要国际电视网络和救援组织使用。通过“铱”星的手持电话，指挥控制中心几乎可与世界各地的美军司令部直接联系。

GPS 在这次战争中得到了更广泛的应用。北约“战斧”巡航导弹装备了惯性导航系统/全球定位系统(INS/GPS)中段制导设备，替代了海湾战争中使用的惯导/地形匹配中段制导系统。由于导弹上的 GPS 接收机是用导航卫星测得的导弹与目标的相对位置和速度来修正导弹的飞行路线，不再像地形匹配系统依赖地图飞行，因而增加了导弹飞行航路选择的灵活性，也克服了导弹在水域上空飞行时地形匹配系统不能正常工作的不足。

10.7 伊拉克战争中的美陆军第11通信旅

2003年3月20日，伊拉克战争打响时，美陆军网络企业技术司令部（NETCOM）/陆军第9通信司令部刚刚成立6个月，但该司令部迅速表明，它有能力为从作战前线到国家最高指挥当局的整个陆军提供安全、可靠和即时的通信。

无论是从作战角度还是从通信角度来看，第11通信旅即陆军的兵力投送通信旅之一发挥了先锋的作用。美陆军的大多数部队部署在全球各地，网络企业技术司令部的作战行动基本上遍及全球。

第11通信旅不同于其他大多数通信旅。除了3个战术通信营之外，它还有一个战略通信营，伊拉克战争开始之前就已经全都部署到了西南亚地区。该战略通信营与全球信息栅格接口，而全球信息栅格就像是一条包罗万象的超级高速公路，它使从散兵坑到白宫的战略和战术级多层通信网络实现了互联。

由于战略通信营部署到位，通信系统能够即插即用，能够使用战术通信设备把国防信息系统网（Defense Information System Network，DISN）业务、电子邮件、保密IP路由网（SIPRNET）、非密IP路由网（NIPRNET）和其他通信业务迅速传送到世界各地。

在夏威夷和迪特里克堡也有战略通信营。此外，在南美洲、韩国和环太平洋地区也有战略战术入口点。在通信过程中，可连接战略战术入口点，由战略通信转变为战术通信。

同时，第11通信旅能够有机会使用多种通信工具，如卫星终端、交换机、视距微波链路和对流层散射通信等。在对流层散射通信中，信号从电离层反射到接收终端，其通信距离为40～240km。对流层散射通信比视距通信更有效。这种类型的通信技术已问世很久了，但只在沙漠中真正得到了使用，第11通信旅是美陆军唯一装备了三波段卫星终端的通信旅。该旅的自备式车载三波段终端，可提供Ku、X和C频段的卫星通信。X频段是传统的军用卫星通信频段，Ku和C频段是典型的商用频段。这使得美陆军既能利用军用卫星频段，又能利用商用卫星频段。

六部三波段终端样机进行了战场测试和评估，它们都归第11通信旅所有。尽管数量不多，但发挥了很好的作用。该终端还有一个突出的特点，即配备有嵌入式交换机，能够接收、处理、分解并对用户传送上行和下行链路上的信号。

此外，很快还将部署“凤凰”四波段终端。该终端将另外增加一个卫星频段，用于增加战区的带宽。使用这些多波段终端的目的是实现宽带或者增加带宽。所有部队都要求增加带宽，因此，需要通过诸如三波段和四波段终端之类的设备连接全球信息栅格。

“凤凰”终端将取代陆军150多套日益老化的地面机动部队战术卫星通信系统。它将为作战人员提供更高带宽的卫星通信。L－3通信系统公司与陆军的WIN－T小组签订了合同，为“凤凰”1期计划生产、测试和验证8套经过扩容的高机动多用途轮式车车载三波段卫星通信系统。

第11通信旅部署在8个不同的国家，参加过多次应急作战，如阿富汗战争和两年一次的多国“明星”训练演习。

与其他任何军种相比，第11通信旅在一支部队里实现了更多的能力。该旅最先进的工具之一就是数据包能力。为了提供保密数据，多路复用器、服务器、防火墙和有关的硬件都被打包在一起，以便能够迅速传送数据，并能迅速分开保密通信和非保密通信。这些数据包由商用现货部件组成，利用最新技术，为已部署的作战人员提供与后方的支援基地相同的高质量的数据服务。

在“沙漠风暴”行动期间，第11通信旅在后勤方面遇到的最大问题是设备的装运问题，另一个问题就是在战场环境下对设备的维修问题。

在伊拉克战争期间，第11通信旅的出色表现受到了高度的赞誉。伊拉克战争表明，确实需要那些利用商用以及军用体系结构的多频段卫星通信设备。在商用交换方面，该旅把话音交换机嵌入了车载多频段系统中。不过，如果购买一台专用的交换分机，并把它与数据包和战术交换机结合在一起，就能使容量倍增。

第11通信旅旨在实现自备的和保密的通信能力。利用现成的商用交换设备还有一个优点，那就是网络企业技术司令部能够把它的战术设备带回美国，而把商用设备留在那个国家，以帮助建设该国的基础设施。

10.8 空降部队的“顺风耳”——美军第501通信营

被称为“鹰之声”的美军第501通信营是一支以尖端信息技术和装备武装起来的现代化战术通信部队，该营隶属于第101空中突击师。在伊拉克战争中，该营的出色表现和可靠保障为美军101空中突击师“空降尖兵行动”的圆满成功立下了汗马功劳。战争爆发后，101空中突击师之所以能够像一把利剑迅速插入伊拉克纵深地带展开作战，除了依靠其强大的直升机编队外，很重要的一点就是得到了技术超前、装备先进的现代化通信部队的全程支持和保障。由于有了先进的指挥、控制、通信系统，该师处于不同地理位置的各机动部队才能够在与其前线指挥官保持联系的同时，还可以随时与该师本部指挥所取得联系，牢牢地掌握了战场信息主动权。这种通信能力使101空中突击师下属的包括步兵、直升机部队及炮兵在内的各种作战力量能够协调一致地以远程攻击的方式机动打击敌军事力量。此次第501通信营为101空中突击师提供的通信带宽，足以使该师实现多媒体通信，而且使他们在部队机动和高度分散的战场环境下，能够实时召开全师各级指挥官参加的电视电话会议。

10.8.1 构建并运用性能完备的两层主干战术通信网

501通信营这种高超的连通能力来自其尖端的信息技术和先进的通信装备，而这种高超的连通能力又极大地增强了参战通信人员与战斗人员的作战能力。可以说，现在501通信营的工作远远超出单纯的话音信号连接范围，已拓展到了数据连接和图像信号连接等更广泛的领域。

在此次战争中，该营构建的战术通信网分为以下两层。

第一层是由调频（FM）、单信道战术卫星通信、极高频与高频无线电台组成的单信道通信网。师基指、师后指、师突击指挥所（Assault Command Post，ACP）、旅战术作战中心及各营的战术作战中心等所有指挥所都使用了这种单信道通信网。单信道通信是该师执行空中突击任务时使用的一种最为关键的通信样式。

第二层是一种由移动用户设备（Mobile User Equipment，MSE）构成的更为强大的通信系统。它可为师、旅、营三级指挥所和战术作战中心提供话音和数据链通信支持。这些MSE系统通过与战术电话、数字非保密话音终端（Digital Unsecured Voice Terminal，DNVT）及移动用户无线电终端（MSRT）连接，能提供话音和数据通信服务，而它的数据通信功能可通过机动控制系统（Maneavering Control System，MCS）窗口为师提供通用作战图。

该师其他部门，如防空炮兵、后勤及军事情报等单位，则是在利用其特定的数据网络的基础上，通过MSE网络实现其自身通信。该通信营为数据系统提供了MSE传输线路，使其相互间也能够连接，并为师的每一个单位提供通用作战图信息。这种连接对于作战计划的制订来说颇为重要。除话音和数据通信外，该网络还可使指挥官之间能够举行视讯会议（主要是话音和数据会议）。特别是在战争的兵力集结阶段，旅及独立营战术作战中心的指挥官们利用其装有国防协作工具程序的计算机时常召开此类会议，该程序可使他们共享数据文件，并能修改显示器内的文件内容。

10.8.2 充分利用配套设备适时连接并扩展系统网络

501通信营目前尚未将MSE所具备的能力扩展到旅及独立营以下单位。连到营和连到排有他们自己的通信能力，都具有与501通信营的网络进行连接的能力，不过这种能力只能在该营网络节点附近才能实现。这些MSE的连接系统主要由几个网络节点组成，其网络中心就是节点中心，它由 6 辆高机动多用途轮式车（HMMWV）组成。这些节点中心可提供系统转换、无线电系统管理和网络管理及支持服务，主要负责基于网络的连接、用户编码、网络通信安全等业务管理和与附近节点中心及其他单位进行视距无线电连接等业务。这些节点中心能以 1024kb/s 的速度提供连接服务。

目前，501 通信营配备有 3 个这样的节点中心。另外，该营还配有两套“应急通信交换机（CCPS）”和 4 套“应急通信扩展交换机（CCES）”系统。CCPS 交换节点由 4 辆载有 TTC－50 型交换机和两套 TRC－198 型视距无线电通信系统的 HMMWV 车组成，可提供电话线连接、远程无线电接入装置和作战网络无线电接口等。CCES 系统则由一个 TTC－50 型交换机、可拆卸式视距无线电台和一辆 HMMWV 车组成。它可提供民用及国防交换网电话线以及远程无线电接入装置和作战网络无线电接口。CCPS 和 CCES 是 501 通信营专门为突发事件提供通信服务的两种通信系统版本。该系统也被称为“部队入口交换机”，其作用是在一个军队前沿突击点与后方供给基地或中间转运站（中间部署基地）之间提供通信连接。

此外，该营还配有可为航空旅、独立营及旅支援地区提供通信支持的小型扩展节点（Small Extension Node，SEN）。其中，SEN（V）1 型节点有 8 个，可提供 26 个导线终端、两条民用电话线和一种可与附近节点中心或“部队入口交换机”连接的视距无线电台；SEN（V）2 型节点有 4 个，可提供 41 个电线终端、两条民用电话线、视距无线电连接和一个作战网络无线电接口。

另外，该营的地区通信支持是由 3 个远程无线电存取装置提供的。这些装置由一个 TRC－191 型无线电存取装置、一部 TRC－190 视距无线电台和一辆用于支援的 HMMWV 车组成。它们为 101 师那些节点中心或“部队入口交换机”覆盖不到的地区提供移动用户无线电终端服务。这些装置和 SEN 之间的连接速度为 512kb/s。MSE 以视距无线电通信方式实现节点之间的连接。虽然其通信距离有限，但这也正是卫星通信进入网络数据的切入点。五部“多路卫星终端（MUXSAT）”提供远距离连接。这种连接对于网络扩展来说至关重要，尤其是对 101 师在此次战争中采取的快速远距离突击行动来说，这种连接显得更加重要，如“多路卫星终端”可为相距数百千米的战术作战中心提供重要连接。当 MSE 转换器被送至超视距距离时，一般都会派一个“多路卫星传输终端”分队与其同往，以便与师部进行远距离通信。具有这种卫星通信能力的 MSE 与旅战术作战中心一起可确保战术作战中心既可接收单信道通信信号，也可接收 MSE 话音、数据链及通用作战图。这种“多路卫星传输终端”装置有两种类型：一种是 TSC－93C 型卫星终端，501 通信营装备有 3 部这种终端，分别安装在两辆带有拖式发电机的高机动多用途轮式车上,可以与其他终端建立多路连接;另一种是TSC-85C 型卫星终端,该营装备有两部这种终端,它们分别安装在两台同样带有拖式发电机的中型系列战术卡车(FMTV)上,它是一种同时能与四部其他终端进行连接的中心终端。

在此次战争中,501 通信营根据 101 空中突击师指挥官的要求,对其 5 个多路卫星传输终端进行了严密的部署,其中一个部署在师总部,另一个部署于师后指,其他 3 个部署于前指,这样既可用于支持该师的 3 个步兵旅,也可用于支持两个步兵旅和一个突击指挥所。该营的多路卫星传输终端可为师主指挥所与后方指挥所之间提供 204Mb/s 的连接,而这些师的指挥所与下面各旅及军之间的连接速度则可达 1024kb/s。

10.8.3 积极采用新技术、新设备不断改进系统功能

战争爆发前,501 通信营的卫星通信系统刚刚进行过升级改造,性能得到了明显提高。改造后的系统可以以 8Mb/s 的速度进行数据传输。但是,由于其他军级单位的卫星系统尚未进行这种升级改造,所以 501 营的多路卫星传输终端分队在与他们进行数据交换时速度只能达到 4Mb/s。针对这种情况,501 营采取了灵活使用带宽的措施,如与战术作战中心之间的通信使用 1024kb/s 的带宽,而与师战术作战中心和各旅之间的通信中则使用 512kb/s 的带宽。所用带宽的大小主要取决于当时网络使用者的具体情况。

必要时,501 营的这些通信专用 HMMWV 车可用 CH-47 型直升机运至前方。一般来说,那些在两天内就要派上用场的设备被空运到使用地点。所以,前方部队始终与 501 通信营保持不间断的通信联系,确保了该营能随时对作战部队进行支持。

伊拉克战争中,101 空中突击师深入伊拉克境内进行的“空降尖兵行动”是在一个具有多种通信手段的“跳跃式指挥所”的支持下展开的。这个被称为 C^2(即指挥与控制)的机动指挥所是一架直升机,它可提供超高频(UHF)、高频及单信道战术卫星链路和调频(FM)等通信手段。这些通信方式对地面部队也是同样适用的。在战争的不同阶段,这些直升机机动指挥所分别成为 101 空中突击师作战前沿与该师突击指挥所或师部之间联络的关键渠道。C^2 飞机不仅具有通信中继功能,实际上它还是一个该师助理指挥官甚至将军级指挥官搭乘该飞机时行使指挥职能的一个空中指挥所,飞机上的乘员都是经过精心挑选的,既可对地面部队实施指挥与控制,又能保证其通信系统正常运转。每架飞机上均有 501 营派出的专业技术人员。目前,501 营装备了数架这样的直升机,其中一部分已通过升级改造,可以提供 5000b/s 的专用通信线路,而未经改造的直升机

则只能提供2500b/s的专用线路。当前沿部队进行纵深攻击时，通常派一架这种飞机进行通信传输支援。被派出的飞机一般在地面先头部队和师主指挥所之间飞行，并利用其与地面部队通用的单信道通信系统提供通信支援。但是，这种飞机上没有装备MSE。为了弥补这种缺陷，501营为101空中突击师的每个战术作战中心配备了MSE设备。另外，在对伊战争中，501营还成功地运用了一些新的信息网络技术设备。例如，使用了新的网络监视工具，它使原来十分繁杂的监视带宽工作变得非常简单，而且有利于检修战术作战中心的设备。

另外，通信还能从系统控制中心(SYSCON)改变战术作战中心的路由器配置，通过监视器能够观察到网络中出现的尖峰信号，并在需要的时候改变通信路线等。还有一个很新且非常有用的工具是美国通用公司提供的KG-175或TACLANE，它可使保密的IP协议连接与非保密的连接之间进行有效的通信。这样，信号员便不必再为保密和非保密的IP网连接建立两种信道，将这两种信道合为一体也不会影响通信安全，这对于需要进入安全环境的非保密因特网协议路由网用户来说特别有用。501营在每个用户波段中心均建立了这样的TACLANE。该营还很好地使用了net.com公司的Promina 400多路复用系统，这些系统是501营在进入伊拉克前几个月接收的，他们共有3套这样的系统。这些系统可用于管理通过干线传输的保密、非保密及话音通信事务。在这3套系统中，一套部署于与师的后方指挥所相连接的中继站，主要传送话音和NIPRNET业务，另两套分别部署于师后指和师基指。这种多路复用系统对于管理通过这些线路的每个单位的带宽来说都是非常有效的。

问题与思考

1　保障军事信息系统工作的能源系统经得起战争考验吗?

在第一次海湾战争中,美军使用了石墨炸弹使得伊拉克的电力系统全面瘫痪,美军取得了信息战的绝对优势,使我们看到了电力能源供给是信息战的基础之基础。

石墨炸弹又称为碳丝炸弹,或者称为软炸弹,因其不以杀伤敌方兵力而命名。又因其对电力系统强大的破坏力而被称为断电炸弹。它是选用经过特殊处理的碳丝制成,每根碳丝直径只有几千分之一厘米,可以长期飘浮在空中,对高压输电系统造成破坏。

面对这种进攻方式我们做好准备了吗?

2008 年年底的南方雨冻灾害告诉我们,我们可能还没有准备好。2008 年年底,南方遭遇了百年不遇的雨雪天气。雨水遇冷迅速结冰,把高压输电线路压断,从而使南方多数地区无电可用。

面对突然出现的断电情况,铁路部门没有准备,没能及时调度出内燃机车。因为铁路电气化以后,内燃机车退出运营,司机后继乏人,已有机车得不到维护。通信公司也没有准备,面对断电情况手足无措,长时间恢复不了有线和无线通信。电力公司虽经艰苦努力,也是在半月之后,在牺牲了几位同志的情况下才恢复了供电。

如果把这次雨冻灾害看作是一场“气象武器”攻击的话,我们是打了一场败仗。如果电力能源系统没有为战争做好准备的话,所谓的“信息战”将是建立在海滩上的大厦。

如何解决高压铁塔输电容易受到攻击的问题?分布式发电、地埋电缆传输都是解决办法。但是涉及电力系统的投资和决策,又是一个利益的问题。但是这个问题不解决是不行的!

关于美军在此方面的解决方案可参见“美军移动供电现状及发展趋势”(《电源技术》2015. 7 Vol. 39 No. 7)一文,在此不再赘述。

2　我们在网络空间构筑的万里长城真的能够抵御入侵吗?

网络空间被称为"第四国土空间",疆界的防卫已经提到议事日程。网络空间的"万里长城"指的是现在在军队和军工部门实行的内外网隔离,这是被认为杜绝泄密的法宝和"灵丹妙药"。

但是,网络空间的游戏规则与我们所处的三维空间是不同的,不能以修长城的思维做网络安全。因为网络的节点极多,任何一个节点有意或者无意与互联网相连,则整个网络都连到了互联网。又由于平时内外网隔离,大家疏于防范,认为万无一失,就像在洁净间的人员一样,一旦接触外界,没有任何免疫力。

反观银行界、证券界、民航和铁路,这些行业的数据与军队的数据一样,都称为"关键数据"。由于都是长期在互联网上运行,所以积累了一套信息安全的策略,安全运行多年。虽然也遭到网络攻击,但就是在这些不断的攻击中提高了自身的免疫力。

在此给各位同学提出的问题就是:我们在网络空间构筑的万里长城真的能够抵御入侵吗?这里所涉及的是常理,而不是专业。也希望各位同志在实践中给出明确的答案。

3　军事信息系统的军民融合发展

通过前面课程的学习,可以看到美军的网络中心战是基于购买企业的信息服务而构建的。相应地,法军、英军也都积极地向信息运营商购买服务,提供端到端加密方式的军用通信服务。反观我军,虽然干线光纤线路与民用光纤线路同沟建设,但是严格划分,几乎没有购买信息服务的历史。在 20 世纪七八十年代,政府部门也是各自建设自己的电话交换系统,只是在 21 世纪初才逐步采用购买服务的方式。

在大数据服务方面,因为近几十年我国没有战争,没有机会与外军进行过实兵对抗,因此,对于我军的信息系统能承受的信息负载没有得到实战检验,心中没数。但是,像阿里巴巴这样的信息服务公司,经受了单日成交 1000 亿元的实战考验。除了处理能力的考验,还要经受网络攻击和信息泄露的考验。因此可以说,阿里的云服务是世界上经得起考验的数据服务,在军民融合的背景下,不应只考虑购买设施设备,还要考虑购买服务。只要学习美、英、法军的做法,加强数据加密传输和管理,就能很好地服务于军队。

在数字化部队建设中,可以看到美军士兵配备有数字士兵终端,实时显示敌友的位置、即时发送语音和视频、通过 GPS 定位,这与腾讯的微信服务多么类似。是否可以运用腾讯的技术团队开发或者改造升级为数字士兵的数字终端?这也是购买技术服务的范畴。这些值得各位同学去思考和落实。

4 我军的信息系统集成迫在眉睫

第一次海湾战争之后,各国看到了信息化作战的威力,都在大力发展各自的数字化部队和构建数字化战场。经过 20 多年的发展,我军的信息化水平已经迈上了新台阶,与美军相比可以说从望尘莫及已经到了望其项背。原来在总装备部体制下,对武器装备的质量管理有一套行之有效的体系,保证了武器装备的质量。但是涉及信息化系统,由于技术更新很快,再用武器装备的管理方式,一个定型往往数年甚至十几年,已经不能满足信息化的"摩尔定律"了,因此要加快信息化装备的定型和使用。

另一个问题就是集成。我军的信息化装备种类已经很多了,但是在原有体系下没有集成的总体单位或者说集成度不够,形成了各种设备都是独立操作,做不到"All in One"("一键式"或者"傻瓜式")。一个士兵服役两年,掐头去尾也就一年半时间,等学会了一些设备的操作,也到了退役的年限时间,很难形成战斗力。来自一线部队的学员深有体会。虽然有些通信团、通信营试图去做集成工作,因为资金和技术的限制,往往达不到预期的效果。而取得的成就也仅限于本部队使用,不能推而广之。

因此说,我军的信息系统集成迫在眉睫!

附录　数字化与《易经》建模

1. 引　　言

数字化、信息化源于西方，被认为是现代科学。如果说源于我国的《易经》或者说与《易经》同源，则有些同学会认为牵强附会。本附录摘选《物联网社区服务集成方案与模式研究》一书中关于通过《易经》建模来分析 IT 业的模式，从中为军队信息化的模式研究提供一些帮助。《物联网社区服务集成方案与模式研究》一书源于国家科技支撑计划“物联网社区服务集成方案研究”（2012BAH15F02），已经通过《易经》建模方式分析了关于社区物联网应用的模式，并已经得到了应用证明。关于军队信息化的模型建立，由于没有更深入的研究，尚未建立，望感兴趣的同学们自己结合实践加以思考。

2.《易经》建模

数字化起源于 18 世纪德国数学家莱布尼兹二进制的发明，而后才出现了计算机、互联网等信息化产物。而莱布尼兹在其名著《关于只用两记记号 0 和 1 的二进制算术的阐述》一书中说道：“这种演算的令人惊奇之处，是这种用 0 和 1 进行的演算竟然包含着一个叫做伏羲的古时的国王和哲人所作的线段的奥秘这些图形都可以归结为这种算术。但在此只提出所谓的被认为是基本的八卦，并附以解释就够了。一旦我们注意到，首先一条整段线—指单位或 1；其次，一条断裂的线段——指 0 或者零，那么这个解释就明显了因为这些图形或许是世界上最古老的科学丰碑，经过这么长时间后，又重新找回它们的意义，确是显明的稀奇无比。”让莱布尼兹兴奋的是古老的《周易》印证了他的想法。但遗憾的是，二进制只继承了八卦的“数”，而没有继承其“象”，即属性。若加上八卦的“象”，则 IT 业的模式就呈现出来了。

老子曰：“道生一、一生二、二生三、三生万物”。从本书所关注的角度而言，其中的道即为要达成的目标（即社区服务）；二即采用的手段，总括来讲为硬件和软件、工程和服务，分别属于阳性和阴性，即⚊为阳，可代表硬件、工程等，⚋为阴，可代表软件、服务等；三即服务，这 3 个阶段或者称为三要素（在一些论文中被称为“三元论”），技术→产品→工程或服务，由此形成了 8 种状态，分别对应着八卦，其也具有八卦的属性。所谓的“道、一、二、三”应该分别是 2^0、2^1、2^2、2^3。IT 业的模式由《周易》解读来看呈现 8 种模式，如附图 1 所示。三元论的观点使对事物的分析呈现了更多的维度，相比二元论对事物的理解更加透彻。

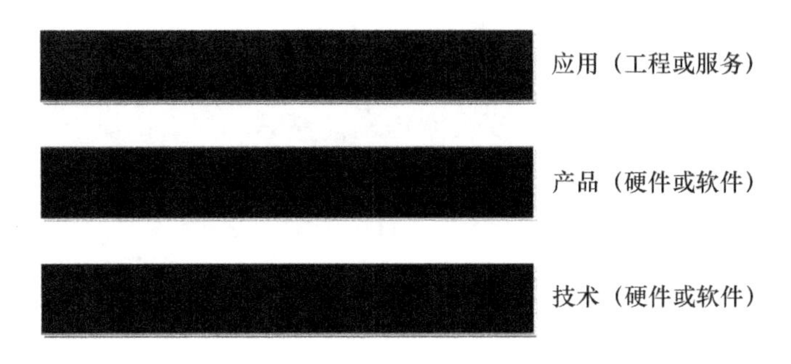

附图 1　八卦图与 IT 技术的关系

3. 模型分析

☰乾卦，代表着采用硬件技术，生产出硬件产品，完成了工程或者销售。比如家电产品销售、机电工程等。乾卦对应传统的工业大生产模式，其特点是全刚无柔，刚性太强，易受到冲击。就如同森林中的大树容易被风折断、被雷电摧毁，但是竹子因为有柔性，就免受摧毁之灾。因此，传统的电子制造业必然受到其他模式的严重挑战。

☱兑卦，代表着采用硬件技术，生产出硬件产品，开展的是服务。比如广电数字电视机顶盒，基本上免费送到户，但是每年收取服务费，并且逐步试图开展深度的社区服务。再比如乐视电视也是以低于成本的价格出售电视机，但主要是收取节目资源费。兑卦为泽，其特点是持续不断、深厚与滋润。但是在沼泽地里跋涉也比较困难，得一步一步往前走，所以依兑卦做事别想一夜暴富。

☲离卦，代表采用硬件技术，出品的是软件产品，出售产品或者工程施工。比如采用嵌入式计算机开发的导航仪产品，是在电子产品卖场进行销售，没有更多的持续服务，基本上是一次性完成交易。离卦为火，其特点是火着起来比较旺，但是很快会息掉，所以导航仪的市场很快会消失的。

☳震卦,代表采用硬件技术,出品的是软件产品,开展的是服务。比如采用嵌入式计算机开发的智能手机,其中的导航服务是持续更新的,并且加入了周边商业信息服务,能够吸引更多的人来应用。震卦的特点是震动、震荡,其模式是带有颠覆性的,这就是现在出现的移动互联网服务。但是震卦也可能是地震,大起大伏过后也可能归于平静。比如滴滴打车,颠覆了人们出行的方式,在全国引起极大的轰动,对于出租行业就如同发生了地震,但是一旦不再派发红包,司机和打车人也不再以其为意了。淘宝也是属于震卦的特点,也同样引起全世界的轰动,并且持续时间长达数年,但最终也将归于平静和常态。

☴巽卦,代表采用软件技术,生产出硬件产品,出售产品或者工程施工。比如当年任天堂游戏机,游戏本身是软件,但是任天堂通过硬件载体进行销售,使玩家在街机和电视机上可以畅快地打游戏。巽为风,其特点也是具有短时性、阶段性,不具有长久性,所以任天堂游戏机目前几近灭绝。

☵坎卦,代表采用软件技术,生产出硬件产品,开展的是服务。比如 FPGA 和 SoC 设计公司开展的设计服务,其载体是 FPGA 芯片,但是内部加载的是软件,而这些公司开展的是服务业务。坎为水,水往低处流、遇阻而绕,意味着这种服务形态应采取低姿态,迎合客户的需求。

☶艮卦,代表着采用软件技术,出品软件产品,出售产品或者工程施工。比如通常软件公司进行的 MIS 系统开发,或者在出售的财务软件等。艮为山,具有稳固的特点,意味着软件工程和产品行业会有持续的需求,是一项具有确定盈利模式的产业。这类公司想要扩大和增长很难,他们常常会说遇到了瓶颈。其实不是瓶颈,是山的特点所决定,既不会突然长大,也不会突然垮掉。

☷坤卦,代表着采用软件技术,出品软件产品,进行着服务。比如目前 IBM 在中国开展的软件服务项目、美国的信息安全服务公司等。或者采用 Java、C++开发的各种服务软件,如订餐、订票和订房等。坤卦全柔无刚,缺乏载体,虽能长久不衰,但无资源的独占性,会面临巨大的竞争。

4. 应用案例

社区服务中物联网手段的应用,采用了硬件设备由运营商投资建设,收取服务费的方式,符合其中兑卦特点;而进一步的便民服务采用了移动互联网模式,类似于滴滴打车,符合震卦特点。即物联网社区服务必须做两件事,是兑卦与震卦的组合。兑卦与震卦的组合呈现两种状态。上兑下震是64卦中的“随”卦，上震下兑为“归妹”挂。

对“随”卦而言，辞曰“元亨，利贞，无咎”，意即“如果跟随客方，事情进展会很顺利，应当坚持下去，无所怪罪”。通俗地说，“随”指相互顺从，己有随物，物能随己，彼此沟通，这也是社区服务的精髓。“随”字贴切地描绘了社区服务业的特性，即社区居民“需要什么就提供什么，而不是你有什么就要卖什么”。对于“归妹”卦，辞曰“征凶，无攸利”，意即如果没有深入研究急于求成而盲目进入，会无功而返。这也印证了当前社区服务领域中，一些所谓的大佬和巨头巨资进入社区，但为什么不少人铩羽而归。因此说，社区服务看似简单，但是情况还是很复杂的，要小心进入。

参 考 文 献

[1] 任有银. 现代战争与军事通信[M]. 北京:解放军文艺出版社,2002.

[2] 田景熙. 物联网概论[M]. 南京:东南大学出版社,2010.

[3] 张冬辰,周吉,等. 军事通信[M]. 北京:国防工业出版社,2012.

[4] 骆光明,等. 数据链[M]. 北京:国防工业出版社,2013.

[5] 任连生. 基于信息系统的体系作战能力概论[M]. 北京:军事科学出版社,2009.

[6] 闫永春. 由陆制权 – 处于十字路口的陆军及其战略理论[M]. 北京:解放军出版社,2014.

[7] 袁继昌. 陆军航空兵战斗体系研究[M]. 北京:解放军出版社,2013.

[8] 于大鹏,等. 物联网社区服务集成方案与模式研究[M]. 北京:国防工业出版社,2015.

[9] 赵弘. 美军信息部门及通信部队编制情况介绍[J]. 外军电信动态,2003.

[10] 金万甲,田立波. 空降部队的顺风耳 – 美军第 501 通信营[J]. 外军电信动态,2003.

[11] 艾波,柯云. 美军高级极高频卫星通信系统[J]. 外军电信动态,2004.

[12] 李补莲. 美军新型通信网络系统发展述评[J]. 指挥控制与仿真,2007.

[13] 冉隆科,刘俊平. 伊拉克战争中的美陆军第 11 通信旅[J]. 外军电信动态,2004.

[14] 夏白桦,贺品瑜,苏泽友,叶永安. 基于数据链的陆航作战指挥控制新模式[J]. 舰船电子工程,2013.

[15] 张晓玉. 美陆军网络化、企业化、赛博化正成为新的发展趋势[J]. 指挥控制与仿真,2011.

[16] 王洪锋,周磊,单甘霖. 国外军事信息融合理论与应用的研究进展[J]. 电光与控制,2007.

[17] 王海涛,宋丽华. 外军移动信息系统的发展状况及启示[J]. 国防技术基础,2007.

[18] U. S. Department of defense. report of the quadrennial defense review[R],1997,2001.

[19] U. S. Joint chief of staffs joint vision 2010[R]. WashingtonDC:US Gov. Printing Office,1996.

[20] U. S. Joint chief of staffs, joint vision 2010[R]. WashingtonDC:US Gov. Printing Office,2000.

[21] VALEF L,BOLON G P. A statiscal overview of recent literature in information fusion[C]//IEEE AESS Systems Magazine,March 2001.

[22] HALL D. Dirty secret in multisensory data fusion[R]. AD2001.

[23] AIN A K,DUIN P W,MAO Jian – chang. Statistical pattern recognition:a review [J]. IEEE Transactions on Pattern Analysis and Machine Intelligence, 2000, 22(1): 4 – 37.

[24] CARPENTER G A, GJAJA M N, GOPAL S, et al. ART neural networks for remote sensing: vegetation classification from Landsat TM and terrain data [C]//Geoscience and Re – mote Sensing Symposium, 1996: 529 – 531.

[25] 张晓玉. 网络化、企业化、赛博化正成为美陆军新的发展趋势[J]. 指挥控制与仿真,2011.

[26] 计宏亮,徐山峰,赵楠. 美军联合信息环境计划. 指挥控制与仿真,2016.

[27] 宋万勇,黄占亭,苏静,徐震球. 数据链技术在陆军航空兵信息化建设中应用. 研究舰船电子工程,2012.

[28] 陈志辉,李大双. 对美军下一代数据链 TTNT 技术的分析与探讨[J]. 信息安全与通信保密,2011(5):76.
[29] 冉建华,梁军. “杀伤链”对数据链新技术的需求分析[J]. 舰船电子工程,2010(2):23.
[30] Reabtime, Emulative, Terminal Model Applications of I. egacy and Advanced Tactical Data Links r Use in LVC Assessment& U S[J]. AIR R/RCE ITEALVC Conference Jan,2009:67.
[31] 张洋. 美国防务新闻网站. 中国航空在线,2008.
[32] 臧和发. 直九 WZ 型直升机部队培训教材无线电分册[J]. 总参陆航部装备局,2007(12):224.
[33] http://www. chinajungong. corn,信息产业部电子科学技术情报研究所,2007,2-8.
[34] 曲卡尔. 国外军用直升机航空电子的更新换代[J]. 航空电子技术,2010,41(3):2.
[35] 黄毅,张大烽,陆经纬. 新世纪美国陆军航空兵两次发展战略大讨论及其影响研究. 陆军航空兵[M],2011,5:56.
[36] 刘磊,张磊,蒋叶金,等. 利用地面公网实现战术数据链远程通信研究[J]. 计算机与数字工程,2010,38(4).
[37] 任培,周经伦,罗鹏程,等. 美军数据链发展概况与启示[J]. 装备指挥技术学院学报,2008,9(1):45.